여성과 맞춤영양

NUTRITION and HEALTH for WOMEN

여성과 맞춤영양

NUTRITION and HEALTH for WOMEN

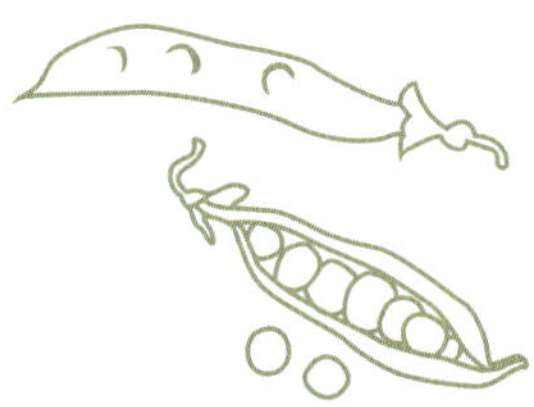

대표저자 장남수

권오란 · 김선효 · 김우경 · 김혜영

신동순 · 이현숙 · 장문정 · 정혜경

㈜교 문 사

머리말

여성은 외모에서뿐만 아니라 생물학적으로나 생리적으로 남성과 다르다. 여성이 남성과 너무나도 다른 나머지 혹자는 여성과 남성이 서로 다른 종으로 구분되어야 한다는 주장을 하기도 한다.

'성인지 영양과 건강'을 생각하기 시작한 것은 서구에서 여성해방운동이 활발하던 1960년대 이후이다. 예전에는 영양소 필요량을 결정하거나, 질병치료 식사요법 개발을 위한 임상실험을 할 때 건강한 성인 남성을 대상으로 하여 얻은 결과를 바탕으로 하여 체중을 고려한 후 여성에게 적용했었다. 그러나 영양소대사나 질병에 대한 취약성, 식습관, 음주, 흡연, 운동 등의 생활습관, 스트레스에 노출되는 정도 등에 있어서 여성이 남성과 확연히 다르다는 점이 속속 드러나는 요즘, 더 이상 과거에 이용했던 방법을 고수하기는 어렵다. 더욱이 영양관리방법을 포함하여 모든 치료방법을 개발할 때 근거 중심의 접근방법을 사용해야 하는 것이 대세인 만큼 이 점은 더욱 중요해지고 있다.

이 책은 대학에서 오랫동안 영양학을 가르쳐온 강의경험뿐만 아니라 여성 영양 관련 연구를 수행하거나 현장에서 활용할 수 있는 여성 영양 증진 프로그램을 개발하고 수행하는 등의 다양한 실무경험을 겸비한 교수들이 집필한 것이다. 1장에서는 여성의 생리적 · 영양학적 · 건강과 질병 특성을 개괄적으로 다루었고, 2장과 3장에서는 건강한 식생활을 영위하기 위한 기본 지식을 포함하였다. 4~10장까지는 여성의 영양요구량, 영양문제와 질병, 또 이를 예방하거나 치료하기 위한 영양관리 등을 생애주기별로 다루었다.

이 책이 우리나라 여성의 영양과 건강증진에 도움이 되기를 바라며, 특히 대학에서 교양과목으로 이 책을 접하는 여성들은 젊었을 때부터 여성영양에 대한 맞춤 지식을 습득하고 좋은 식생활 습관을 몸에 익혀서 100세 이후까지도 건강한 삶을 영위하게 되기를 바란다.

끝으로 이 책의 출판을 허락해주신 (주)교문사의 류제동 사장님과 이 책의 원고를 꼼꼼하게 읽어준 김기남 박사, 이 책의 진행을 맡아준 편집부 직원들께 감사드린다.

2010년 12월

대표 저자 장남수

차 례

Chapter 7 수유기 영양과 모유 수유

Chapter 8 중년 · 노년기의 영양필요량, 영양문제 및 영양관리

여성은 XY 성염색체를 지닌 남성과는 달리 2개의 XX 염색체를 지녔다는 사실 이외에도 신체적인 모습과 체조성이 다를 뿐 아니라 몸을 구성하고 있는 기관이 다르고, 나아가서는 수명도 다르다. 여성과 남성의 차이점은 건강에 큰 영향을 미칠 수 있으며, 따라서 건강을 유지하거나 증진시키기 위한 식습관과 운동습관 등 생활습관을 배우고 몸에 배게 하는데 있어서 여성에게는 남성과 다른 차별화된 전략이 필요하다.

Chapter 1

여성의 생리적 특성 및 영양의 중요성

Chapter 1

여성의 생리적 특성 및 영양의 중요성

1. 남성과 다른 여성

여성은 XY 성염색체를 지닌 남성과는 달리 두 개의 XX 염색체를 지녔다는 사실 이외에도 신체적인 모습과 체조성이 다를 뿐 아니라 몸을 구성하고 있는 기관이 다르고, 호르몬 작용도 다르다. 또한 질병에 대한 취약성도 다르고, 사회 · 문화적 측면에서도 다르며, 나아가서는 수명도 다르다. 이러한 여성과 남성의 차이점은 건강에 큰 영향을 미칠 수 있으며, 따라서 건강을 유지하거나 증진시키기 위한 식습관과 운동습관 등 생활습관을 배우고 몸에 배게 하는 데 있어서 여성에게는 남성과 다른 차별화된 전략이 필요하다.

1) 생물학적 · 생리적 측면의 남녀 성차

여성은 남성보다 더 오래 산다. 우리나라 자료에 의하면 2009년 현재 여자의 기대여명은 82.7세로, 남자의 76.1보다 기대여명이 6.6년이나 더 길다. 여성이 남성보다 오래 산다는 것은 생식 보건환경이 매우 열악한 몇 나라를 제외하고는 정도에 차이는 있으나 거의 모든 나라에서 찾아볼 수 있는 현상이다(표 1-1).

여성이 남성보다 오래 사는 것은 여러 생물 종에서도 찾아볼 수 있다. 하지만 사람의 경우 여성이 남성보다 오래 살기는 하나 여성은 만성 질환으로 더 오래 시달리고, 병원 방문횟수나 입원일수도 더 많다. 또한 의료비용을 더 많이 사용하며, 거동의 불편으로 인한 활동제한일수가 더 길다는 문제점을 가지고 있다.

여성이 남성보다 더 오래 사는 데는 보다 강한 면역체계, 에스트로겐 호르몬 수준,

표 1-1 국가별 남녀 기대여명의 비교(2009년)

국 가	기대여명(세)		남녀 차이(년)
	남 자	여 자	
러시아	59.3	73.1	13.8
카자크스탄	62.6	73.5	10.9
일 본	76.7	83.6	6.9
한 국	76.1	82.7	6.6
미 국	75.7	80.7	5.0
남아프리카	49.8	48.1	-1.7
짐바브웨	46.4	45.2	-1.2
앙골라	37.2	39.2	2.0

자료 : WHO(2009).

X 염색체 등의 몇 가지 이유가 있다. 여성은 남성보다 T-세포와 항체 생성능력이 크고 면역체계가 더 활성화되어 있다. 이러한 차이는 어렸을 때부터 여성보다 남성에게 잔병치레가 많고 영아 사망률이 더 크다는 점에서 잘 드러난다(표 1-2).

표 1-2 우리나라의 성별 영아 사망률(2009년)

(기준 : 출생아 1,000명당)

성 별	영아 사망률
여 아	4.49
남 아	4.02

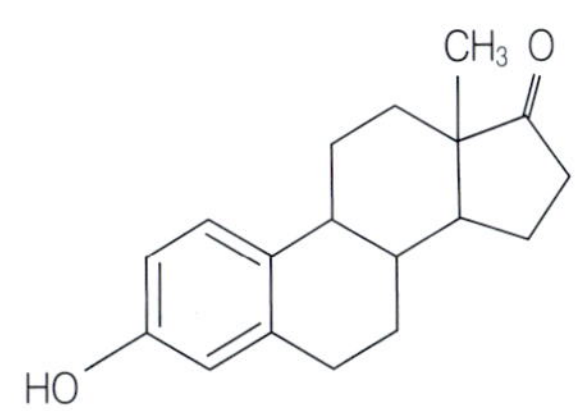

그림 1-1 여성호르몬 에스트로겐(estrogen)

면역체계 중 최전방에서 세균이나 바이러스 등 침입자에게 대항하는 면역능력은 앞서 언급한 바와 같이 남성보다 여성이 더 강한 것으로 한동안 알려져 왔는데 최근에 이러한 여성의 강한 면역체계가 여성호르몬에 기인한 것으로 밝혀졌다(그림 1-1). 이는 여성 호르몬

알아보기

면역체계

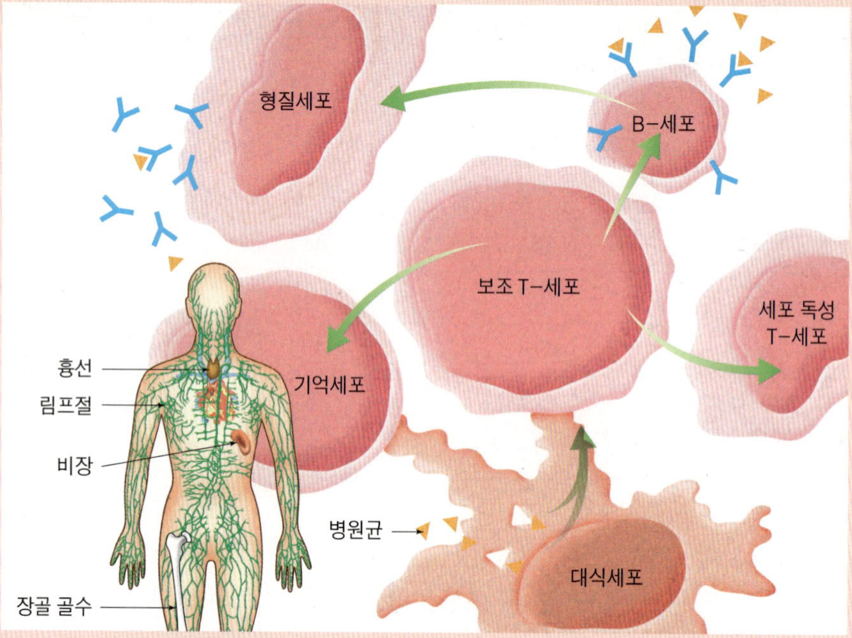

우리 몸의 면역기능은 크게 두 가지 방법으로 그 기능을 발휘한다. 하나는 침투한 박테리아나 바이러스를 직접 잡아먹는 방법이고(대식세포), 또 하나는 이러한 병원균이나 이(異)물질에 대항하는 항체를 만들어 죽이거나, 다음에 또 같은 병원균들이 다시 들어왔을 때 이미 만들어진 항체를 이용해 이러한 병원균들이 몸의 정상세포에 침투하는 것을 빠른 시일 내에 퇴치하는 방법이다(T-세포와 B-세포).

T-세포는 우리 세포가 박테리아나 바이러스의 침입을 받은 후 이들의 단백질을 분해시켜 MHC I이나 MHC II의 도움을 받아 세포 표면에 붙여놓은 표시를 인식함으로써 박테리아나 바이러스의 침입을 받은 세포를 죽인다. T-세포에는 보조 T-세포, 세포 독성 T-세포 등이 있다.

한편, B-세포는 단백질, 탄수화물, 지방, 또는 DNA 등 이물질이 외부로부터 침입했을 때 이에 대항하여 꼭 들어 맞는 항체를 만들어서 침투한 병원균들이 기능을 발휘하지 못하도록 대응하거나 병원균들을 죽인다.

T-세포와 B-세포 중에는 한 번 병원균이 침투한 병원균에 대한 기억능력이 있는 기억 T-세포와 B-세포가 있다. 그래서 동일한 이물질이 재침투할 때 좀 더 신속하게 항체를 만들어 대항한다. T-세포와 B-세포는 각기 독립된 역할을 하기도 하지만, 서로의 기능이 제대로 발휘되도록 협동한다.

에스트로겐은 면역촉진제로 작용하며, 남성 호르몬 테스토스테론은 면역억제제로 작용하기 때문이라고 한다. 즉, 여성의 면역계는 남성에 비해 감염이 있을 때, 훨씬 더 빨리 면역반응이 나타나고, 원래 상태로의 회복 역시 더 빠른 속도로 일어난다.

캐나다의 한 연구에서는 여성호르몬인 에스트로겐이 여성의 면역계가 박테리아나 바이러스 감염에 대한 저항력을 증가시킬 수 있음을 보여주었다. 에스트로겐은 염증반응을 막는 캐스페이즈-12(caspase-12)라는 효소의 작용을 억제함으로써 병원균 침입 시 방어작용을 가장 먼저 효과적으로 수행할 수 있도록 한다.

목 아래 심장 위쪽에는 흉선이라는 면역기관이 있다. 여기서는 감염에 저항해서 싸우는 일종의 림프구인 T-세포를 만들어낸다. 이러한 T-세포는 노화 과정에서 점차 감소하는데, 여성의 경우 같은 연령의 남성에 비해 건강한 T-세포가 훨씬 더 많이 관찰되며, 감염에 대한 방어작용이 더 활발하다고 하겠다.

또한 에스트로겐은 쥐의 비장에서 항균, 항염증작용에 관여하는 일산화질소(NO)와 일산화질소 합성효소의 생성에도 관여한다는 것을 관찰하였다. 에스트로겐은 골수의 면역 물질(TNF-α, TGF-β 및 IL-1 등)의 활성화에도 관여하는 것으로 알려져 있다.

이는 아마도 인간이 진화해 오면서 생식에서 결정적인 역할을 담당하는 여성을 보호하기 위한 진화의 산물로 추정된다. 최근 조사에 의하면 실제로 감기 · 독감으로 결근하는 사례가 남성의 경우는 30%에 이르는 데 비해 여성의 경우는 이보다 낮은 22%인 것으로 나타났다.

여성의 높은 에스트로겐 수준이 질병으로부터 여성을 보호하여 수명을 늘리며, 여성이 남성에 비해 산화적 손상을 덜 입는다는 사실 또한 여성이 남성보다 오래 사는 데 기여한다. 또 여성의 성염색체에 X 염색체가 2개 있다는 것도 여성이 더 오래 사는 데 기여하는 것으로 보인다(그림 1-2).

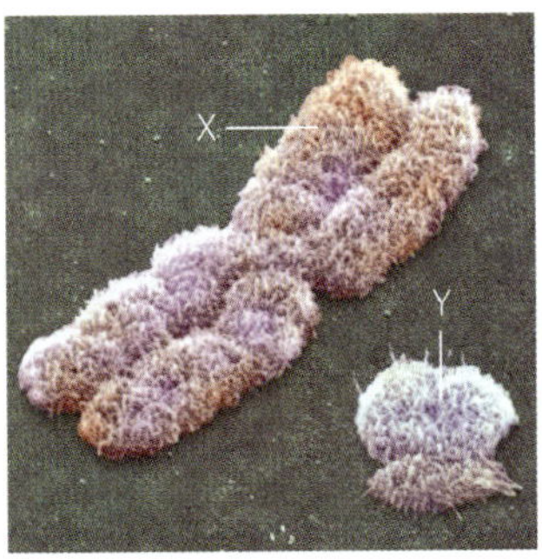

그림 1-2 X-Y 염색체

(1) 신체, 장기 크기 및 생리적 기능의 남녀 성차

여성은 남성보다 신장은 약 10%, 체중은 20% 가량 작고, 장기의 크기 역시 작다(표 1-3). 여성의 신체 크기가 작다는 것은 진화생물학적 측면에서 볼 때 종의 보존을 위해 적은 에너지를 사용한다는 점에서 비용효과적이라는 이론이 있다. 즉, 신체 크기가 작은 여성은 더 적은 양의 식량으로도 생명을 유지할 수 있어서 기근이나 식량부족에 더 잘 견딜 수 있으므로 종의 보존에 더 효율적이라는 것이다. 신체 크기뿐 아니라 체조성에도 차이가 있는데 여성의 골격과 근육량은 남성에 비해 상대적으로 적고, 지방량은 많다.

신체나 장기의 크기뿐 아니라 신장과 간 등 장기의 기능에도 성차가 있다. 예를 들면 몸에서 생긴 노폐물을 배설하는 능력은 여성에 비해 본래 신장의 크기와 사구체 여과율이 더 높은 남성에게 더 크다. 또, 간에서 약물을 대사하는 효소의 활성이 여성에게 더 낮다. 이 때문에 같은 용량의 약물을 복용해도 남성에 비해 여성의 약물대사가 더 느리게 되고 여성이 남성에 비해 알코올이나 약물의 오남용으로 인한 부작용에 더 취약할 수 있음을 시사한다. 이러한 이유로, 예전에는 신약개발을 위한 임상시험을 실시할 때 남자 대상자만으로 수행되는 것이 관례였으나 최근에는 임상시험대상자로 남자와 여자를 모두 포함시키도록 하고 있다.

남녀의 성차는 소화기계, 심혈관계, 생식/비뇨기계, 피부, 관절 등 신체의 다른 부분에서도 찾아볼 수 있다. 먼저 소화기계를 살펴보면 여성은 남성보다 미각과 후각이 발달하여 음식의 맛이나 냄새를 더 잘 맡는다. 여성의 경우 타액의 조성은 월경주기에 따라서 달라지는데, 월경 중에는 타액 분비량이 감소되면서 포도당 함량이 높아지고, 배란기에는 타액의 칼륨 농도가 증가하면서 나트륨과 칼슘 농도는 감소한다.

여성은 남성에 비해 식도의 길이가 짧고 수축성은 높다. 여성의 위장관 운동은 남성에 비해 느리므로 같은 양의 음식물을 소화시키는 데 더 오랜 시간이 걸리고 변비가 세 배나 잘 생길 수 있다. 담즙의 성분에도 차이가 있어서 남성보다 여성에게 담석이 잘 생기는데 여성의 담즙에는 남성에 비해 콜레스테롤이 더 많은 반면, 담즙산이나 인지질이 적어서 담석이 보다 쉽게 생길 수 있다.

심혈관계의 경우 폐와 심장의 크기는 모두 여성이 남성보다 작고, 심박동수와 혈압에도 성차가 있어서 폐경 전 여성의 혈압과 심박출량은 남성에 비해 낮으며, 휴식기의 심박동수는 높다. 한편 남성에 비해 여성의 뇌는 크기가 작고 세포수는 적으나 세포들 간에 연결점이 더 많이 있어서 뇌졸중으로 인해 발생한 언어장애로부터 보다 빨리 회복되기도 한다.

여성의 피부에는 지방이 더 많이 분포되어 있을 뿐 아니라 항산화 영양소와 항산화 물

표 1-3 신체적 · 생리적 남녀 성차

신체적 · 생리적 성차	내 용
신 장	여성 < 남성(차이 : 10%)
체 중	여성 < 남성(차이 : 20%)
뇌, 심장, 간, 폐, 신장 등 장기 크기	여성 < 남성
노폐물 배설능력	여성 < 남성
알코올 및 약물대사능력	여성 < 남성
심박출량, 혈압	여성 < 남성
음식물 소화시간	여성 > 남성
근육량	여성 < 남성
체지방량	여성 > 남성
통 증	여성 > 남성
피부의 노화	여성 < 남성

질이 더 많이 들어 있어서 산화적 손상을 덜 받아 피부가 더 희고 젊게 유지된다(그림 1-3). 남성에 비해 여성의 넓은 골반은 무릎관절에 무리한 힘을 가하면서 관절질환에 보다 취약하게 된다. 이 밖에도 여성은 남성보다 통증을 더 예리하고 빈번하게 느끼는 것으로 밝혀졌다. 생리적 기능에 대한 남녀 성차는 앞으로도 연구를 통해 계속 발견해야 할 것이다.

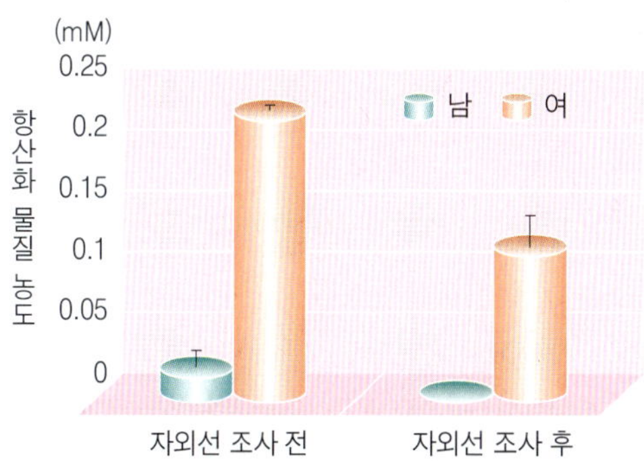

그림 1-3 성별에 따른 피부조직의 항산화능 비교

자료 : Cancer Res(2007).

(2) 성호르몬의 차이

앞서 언급한 신체적 · 생리적 측면에서 남녀가 매우 다른데 이는 성호르몬 수준의 차이에 의해서 많이 좌우된다고 볼 수 있다. 여성에게는 에스트로겐과 프로제스테론이, 남성에게는 테스토스테론이라는 성호르몬이 2차 성징을 나타나게 하는 대표적인 호르몬이다. 그러나 소량이지만 여성에게는 테스토스테론이 분비되고, 마찬가지로 남성에게는 여성호르몬인 에스트로겐과 프로제스테론이 분비된다(표 1-4).

여성은 남성과는 달리 월경주기에 따라서 성호르몬의 혈청 농도가 주기적으로 변하는 특징이 있다(그림 1-4). 뇌하수체에서 난포 자극 호르몬과 황체화 호르몬이 주기적으로 일정한 패턴을 가지고 분비되면서 이에 의하여 자극을 받아 난소에서는 에스트로겐과 프로제스테론이 역시 주기적으로 일정한 패턴으로 분비된다.

표 1-4 남녀 성호르몬 수준의 비교

호르몬	여 성		남 성
	난포기	황체기	
테스토스테론(ng/mL)	~25	~35	~525
에스트로겐(pg/mL)	10~50	120~375	6~24
프로제스테론(ng/mL)	0.1~1.5	2.5~28	< 0.6

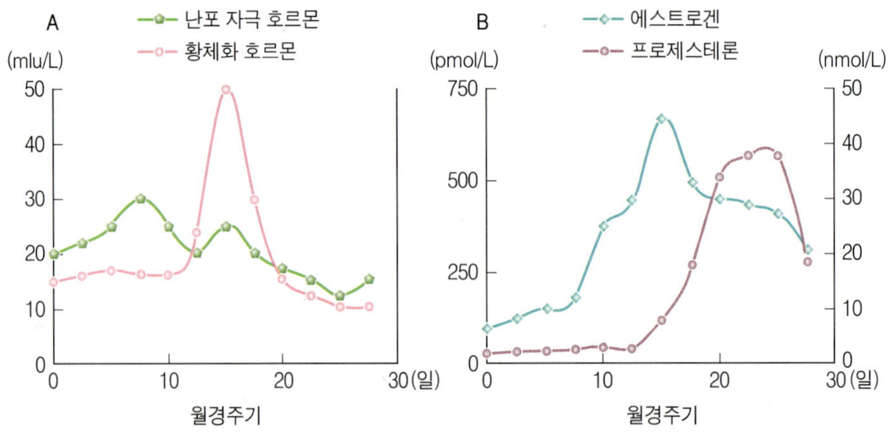

그림 1-4 월경주기에 따른 성호르몬의 분비 패턴

2) 건강과 질병의 남녀 성차

우리나라 사람의 주요 사망원인인 암과 심순환계 질환뿐 아니라 많은 질병에는 남녀 성차가 있다. 암은 전체적으로 볼 때 남성에 비해 여성에게 적게 발생하지만 발생 부위에는 남녀 성차가 있어서 유방암과 난소암, 갑상샘암 등은 여성이 더 취약하다. 심장질환의 경우 그 발병시기는 남성에 비해 여성에게 10년 정도 늦게 나타나지만, 심장마비가 발생한 후 1년 안에 사망하는 확률은 여성에서 더 높으며, 뇌졸중은 여성에게 더 흔히 나타난다.

남성에 비해 여성에게 더 흔한 질환으로는 골다공증, 자가면역질환, 정신질환 등이 있는데 골다공증은 환자의 80%가 여성일 정도로 여성에게 많이 나타난다. 갑상선질환(하시모토 갑상선염, 그레이브 갑상선기능항진증 등), 제1형 당뇨병, 루푸스, 류마티스성 관절염, 염증성 장질환, 다발성 경화증 등의 자가면역질환은 남성보다 여성에서 높게 발생한다. 우울증, 정신분열증, 외상 후 스트레스장애, 공황장애 등의 정신질환 역시 여성에게 2~3배 높게 발생하는 질환이다(표 1-5).

표 1-5 질병의 남녀 성차

질 병	남녀 성차
암	• 전체 암의 발생은 여성이 낮음 • 유방암 · 갑상샘암 · 난소암 : 여성 > 남성
심장질환	• 여성의 심장질환의 발병 시기는 남성보다 10년 정도 늦게 나타남 • 심근경색증 발생 후 1년 이내 사망률 : 여성 > 남성
뇌졸중, 뇌혈관질환	여성 > 남성
골다공증	여성 > 남성
자가면역질환	여성 > 남성, 여성에게 3~9배 정도 흔함
정신질환	여성 > 남성, 여성에게 2~3배 정도 흔함
위염, 십이지장염	여성 > 남성, 여성에게 2배 정도 흔함
골관절염	여성 > 남성, 여성에게 3배 정도 흔함
통 풍	남성 > 여성
치 매	여성 > 남성

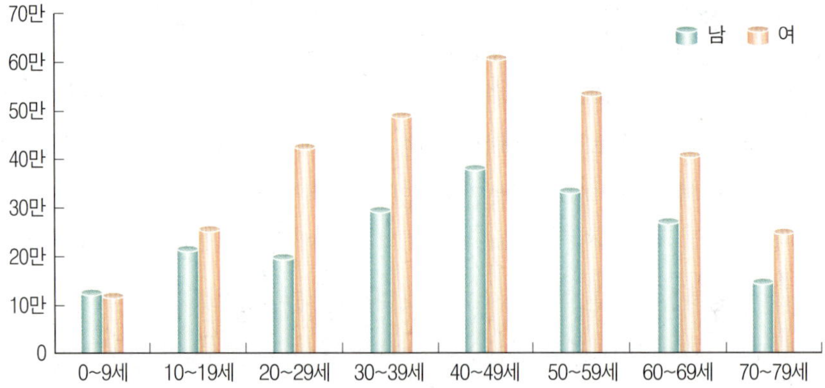

그림 1-5 우리나라의 성별 · 연령별 위염 및 십이지장염 진료인원(2008년 기준)

자료 : 건강보험심사평가원(2009).

우리나라 사람을 대상으로 수행되고 있는 연구에 의하면 노인 중 우울증 증세가 있다고 응답한 경우 여성이 20.9%, 남성이 9.2%로 여성 노인에게 우울증이 많은 것으로 나타났다. 또 위염과 십이지장염은 남성보다 여성에게 두 배가량 많이 나타나는 것으로 조사되었다(그림 1-5).

여성질환 중 상당수가 에스트로겐 수준이 급격하게 감소하는 폐경과 함께 나타나는 것을 보아 이들 질환이 에스트로겐 수준의 변화와 관련이 있는 것으로 보인다. 그 대표적인 예가 바로 골다공증이라고 할 수 있는데 폐경 후 급격한 에스트로겐 수준의 감소로 인해 골질량이 감소화되고, 골다공증이 발생하게 된다. 그 밖에도 임신 수유 중에 치주

알아보기

자가면역질환이란?

인체의 면역체계는 외부로부터 침입한 병원성 바이러스나 세균에 대항해 방어하도록 되어 있다. 그러나 이런 기능을 수행해야 할 면역체계가 거꾸로 자신의 생체구성 성분을 적으로 간주하고 공격하는 경우가 드물게 발생하는데, 이것을 '자가면역반응'이라고 한다. 예를 들면 제1형 당뇨병환자는 인슐린 호르몬을 분비하는 자신의 췌장 베타세포를 적으로 간주하고 파괴하게 된다. 건강한 사람은 자기항원에 대해서 면역반응을 일으키지 않도록 하는 방어장치가 있는데 이를 '면역내성' 또는 '면역관용'이라고 한다.

질환은 많이 발생하고, 다발성경화증은 완화되는 현상 역시 임신수유기에 나타나는 에스트로겐 수준의 변화와 관련해서 설명할 수 있다.

에스트로겐 호르몬은 아미노산인 트립토판으로부터 니아신을 합성하는 경로를 촉진시키면서 세로토닌이라는 신경호르몬의 합성을 상대적으로 감소시켜 혈중 세로토닌 수준을 낮게 유지한다. 실제로 남성에 비해 여성의 뇌에는 세로토닌의 함량이 낮다. 이러한 이유로 우울증, 외상 후 스트레스장애, 공황장애 등의 정신질환이 여성에게 더 흔한 것으로 보인다.

3) 생활양식과 사회행동의 남녀 성차

여성은 생활습관과 행동양식, 사회환경, 건강관리 등 사회적 측면에서도 남성과 차이가 있으며 이러한 차이는 건강과 질병에 남녀 성차의 원인으로 작용하기도 한다. 식생활, 음주와 흡연, 운동 등의 생활습관에는 남녀 차이가 있고, 스트레스를 해소하는 방법과 운전할 때 안전벨트를 매거나 인라인스케이트를 탈 때 무릎보호대를 착용하는 등의 안전습관을 생활화하는 데도 남녀 차이가 있다. 또 여성이 남성에 비해 보다 더 적극적으로 건강검진에 응하고, 건강 관련 교육강좌에 참여한다. 몸이 아플 때 의료진을 찾고, 질병 예방 관련 정보에 대한 요구도 역시 남성보다 여성에게 더 높다.

우리나라 남녀 대학생을 대상으로 하여 스트레스를 느끼는 정도와 스트레스 해소에 활용하는 음식섭취 양상에 어떠한 차이가 있는 지를 관찰한 결과, 여성은 남성보다 스트레스를 더 많이 느끼는 것으로 나타났다. 또, 여성은 음식, 특히 당분이 많은 음식을 먹

알아보기

다발성 경화증이란?

다발성 경화증이란 중추신경계(뇌와 척수)를 다발성으로 침범하는 염증성 질환이다. 주로 미국을 비롯한 서양인, 특히 젊은 여성에게 자주 발생하며, 우리나라 사람들에게는 드문 편이다. 뇌를 침범할 경우 뇌의 각 부분의 기능에 따라 다양한 증상이 발생하고 척수를 침범할경우에는 양쪽 사지의 운동마비나 감각이상, 배변/배뇨장애 등의 증상이 나타날 수 있다. 다발성 경화증은 '자가면역(autoimmune) 기전' 에 의해 발생한다고 알려져 있다.

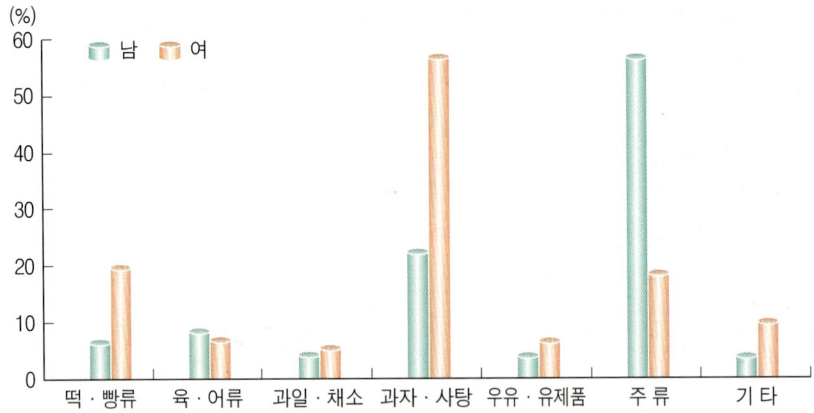

그림 1-6 스트레스 시 선호하는 식품의 성별 비교

자료 : 동아시아 식생활문화학회지(2006).

음으로써 스트레스를 해소하는 것으로 나타난 반면에 남성은 스트레스가 있어도 음식섭취량에 크게 변화가 없고, 음식보다는 음주로 스트레스를 해소하며, 음식을 찾는다 해도 여성과는 달리 단맛보다는 매운 맛을 찾는 것으로 나타났다(그림 1-6).

여성이 남성보다 스트레스를 많이 느끼기는 하나 여성은 사적인 유대관계가 좋아 어려움을 호소할 대화 상대가 많다. 즉, 천성적으로 스트레스를 해소하는 능력이 남성보다 탁월하다. 그러나 직장여성의 경우 자칫 남성 중심의 사회에서 업무를 무리하게 추진하는 경향이 강한데 이는 스트레스를 가중시키는 요인이 된다. 또 사회적 지지기반이 없이 격무에 시달리는 여성은 남성보다 스트레스에 더 취약하고 질병이 생기기 쉬운 것으로 나타났다. 이는 과중한 스트레스로 인해 코티솔이라는 스트레스 호르몬의 분비가 증가되기 때문인 것으로 보인다. 따라서 직장 여성들은 다양한 운동, 명상, 긴장완화법, 동호회 모임 등에 적극적으로 참여하여 스트레스를 분출할 기회를 넓혀야 한다.

2. 식생활과 관련된 여성질환

앞서 언급한 질환 중 심혈관계 질환, 골다공증, 우울증, 류마티스성 관절염, 유방암, 난소암 등의 각종 여성암은 식습관 개선으로 조절하거나 관리할 수 있는 질환이다. 심혈관

표 1-6 각종 질환의 식사와의 관련성

질 환	관련 식사 요인
심혈관계 질환	과일과 채소, 포화지방산, 트랜스지방, 섬유질, 오메가-3 지방산, 도정하지 않은 곡물, 저염식
골다공증	칼슘, 비타민 D, 단백질, 저염식
유방암	채소와 과일, 음주
정신질환	비타민, 엽산, 오메가-3 지방산
류마티스성 관절염	채식, 오메가-3 지방산

계 질환은 과일과 채소, 섬유질, 오메가-3 지방산, 잡곡이나 현미 등 도정하지 않은 곡물을 많이 섭취하거나 포화지방과 트랜스지방을 적게 섭취하여 질병을 예방하거나 지연시킬 수 있다. 골다공증은 칼슘, 비타민 D, 단백질섭취량을 조절하여 관리할 수 있다. 젊은 여성의 경우 지나친 다이어트가 골다공증을 유발할 수 있으므로 바람직한 체중 감량 방법을 이용하거나 체중에 대한 현실적인 태도를 형성함으로써 골다공증을 예방할 수 있다.

여성의 유방암은 38%가 잘못된 식생활에 의하여 기인된 것으로 최근에 밝혀졌으며, 채소와 과일을 충분히 섭취하는 것이 좋은 예방법으로 알려져 있다. 여성의 음주는 유방

그림 1-7 여성질환 예방에 좋은 식품

암뿐 아니라 각종 암의 유발을 증가시키므로 음주를 절제해야 한다. 여성에게 더 많은 정신질환 역시 비타민, 엽산, 오메가-3 지방산섭취를 증가시킬 때 예방된다고 알려져 있다. 류마티스성 관절염에는 채식과 오메가-3 지방산을 풍부하게 섭취하는 것이 좋은 식사요법이 된다(표 1-6, 그림 1-7).

3. 영양소필요량의 남녀 성차

영양소필요량은 생애주기나 성별에 따라 달라진다. 여성은 남성에 비해 신체크기가 작고, 체조성 면에서 근육의 양이 적다는 사실은 성별에 따라서 에너지와 영양소필요량이 달라질 수 있다는 근거를 제공해 준다. 같은 연령대의 경우 여성은 남성에 비해 대략 15~20% 정도 적은 양의 에너지가 필요하게 된다. 에너지뿐 아니라 거의 대부분의 다른 영양소필요량도 여성의 경우 남성에 비해 적다(표 1-7).

남녀 성별에 따라서 필요량이 크게 달라지는 대표적인 영양소로는 철을 들 수 있다. 철은 가임 여성에게는 충분히 섭취해야 하는 중요한 영양소이지만 폐경 후 여성이나 성인 남성이 철을 많이 섭취하면 오히려 해가 될 수 있다.

칼슘은 폐경 후 여성이 골다공증 예방을 위해 충분히 섭취해야 하는 영양소이나 중년 남성에게는 오히려 해가 될 수 있다. 특히 하루 2,000mg 이상의 칼슘섭취는 전립선암의

알아보기

폐경 여성과 남성의 철 보충 위험

폐경 여성과 남성은 함부로 철 보충제를 섭취하면 위험할 수 있다. 폐경 후 여성과 남성에게 철 수준이 높으면 암이나 심장마비에 더 잘 걸리는 것으로 나타났는데 그 이유는 철이 체내에서 일어나는 산화반응의 촉매제로 작용하면서 프리라디칼을 많이 발생시키기 때문으로(그림 1-8), 암세포의 성장을 촉진시키고, 콜레스테롤을 산화시켜서 혈관 내벽에 쌓이게 한다. 폐경 여성과 남성은 철 보충제를 복용하기 전에 반드시 혈액검사를 하여 체내 철 영양상태를 알아본 후에 보충제를 복용할 필요가 있는지 판단해야 한다.

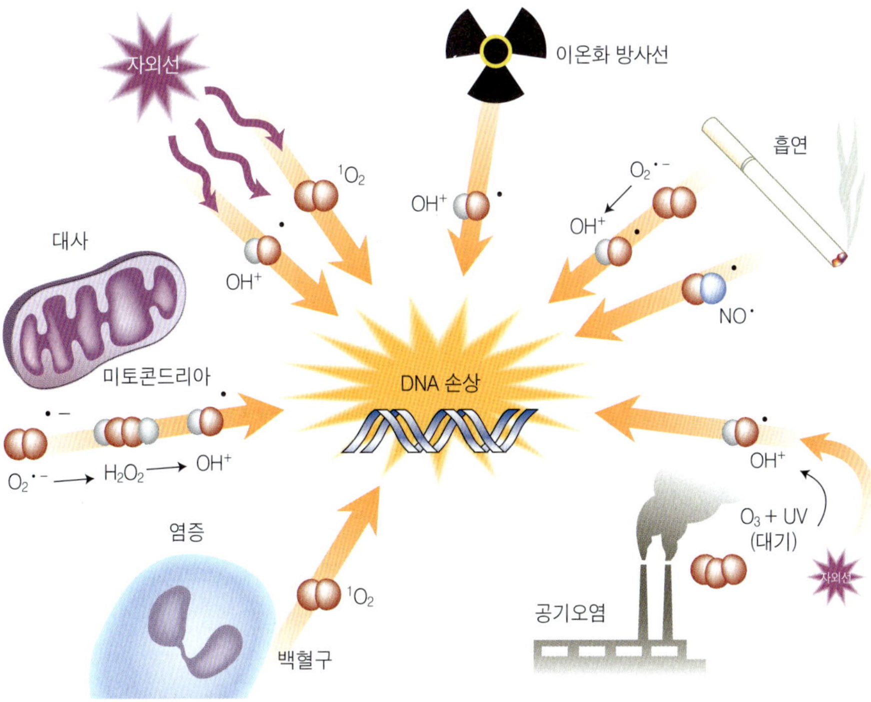

그림 1-8 프리라디칼 형성

위험을 증가시킬 수 있는 것으로 밝혀졌다.

우리 몸에서 심장질환, 고혈압, 관절염, 각종 염증성 질환을 예방하는 것으로 잘 알려져 있는 EPA나 DHA 등의 오메가-3 지방산은 고등어나 연어 등의 생선 기름에 풍부하게 들어 있다. 들기름, 카놀라유, 대두유 등의 식물성 기름 중에는 α-리놀렌산이라고 하는 식물성 오메가-3 지방산이 들어 있는데 이 지방산은 우리 몸에서 대사되어 EPA나 DHA로 전환될 수 있다. 다만 이 전환률에는 남녀 차이가 있는데 남성의 경우 여성보다 전환효율이 낮으며, 식물성 오메가-3 지방산은 전립선암을 증가시키는 것으로 관찰되었다. 또 여성의 경우도 수유기에는 수유 호르몬인 프로락틴의 분비로 인하여 에스트로겐 호르몬의 수준이 상대적으로 감소되어 이 전환효율이 낮아진다. 따라서 남성이나 수유부는 식물성 기름보다는 생선을 통해서 오메가-3 지방산을 직접 섭취하는 것이 좋다.

표 1-7 성별에 따른 에너지와 영양소 권장섭취량 비교(19~29세)

항 목	남 자	여 자
에너지(kcal)	2,600	2,100
단백질(g)	55	50
식이섬유(g)	25	20
수분(mL)	2,600	2,100
비타민 A(μg RE)	750	650
비타민 D(μg)	5	5
비타민 E(mg α-TE)	12	10
비타민 K(μg)	75	65
비타민 C(mg)	100	100
티아민(mg)	1.2	1.1
리보플라빈(mg)	1.5	1.2
니아신(mg NE)	16	14
비타민 B_6(mg)	1.5	1.4
엽산(μg DFE)	400	400
비타민 B_{12}(μg)	2.4	2.4
판토텐산(mg)	5	5
비오틴(μg)	30	30
칼슘(mg)	750	650
인(mg)	700	700
나트륨(mg)	1.5	1.5
염소(mg)	2.3	2.3
칼륨(mg)	3.5	3.5
마그네슘(mg)	350	280
철(mg)	10	14
아연(mg)	10	8
구리(μg)	800	800
불소(mg)	3.5	3.0
망간(mg)	4.0	3.5
요오드(μg)	150	150
셀레늄(μg)	55	55
몰리브덴(μg)	600	600

자료 : 한국영양학회(2010). 한국인 영양섭취기준.

알아보기

전립선암과 칼슘

우유나 유제품 또는 칼슘 보충제를 많이 복용하는 남성은 그렇지 않은 남성에 비해 전립선암의 발생이 증가하는 것으로 나타났다. 우유나 유제품을 통한 하루 칼슘섭취량이 하루에 150mg 이하인 군에 비해 600mg 이상을 섭취하는 남성의 경우 전립선암 발생위험이 32%나 증가되었다. 그러나 더 많은 대상자를 가지고 수행한 또 다른 연구에서는 칼슘섭취량과 전립선암 사이에 별다른 관련이 없을 뿐 아니라 칼슘섭취량이 높은 사람에게 다른 종류의 암, 즉 대장암, 식도암, 두부경부암 등이 덜 발생하는 것으로 나타난 바 있다.

Reference

참고문헌

성민정 · 장경자(2006). 일부지역 대학생의 생활 스트레스, 식행동, 식품 선택에 관한 상관성 연구. 동아시아 식생활문화학회, 16(6), 655-662.

한국영양학회(2010). 한국인 영양섭취기준.

Blair ML(2007). Sex-based differences in physiology: what should we teach in the medical curriculum? Adv Physiolol Edu, 31, 23-25.

Burdge G(2004). Alpha-linolenic acid metabolism in men and women : nutritional and biological implications. Curr Opin Clin Nutr Metab Care, 7(2), 137-144.

Committee on Understanding the Biology of Sex and Gender Differences(2004). National Academyof Sccences Exploring the Biological Contributions to Human Health : Does Sex Matte? Institute of Medicine. National Academy of ssiences

Legato MJ(Ed)(2004). Principles of Gender-Specific Medicine. Elsevier Academic Press.

Miller V & Hay M(Eds)(2004). Advances in Molecular and Cell Biology, vol. 34, Elsevier.

Tarnopolsky M and Cortright RM(1999). Hormonal differences between males and females. In: Gender Differences in Metabolism. Practical and Nutritional Implications, ed Tarnopolsky, CRC Press.

The real truth about the female body(1999). Time, March 08.

Thomas-Ahner JM, Wulff BC, Tober KL, Kusewitt DF, Riggenbach JA, Oberyszyn TM(2007). Gender differences in UVB-induced skin carcinogenesis, inflammation, and DNA damage. Cancer Research, 67(7), 3468-3474.

Touraille P & Gouyon P-H(2008). Why are women smaller than men? When anthropology meets evolutional biology. Nature Precedings, 1832(1).

Wizemann TM & Pardue M-L(Eds)(2001). Exploring the Biological Contributions to Human Health: Does Sex Matter? National Academy Press.

웹 사이트

Centre for Research in Women' s Health(http://www.crwh.org)

National Center for Gender Physiology at the University of Missouri(http://www.genderphysiology.org)

Partnership for Gender-Specific Medicine(http://cpmcnet.columbia.edu/dept/partnership)

Society for Women' s Health Research, Overview of sex-based differences(http://www.womenshealthresearch.org/hs/links.htm, http://www.womenshealthresearch.org/hs/healthfacts.htm)

memo

사람에게 필요한 영양소의 종류는 성별에 관계없이 근본적으로 동일하다. 그러나 여성은 남성과 신체적인 모습과 체조성이 다를 뿐 아니라 몸을 구성하고 있는 일부 기관이 다르고, 수명도 다소 차이난다. 이러한 여성과 남성의 차이점은 영양소 필요량에 영향을 미치므로 건강을 유지하거나 증진시키기 위한 영양관리에 차별화된 전략이 필요하다.

Chapter 2

영양소 알아보기

Chapter 2

영양소 알아보기

1. 영양과 영양소

우리의 몸은 평생 섭취하는 식품에 의해 만들어진다. 음식을 먹을 때 다양한 성분들이 몸 안으로 흡수되는데 이러한 식품성분에는 건강 유지에 필수적인 영양성분과 비영양성분, 즉 피토케미칼같은 생리활성 물질들이 모두 포함된다. 특히 신체는 식품에 함유된 영양소(nutrients)들을 흡수한 후 필요한 조직으로 이동시켜 에너지로 사용하거나 저장하며 새로운 조직을 합성하거나 손상된 조직을 보수하고 그 대사산물을 몸 밖으로 배출함으로써 최적의 건강상태를 유지해 나간다. 이러한 인체 내 영양소의 대사과정을 영양(nutrition)이라고 한다.

식품산업이 발달하고 생활의 자동화를 추구하는 현대 사회는 과거에 비해 고열량, 저영양 식품을 섭취할 기회가 잦을 뿐 아니라 활동량이 부족하여 열량 및 영양소의 불균형으로 인한 만성 질환의 발병률이 점차 높아지고 있다. 영양성 만성 질환을 예방하기 위해서는 식품 선택의 다양성과 균형성을 유지하면서 적당량의 식사를 함으로써 영양소를 적절히 섭취해야 한다.

인체에 필요한 모든 영양소를 함유한 식품은 없으므로 다양한 식품을 선택하여 영양소가 결핍되거나 과잉되지 않도록 섭취하는 것이 중요하다. 예를 들면 우유에는 양질의 단백질과 칼슘이 풍부한 반면 철이 부족하며, 달걀에는 비타민 C와 칼슘이 부족하다. 동양인이 많이 섭취하는 대두는 메티오닌과 시스테인, 포화지방산 함량이 낮고 콜레스테롤이 없는 반면 식이섬유, 이소플라본, 사포닌 등을 함유하고 있어 동물성 위주의 식사를 보완할 수 있는 이상적인 식품으로 꼽힌다. 또한 과일과 채소는 비타민이나 무기질

표 2-1 영양소 분류

영양소		기 능
탄수화물	단당류	에너지 제공
지 질	지방산, 인지질, 스테롤	에너지 제공, 세포구조
단백질	아미노산	세포구조 형성, 에너지 제공
무기질	나트륨, 칼륨, 칼슘, 인, 마그네슘, 철, 아연, 구리, 셀레늄	대사조절, 세포구조, 항상성 유지
비타민	비타민 A · D · E · K 비타민 B군 비타민 C	세포 구조의 완전성 유지, 항산화 기능, 항상성 유지, 대사조절, 세포분열

외에도 식이섬유, 피토케미칼(phytochemical)을 함유하고 있어서 많이 섭취하면 암, 심혈관질환 등의 위험을 감소시키는 것으로 알려져 있다.

인체에 필수적인 영양소는 탄수화물, 지질, 단백질, 무기질, 비타민 그리고 물이다. 탄수화물, 지질, 단백질은 에너지를 제공하는 영양소에 해당되며 비타민, 무기질 그리고 물은 신체 대사과정을 조절하는 영양소로 분류된다. 이 영양소들은 신체에 존재하는 양, 화학적 혹은 물리적 특성이 모두 다르다.

사람마다 이러한 영양소의 필요성과 체내 기능에는 차이가 없으나 그 필요량은 성별 혹은 연령에 따라 차이가 있다. 본 장에서는 에너지를 제공하는 영양소와 세포 대사를 조절하는 영양소로 대별하여 해당 영양소의 체내 대사와 기능을 비교해 보고 특히 여성의 건강에 영향을 미치는 영양소에는 어떤 것이 있는지 살펴보도록 하자.

2. 에너지를 제공하는 영양소

1) 탄수화물

탄수화물(당)은 크게 단순당과 복합당으로 분류된다. 식품에 함유된 단순당에는 단당류,

표 2-2 식이 탄수화물의 종류와 소화산물

분 류			소화산물
단순당	단당류	포도당, 과당	
	이당류	맥아당 서당 유당	포도당, 과당, 갈락토오스
	올리고당류	라피노오스 스타키오스 이눌린	소량의 SCFA(짧은 사슬지방산) 수소, 메탄, 이산화탄소
복합당	전분	아밀로오스 아밀로펙틴	포도당
	식이섬유	셀룰로오스 헤미셀룰로오스 펙틴 검 뮤실리지	소량의 SCFA(짧은 사슬지방산) 수소, 메탄, 이산화탄소
	글리코겐		포도당

이당류, 올리고당류가 해당되며 복합당에는 전분와 식이섬유가 해당된다. 전분은 아밀로오즈와 아밀로펙틴으로, 식이섬유는 불용성인 셀룰로오스와 수용성인 펙틴, 검 등으로 나눌 수 있다(표 2-2). 사람과 동물의 혈액에 주로 존재하는 당은 단당류인 포도당으로 모든 세포에서 사용되지만 특히 뇌와 적혈구에서 쓰인다. 여분의 당은 글리코겐 형태로 간과 근육에 저장되었다가 탄수화물섭취가 부족하여 혈액 포도당 농도가 저하되었을 때 분해되어 포도당으로 전환된다.

탄수화물은 신체에서 1g당 약 4kcal의 에너지를 제공한다.

(1) 탄수화물의 종류

탄수화물 분자는 탄소, 수소, 산소가 각각 1 : 2 : 1의 비율로 구성되어 있다. 또한 탄수화물은 알데히드기(−CHO), 케톤기(−CO), 수산기(−OH)를 지닌 구조적 특성의 단순당과 복합당으로 구분된다.

① 단순당

단순당은 단당류, 이당류와 올리고당류로 분류되며 이 중 단순당은 주로 식물성 식품에 함유된 복합당이 소화되는 과정에서 생성된다.

- **단당류** : 인체에서 사용되는 주요 단당류에는 포도당, 과당, 갈락토오스가 있다. 자연계에 널리 존재하는 포도당은 사람의 혈액 중에 약 0.1% 정도가 함유되어 있어 혈당이라고도 한다. 과당은 과일과 꿀에 함유되어 있으며, 신체 소장에서 흡수된 후 간으로 운반되어 포도당 또는 해당과정의 중간산물로 전환된다. 우유나 유제품에 유당 형태로 존재하는 갈락토오스는 유리 상태로 존재하지 않는다. 이 외에도 아라비노오스, 자일리톨, 만노오스 등의 당 알코올들도 단당류에 해당된다(그림 2-1).
- **이당류** : 두 개의 단당류가 결합된 형태의 탄수화물을 이당류라고 한다. 자연 상태에 존재하는 이당류에는 맥아당, 서당, 유당 등이 있으며 이들의 구조적인 공통점은 포도당을 함유하고 있다는 것이다. 전분의 소화과정에서 생성되는 맥아당은 더 분해되어 포도당 두 분자를 생성한다. 일반적으로 설탕이라고 부르는 서당은 분해되어 포도당과 과당을 생성하는데 사탕수수, 사탕무 등의 식물에 다량 함유되어 있다. 유일한 동물성 당인 유당은 우유와 유제품에서 발견되는 이당류로, 분해되면 포도당과 갈락토오스를 생성한다(그림 2-2).
- **올리고당류** : 올리고당류는 10개 이하의 단당류가 결합하여 형성된 당으로 주로 콩류에서 발견되는 라피노오스, 스타키오스, 이눌린 등이 해당된다. 포도당 분자에 갈락토오스, 맥아당, 과당 등이 결합된 형태를 지닌 올리고당류는 인체의 소화효소에 의해 쉽게 분해되지 않지만 대장에 서식하는 박테리아에 의해 분해되어 짧은 사

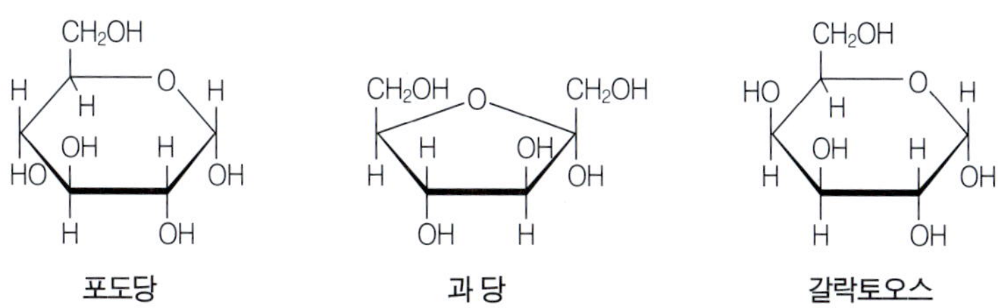

그림 2-1 단당류의 구조

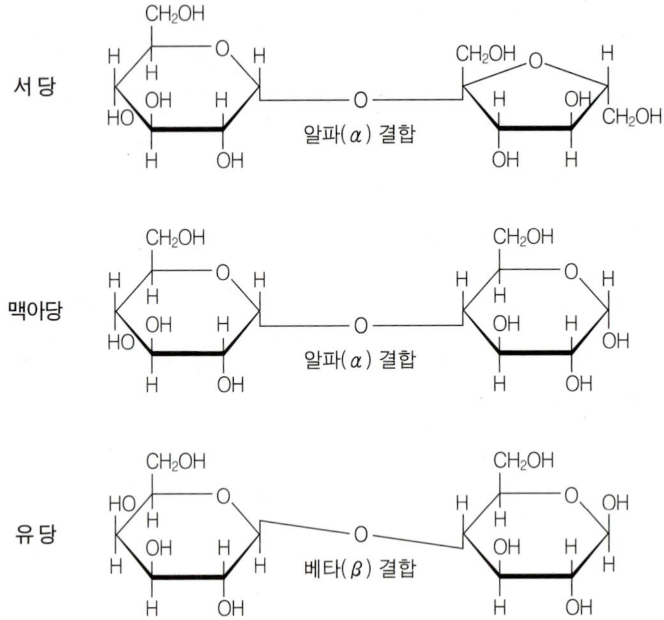

그림 2-2 이당류의 구조

슬지방산(SCFA : Short Chain Fatty Acid), 메탄가스, 이산화탄소, 수소가스 등 여러 부산물을 생성한다.

② 복합당

복합당은 1,000개 이상의 단당류로 구성된 일종의 다당류 복합체로서, 식물성 식품 중 전분과 식이섬유, 동물과 인체의 간이나 근육의 글리코겐으로 존재한다.

- **전분** : 곡류와 감자류에 많은 전분은 식물의 에너지 저장형태로, 아밀로오스와 아밀로펙틴이 해당된다. 아밀로오스는 단당류인 포도당이 α-1,4 결합을 한 코일구조의 중합체인 반면, 아밀로펙틴은 포도당이 α-1,4 결합과 α-1,6 결합을 한 가지 구조의 중합체이다. 아밀로펙틴은 부피가 커서 소화효소가 쉽게 작용할 수 있으므로 일반적으로 아밀로스를 함유한 식품보다 혈당지수가 높다. 전분은 식빵, 쌀, 파스타 등처럼 주식으로 이용되는 곡류 식품에 많이 함유되어 있다.
- **식이섬유** : 포도당이 β-1,4 결합을 한 중합체인 식이섬유에는 불용성인 셀룰로오

스, 헤미셀룰로오스를 비롯하여 수용성인 펙틴, 검, 뮤실리지 등이 있으며, 알코올 유도체인 비당류 리그닌도 포함된다. 불용성 식이섬유는 인체의 소장에서 소화되지 않고 배설되지만 수용성 식이섬유는 대장에 존재하는 박테리아에 의해 분해되어 초산, 프로피온산, 부티르산과 같은 짧은 사슬지방산(SCFA)과 수소, 메탄 등의 가스를 생성한다. 이 중 부티르산은 대장 세포로 흡수되어 에너지원으로 사용되는 등 장 건강을 증진시키는 데 기여한다.

- 글리코겐 : 글리코겐은 사람과 동물의 간과 근육에 저장되는 동물성 다당류로 아밀로펙틴보다 α-1,6 결합이 더 많은 포도당 중합체이다. 특히 간에 저장된 글리코겐은 효율적으로 포도당으로 전환될 수 있어 굶거나 강도 높은 운동을 할 때 혈액으로 직접 방출되어 혈당을 조절하는 데 사용된다. 이와는 달리 근육에는 포도당을 혈액으로 방출하는 효소가 없으므로 근육에 저장된 글리코겐은 근육운동을 하는 데만 이용된다. 이러한 점 때문에 저항성 운동을 하는 운동선수들은 종종 근육 글리코겐을 증가시키는 방법을 통해 경기력을 향상시키고자 한다.

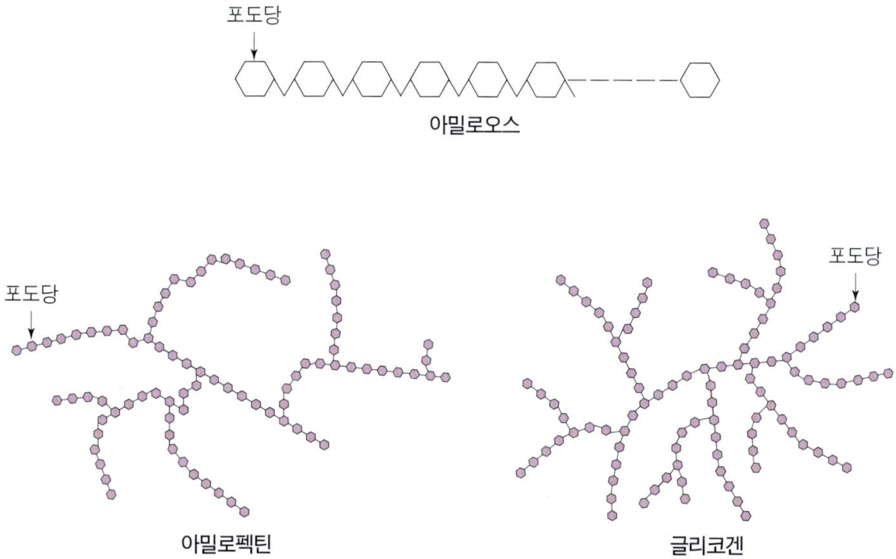

그림 2-3 다당류의 구조

(2) 탄수화물의 기능

① 에너지 제공

탄수화물은 혈액에 포도당을 공급하여 신체의 모든 세포에 에너지를 제공하는 역할을 한다. 일반적으로 조직세포들은 포도당이 부족하면 지방산을 이용하여 에너지필요량을 충족시킨다. 그러나 적혈구와 뇌세포는 포도당만을 에너지원으로 사용하므로 만약, 탄수화물섭취가 부족하여 혈당을 유지하지 못하면 체단백질을 분해하여(포도당신생합성) 혈당을 유지하게 된다. 포도당 공급이 계속 부족하면 지방산으로부터 아세트산(케톤체)을 생성하여 혈액과 조직에 축적되는 케톤증을 유발하게 된다. 따라서 적절한 탄수화물 섭취로 제공되는 포도당은 신체에 에너지를 공급하며 체단백질을 절약할 뿐 아니라 옥살산을 공급하여 지방의 완전 산화를 가능하게 한다.

② 장 기능 향상에 기여

불용성 식이섬유는 점성이 있어 장내에서 수분을 흡수하여 변의 양이 많아지게 하는데, 장 근육을 자극하여 변 배설을 용이하게 하며 게실염을 예방한다. 수용성 식이섬유는 대장 박테리아에 의해 분해되어 가스와 짧은 사슬 지방산을 생성한다. 생성된 가스로 인해 장이 불편할 수 있지만 짧은 사슬 지방산은 대장세포에 에너지원으로 이용될 뿐 아니라 병원성 박테리아의 성장을 억제하여 장기능 개선에 중요한 역할을 한다.

③ 만성 질환 예방에 기여

식이섬유질은 위 장관을 팽대시켜 포만감을 제공함으로써 상대적으로 열량섭취를 감소시켜 비만을 예방할 수 있다. 특히 수용성 식이섬유는 소장에서 당 흡수를 느리게 하여 당뇨병 치료에 도움을 주며 혈청 콜레스테롤을 감소시켜서 심혈관계 질환을 예방하고 담즙산 분비를 촉진하여 담석증을 예방한다.

(3) 체내 이용 및 필요량

① 소화 · 흡수 및 이동

식품으로 섭취한 전분은 침에 함유된 아밀라아제에 의해 분해되어 이당류인 맥아당으로 전환된다. 침과 섞인 음식물이 식도를 거쳐 위로 가면 위액의 HCl에 의해 조성된 산성

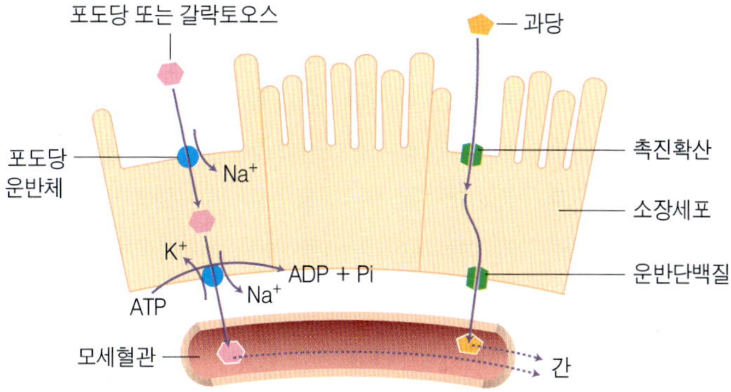

그림 2-4 단당류의 흡수기전

환경(pH 1~2)에서 아밀라아제는 활성을 잃어버린다. 따라서 산성 유미즙에 함유된 당은 췌장에서 분비된 아밀라아제에 의해 대부분 맥아당으로 분해된다. 맥아당, 과당, 유당 등 이당류는 소장 점막세포에 존재하는 이당분해 효소에 의해 단당류로 분해된다. 즉, 맥아당은 말타아제에 의해 포도당으로, 서당은 수크라제에 의해 과당과 포도당으로, 유당은 락타아제에 의해 갈락토오스와 포도당으로 분해된다.

소화과정을 거쳐 생성된 단당류인 포도당, 과당, 갈락토오스는 최종적으로 소장의 융모를 통과하여 소장 점막세포로 흡수된다. 흡수된 단당류는 간문맥을 통해 간으로 운반된 후 필요한 조직으로 이동되거나 글리코겐 형태로 간에 저장된다.

포도당과 갈락토오스는 운반체와 에너지를 이용하는 능동이동으로 소장 세포로 흡수되며, 이때 나트륨(Na)과 칼륨(K)을 필요로 한다. 그와는 달리 과당은 확산을 통해 흡수된다(그림 2-4).

② 혈당조절

세포는 끊임없이 에너지를 요구하므로 혈액 내 포도당 농도가 일정하게 유지되어야 한다. 혈당은 하루에도 여러 번 변화하여 공복 시 낮아졌다가 식후에 다시 상승한다. 이러한 변화에 대응하여 췌장의 β-세포에서는 인슐린을, α-세포에서는 글루카곤을 분비하여 혈당을 정상수준으로 유지시킨다. 즉, 식후 혈당이 높아지면 인슐린을 분비하여 포도당을 세포 내로 이동시키며 공복 시 혈당이 낮아지면 글루카곤을 분비하여 간 글리코겐을 포도당으로 분해하여 혈액으로 방출시킨다. 혈당이 상승했을 때 분비된 인슐린은 세포막에 존재하는 인슐린 수용체와 결합하여 포도당을 세포로 이동시키는데, 만약 이러한 조절능력이 손상되어 포도당이 혈액에 축적되면 고혈당 증세를 초래하며 더 심해지면 당뇨병으로 진행된다. 식품마다 인슐린 분비와 혈당 반응에 미치는 영향이 다르다.

식품에 함유된 탄수화물을 일정량(50g) 섭취한 후 혈당이 상승하는 정도를 혈당지수(GI : Glycemic Index)라 한다. 그러나 1회 섭취분량에 함유된 탄수화물을 고려할 때는 혈당부하(GL : Glycemic Load)라는 척도를 사용한다.

혈당부하(GL) = 혈당지수(GI)÷100×1회 섭취분량 내 탄수화물 양(g)

예를 들면, 바나나의 혈당지수가 48이고 1회 섭취분량(1/2컵)에 탄수화물이 25g 정도 함유되어 있다면 혈당부하(GL)는 48÷100×25=12 가 된다.

일반적으로 혈당부하(GL)가 ≥20이면 혈당반응이 높은 식품, GL가 <10이면 혈당반응이 낮은 식품으로 분류한다.

③ 필요량과 권장섭취기준

탄수화물필요량은 흡수 후 상태에서 뇌의 포도당 이용에 의해 결정되며 1세 미만의 영유아를 제외한 전 연령층에서 하루 약 100g 정도로 알려져 있다. 탄수화물의 권장섭취수준은 에너지적정섭취비(AMDR)로 제시되며 성별과 나이에 관계없이 총 섭취열량의 55~70%다. 이는 에너지섭취량이 2,000kcal일 때 1,100~1,400kcal에 해당하는 수준으로, 탄수화물로는 약 275~350g 정도 섭취하면 된다. 임신부와 수유부의 권장수준은 별도로 결정되어 있지 않다.

탄수화물은 가능한 전곡, 야채, 콩, 과일 등 혈당지수가 낮은 복합당으로 섭취할 것을 권장하고 있는데 이들 식품에는 식이섬유가 풍부하게 함유되어 있다. 2010 한국인 영양섭취기준에 제시된 성인의 식이섬유 충분섭취량은 남자 25g/일, 여자 20g/일이다. WHO(1990)는 총 식이섬유기준으로 하루 27~40g을, 비전분성 복합당기준으로는 16~24g을 권장하고 있으며 이는 섭취열량 1,000kcal당 14g에 해당하는 양이다. 식이섬유의 충분한 섭취는 심혈관질환이나 당뇨병의 위험을 감소시키는 효과가 있다.

(4) 건강문제

우리나라 사람들의 탄수화물섭취량 추이를 살펴보면 2001년 315g, 2005년 306.5g이었으며 이를 에너지섭취비율로 보정하였을 때 2001년 65.6%, 2005년 64.8%으로 다소 감소하는 추세이다. 식이섬유섭취량도 2001년 21g, 2005년 19g으로 역시 감소하는 경향을 보인다. 이와 대조적으로 설탕 사용량은 1998년 5.0g에서 2001년 8.3g으로, 약 60% 이상 증가한 것으로 나타났으며, 이는 단순당을 함유한 가공식품의 섭취율과 상관성이 있다.

탄수화물섭취가 건강에 어떤 영향을 주는지 살펴보자.

① 장 건강

식이섬유의 충분한 섭취는 다양한 질병을 예방하고 건강을 유지시킨다. 장내에서 수분을 흡수하여 부피가 증가하기 때문에 식이섬유는 장운동을 촉진하여 변비증세를 없애주며, 포만감을 제공하여 식사량을 감소시켜서 비만을 예방한다. 또한 식이섬유는 혈액 포도당 및 콜레스테롤 농도를 저하시켜 당뇨, 심혈관계 질환 등 다양한 성인질환의 예방에 효과가 있다.

② 치아 건강

사탕이나 초콜릿에는 단순당은 많이 함유되어 있으나 비타민이나 무기질이 거의 없어서 열량만 높은, 소위 빈 열량(empty calorie) 식품들이다. 따라서 필수영양소의 요구량이 높은 성장기에는 이러한 식품섭취를 자제해야 한다. 일반적으로 탄수화물은 구강 박테리아에 의해 산을 생성하여 치아의 에나멜층을 녹이고 침의 산·중화 효과를 줄이는 끈적끈적한 물질인 플라그를 만들어서 치아의 하부구조를 파괴하여 충치를 발생시킨다.

③ 유당불내증

유당불내증이란 유당분해 효소인 락타아제의 부족으로 인해 우유나 유제품을 먹었을 때 나타나는 복통, 가스발생, 설사 등의 증상이다. 소화되지 않은 유당은 소화관 내 삼투압을 높여 장내로 물을 끌어당김으로써 장벽을 자극하여 설사를 유발한다. 인종에 따라 유당불내증 발병율에 차이가 있어 아시아인, 미대륙 원주민에서 발생 비율이 서구인에 비해 높으며, 특히 아프리카 혈통을 지닌 사람에서 가장 높다.

가공과정을 거쳐 대부분의 유당이 제거되거나 젖산으로 전환된 치즈, 요구르트를 비롯하여 저유당 우유나 유당 분해효소가 함유된 우유를 섭취하면 유당불내증 환자에 도움이 될 수 있다.

2) 단백질

단백질(protein)은 어원인 'proteios(to take the first place)'에서 유래되었듯이 생명유지에 필수적인 물질로, 근육을 비롯하여 혈액, 세포막, 효소 및 항체 등의 주요 신체 구성 성분들이 해당된다. 탄수화물이나 지질과는 달리 단백질은 탄소, 산소, 수소 외에 질소와 황을 함유하고 있다. 이 중 질소는 단백질의 16%를 차지하므로 질소량에 6.25(질소계수)를 곱하면 단백질 함량을 추정할 수 있다. 식품에 함유된 단백질 함량은 육류나 어류에 약 20%, 난류에 12~13%, 두류에 20% 이상 된다.

신체 단백질을 구성하는 기본 단위 구조(builing block)는 20여 가지 아미노산들이며, 이들이 유전정보에 배열된 순서대로 펩티드 결합을 하여 특정 단백질을 합성한다.

단백질은 신체에서 1g당 약 4kcal의 에너지를 제공한다.

(1) 아미노산 종류

아미노산은 아미노기($-NH_2$)와 카르복실기(−COOH), 수소 및 곁사슬과 결합한 부제탄소를 기본으로 하는 화학 구조를 가지고 있다. 곁사슬(R−기)의 구조적 특성에 따라 중성 아미노산, 산성 아미노산, 염기성 아미노산, 방향족 아미노산 등으로 구분된다(표 2−3). 체내에서 전혀 합성되지 않거나 그 합성양이 매우 적어서 반드시 식사로 섭취해야 하는 아미노산을 필수 아미노산이라 하며 체내에서 합성 가능한 아미노산들은 불필수 아미노산에 해당된다. 달걀, 우유를 포함한 육류와 어류는 필수 아미노산을 충분히 함유한 식품이다. 반면에 콩은 메티오닌을 제외한 필수 아미노산을 많이 함유하고 있으므로, 다른

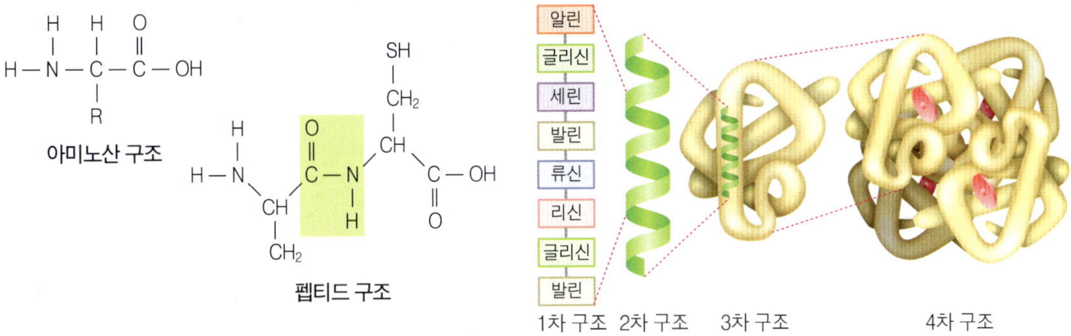

그림 2-5 아미노산 및 단백질 구조

표 2-3 아미노산의 종류

분 류	명 칭	약 어	필수/불필수	R기 특성
중성 아미노산	글리신	Gly	(조건 필수)	
	알라닌	Ala		–H
	세린	Ser		–OH
	트레오닌	Thr	필수	$-CH_3$
	발린	Val	필수	
	류신	Leu	필수	
	이소류신	Ile	필수	
	프롤린	Pro	(조건 필수)	
	하이드록시프롤린	Hyp		
함황 아미노산	시스테인	Cys	(조건 필수)	–SH
	시스틴	Cys–Cys		$-S-CH_3$
	메티오닌	Met	필수	
산성 아미노산	아스파르트산	Aps		
	아스파라긴	Asn		–COOH
	글루탐산	Glu		$-CONH_2$
	글루타민	Gln		
염기성 아미노산	리신	Lys	필수	$-NH_2$
	알기닌	Arg	(조건 필수)	=NH
	히스티딘	His	(조건 필수)	
방향족 아미노산	티로신	Tyr	(조건 필수)	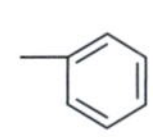
	페닐알라닌	Phe	필수	
	트립토판	Trp	필수	–OH

표 2-4 아미노산의 세포 간 신호전달 기능

아미노산	대사산물	기 능
알기닌	산화질소(NO)	혈관 수축
티로신	카테콜라민(아드레날린, 노르아드레날린, 도파민)	공격-도피반응, 스트레스 적응
트립토판	세로토닌	수면, 정서, 식욕 조절
히스티딘	히스타민	염증반응

식물성 식품과 혼합하여 섭취할 때 상호보충 효과가 뛰어난 양질의 단백질 급원이 될 수 있다.

(2) 단백질과 아미노산의 기능

단백질의 일차적인 기능은 근육, 뼈, 결체조직 등 구조 단백질을 비롯하여 혈액 내 운반 단백질, 지단백질, 효소, 항체, 호르몬 등의 기능 단백질을 구성하는 것이다. 구조 단백질에는 콜라겐, 액틴, 미오신 등이 있으며, 기능 단백질로는 산소를 운반하는 헤모글로빈(hemoglobin)을 그 예로 들 수 있다.

단백질은 체액 균형을 유지하는 데 필수적이다. 혈액 내 알부민과 글로불린 등 단백질은 삼투질 농도를 조절하는 주요 인자로 혈액량을 유지하며 구성 아미노산을 통해 혈액의 산 · 염기 균형을 조절하는 완충제 역할을 한다.

단백질에서 분해된 아미노산은 당신생합성과정을 통해 에너지 생성에 관여한다. 특히 탄수화물을 충분히 섭취하지 못할 때 체내 아미노산은 혈액으로 포도당을 공급함으로써 에너지 생성에 관여한다.

일부 아미노산은 세포신호전달물질이나 신경전달물질로 전환되어 세포 간 의사소통을 가능하게 한다(표 2-4).

(3) 체내 이용 및 필요량

① 소화 · 흡수 및 이동

단백질은 위에서부터 소화되기 시작한다. 음식에 대한 생각이나 시각, 후각 등 감각작용, 섭취한 음식물에 의해 위의 G세포에서 가스트린이 분비되고, 가스트린은 벽세포에서 위산(HCl)을, 주 세포에서 펩시노겐을 분비하도록 자극한다. 위산은 섭취한 식품 단백질을 변성시키는 한편, 펩시노겐을 펩신으로 활성화시켜 단백질 소화를 촉진한다.

위에서 일부 분해된 단백질은 십이지장을 거쳐 공장으로 이동하며, 이때 십이지장 점막세포에서 콜레시스토키닌(CCK)과 세크레틴 및 위억제단백질(GIP : Gastric Inhibitory Protein)이 분비된다. CCK는 위의 작용을 억제하는 한편, 췌장을 자극하여 단백질 분해효소인 트립시노겐, 키모트립시노겐, 프로 카복시펩티데이즈의 분비 및 활성화를 촉진함으로써 폴리펩티드를 디펩티드, 트리펩티드 및 아미노산으로 분해한다. 작은 펩티드들은 소장으로 흡수되어 모두 아미노산으로 분해된다. 소장관 내에 존재하는 아미노산들은 화학적 특성이 유사한 아미노산끼리 같은 운반체를 이용하여 경쟁적으로 소장 점막세포로 흡수된다.

흡수된 아미노산은 간 문맥을 거쳐 간으로 운반되어 단백질 생합성에 이용되거나 포도당이나 지방산으로 전환되며 혈액을 따라 이동하여 다른 조직으로 유입된다. 세포에 포도당을 공급하는 당원성 아미노산(glucogenic amino acid)이 에너지로 이용될 때 탈아미노 반응에 의해 제거된 아미노기는 요소로 전환되어 소변으로 배설된다. 반면, 에너지섭취가 충분할 때 여분의 아미노산은 지방으로 전환된다.

② 질소 균형

단백질 대사는 매우 활발하여 체내 단백질이 분해되어 생성된 아미노산은 혈액 아미노산 풀(pool)로 유입되며 식사로 섭취한 아미노산과 함께 재활용된다. 일반적으로 단백질(또는 질소)의 섭취와 소비의 균형을 유지하는 데 필요한 최소량으로부터 단백질필요량을 추정할 수 있다.

성장기, 임신수유기, 질병으로부터 회복되는 시기에 단백질섭취량이 배설량보다 많으면 정적(positive) 질소균형 상태를 보이는 반면 기아, 소모성 질환을 앓고 있을 때는 부적(negative) 질소균형 상태를 나타낸다.

③ 필요량과 권장섭취기준

정상적인 신체활동과 에너지 균형을 유지하는 성인에서 식사를 통한 질소섭취량과 소변, 대변, 피부, 머리카락, 손톱 등으로 소비되는 질소배설량이 평형을 이루는 최저 수준의 단백질을 필요량으로 추정하며 0.825g/kg/일에 해당된다(FAO/WHO). 한국인 단백질섭취기준(2010)은 19~29세 기준으로 성인 남자는 55g/일, 성인 여자는 50g/일이다.

(4) 건강문제

성장기 어린이들이 다양하고 충분한 식사를 하지 못하면 단백질 부족증세인 콰시오커(kwashiorkor)가 많이 나타난다. 그 임상증세로 피부 탄력이 감소하고, 근육이 약화되며, 빈혈 현상이 빈발하고 면역 기능이 감퇴한다. 특히 혈액 단백질의 농도가 낮아짐에 따라 부종이 동반된다. 에너지와 단백질이 모두 부족한 상황에서는 마라스무스(marasmus)가 나타나며 신체에 저장된 근육과 체지방이 거의 고갈된다.

단백질섭취가 과잉되면 장액의 분비가 증가되어 장내 환경이 염기성으로 조성됨에 따라 칼슘 흡수가 억제되어 폐경 후 여성에서 골다공증의 위험이 증가한다. 고단백 식사가 모든 사람에게 건강문제를 일으키는 것은 아니지만 신장에 부담을 줄 수 있으며 포화지방, 콜레스테롤섭취가 과잉되기 쉬우므로 심장질환, 암, 비만 위험이 높아진다.

3) 지 질

지질(lipid)이란 상온에서 고체 성상인 지방(fat)과 액체 성상인 기름(oil)을 모두 포함하는 용어이다.

지질은 탄수화물과 마찬가지로 탄소, 수소, 산소로 구성되어 있으나 탄수화물보다 분자당 탄소와 수소가 더 많은 반면 산소는 적기 때문에 인체에서 더 많은 열량, 즉 1g당 9kcal를 생산한다.

지질은 다양한 화합물질을 포함하고 있으나 이들은 모두 물에 용해되지 않고 클로로포름, 벤젠, 에테르 등의 유기용매에 용해되는 공통점을 가지고 있다.

사람이 건강을 유지하기 위해 식사로 섭취해야 하는 지질의 필요량은 그리 많지 않다. 음식으로 식물성 기름을 매일 2~4큰술 섭취하거나 연어, 참치 등 생선을 1주일에 2회 정도 섭취하는 것만으로도 필수지방산의 필요량은 충분히 제공된다.

(1) 지질의 종류

지질은 크게 지방산, 중성 지방, 인지질, 스테롤로 분류할 수 있다(그림 2-6).

① 지방산

인체나 식품 중에 중성지방과 인지질에 결합되거나 유리된 상태로 존재하는 지방산은 포화지방산과 불포화지방산으로 구분한다. 지방산은 탄소 수와 이중결합 수에 따라 다양한 구조와 화학적 · 물리적 특성을 지닌다.

- **포화지방산** : 포화지방산은 모든 탄소와 탄소의 결합이 단일결합을 이루고 있으며 탄소는 모두 수소와 결합하고 있다. 자연계에 가장 많이 존재하는 포화지방산은 탄소수 16개인 팔미트산(C16 : 0)과 탄소 수 18개인 스테아르산(C18 : 0)이며 인체의 지방조직을 비롯하여 쇠고기, 돼지고기 등 동물성 식품에 많이 함유되어 있다.

  포화지방산은 신체 내에서 합성되어 중성 지방 형태로 저장되었다가 세포에서 주로 에너지 발생에 이용된다.

- **불포화지방산** : 불포화지방산은 일부 탄소와 탄소 사이에 수소 1 분자가 제거된 이중결합을 가지고 있으며 이중결합 부위가 하나일 때 단일불포화지방산, 두 개 이상일 때 다가불포화지방산이라고 한다. 이중결합이 하나인 올레산(C18 : 1)을 비롯하여 리놀레산(C18 : 2), α-리놀렌산(C18 : 3), 아라키돈산(C20 : 4), 에이코사펜타엔산(EPA : eicosapentaenoic acid, C20 : 5), 도코사헥사엔산(DHA : docosahexaenoic acid, C20 : 6) 등 다가불포화지방산이 자연계에서 많이 발견된다. 메틸기로부터 이중결합이 시작되는 위치에 따라 α-리놀렌산, EPA, DHA 등은 오메가-3 지방산으로, 리놀레산과 아라키돈산은 오메가-6 지방산으로 분류한다.

  일반적으로 채종유와 올리브유 등 식물성 유지와 기름진 생선, 해산물 등에 불포화지방산이 풍부하게 들어 있다. 불포화지방산은 인체에서 합성되지 못하여 반드시 음식으로 섭취해야 하므로 필수지방산이라 부른다.

  필수지방산들은 체내에서 프로스타글란딘, 트롬복산, 류코트리엔같은 에이코사노이드로 대사되어 심혈관계 기능과 면역 기능을 조절하며 세포에서 신호전달물질로도 작용한다.

② 중성 지방

중성 지방은 글리세롤 분자에 주로 포화지방산이 결합된 형태로, 결합된 지방산 수에 따라 모노글리세리드, 디글리세리드, 트리글리세리드로 구분된다. 중성 지방은 동물성 식

지방산

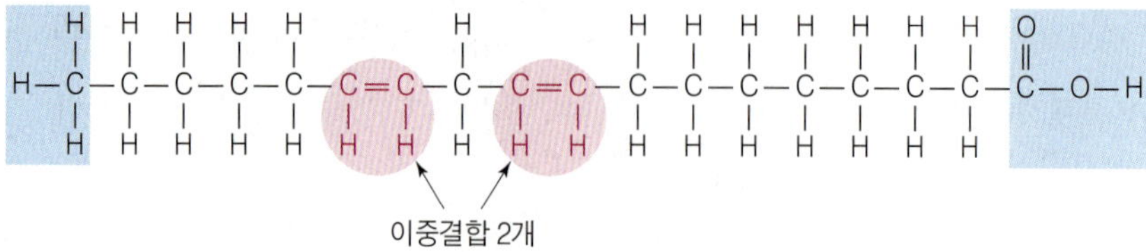

다가불포화지방산 : 리놀레산

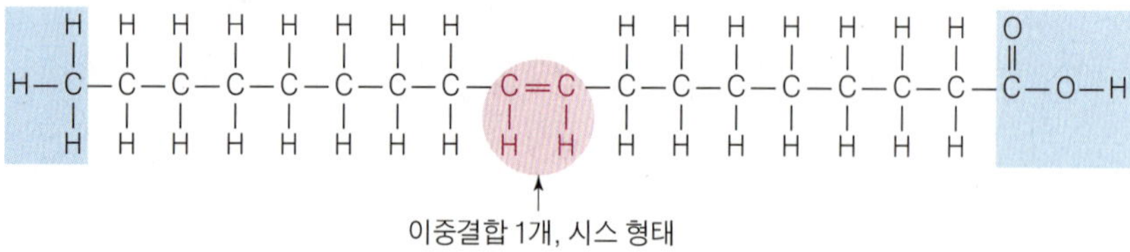

단일불포화지방산 : 올레산

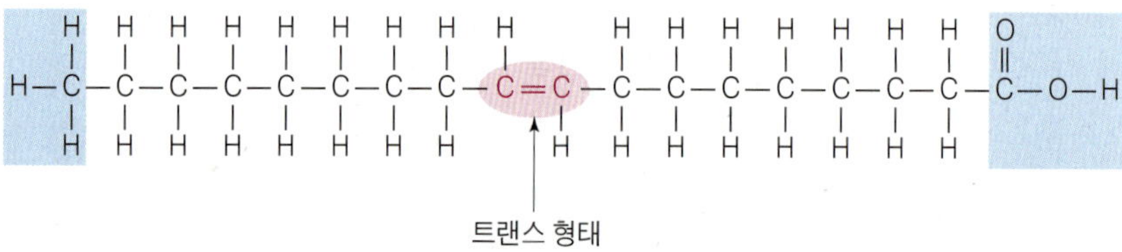

트랜스지방산 : 엘라이드산

중성 지방

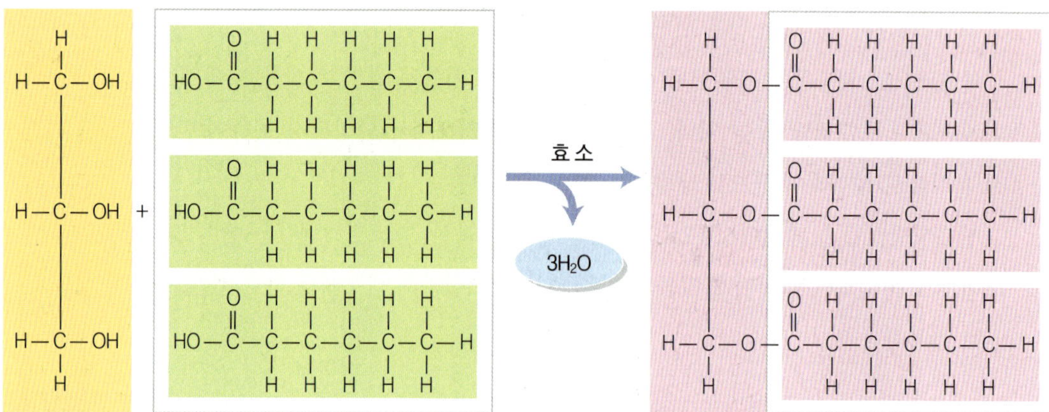

글리세롤 지방산 트리글리세리드

인지질

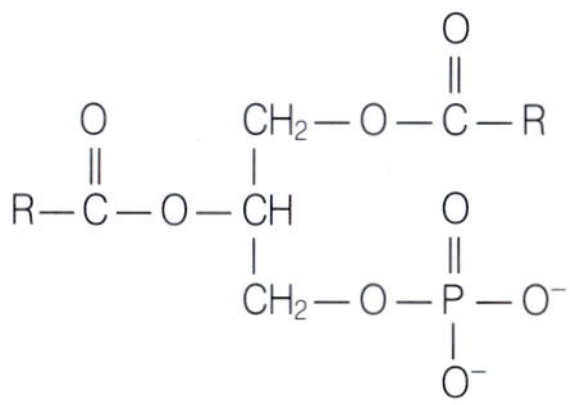

글리세로포스파타이드

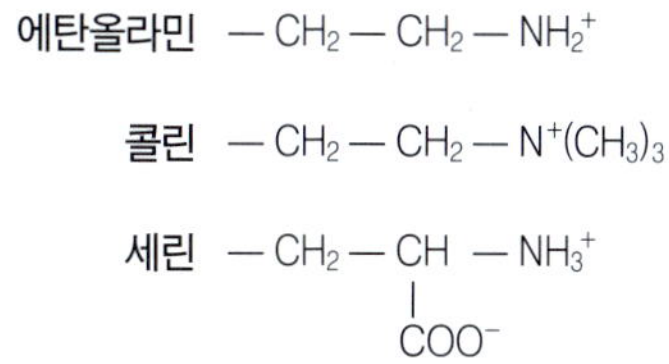

스테롤

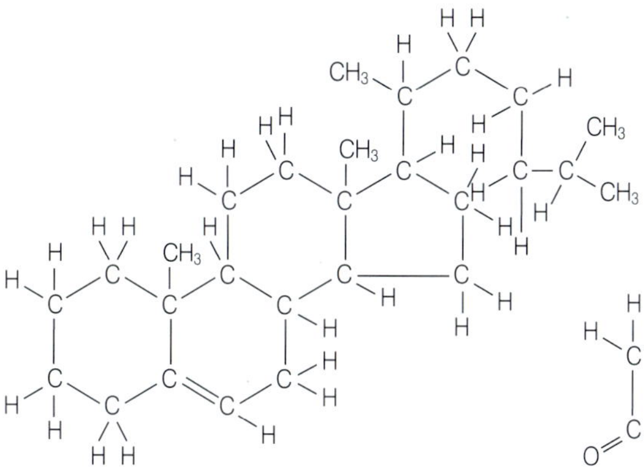

콜레스테롤

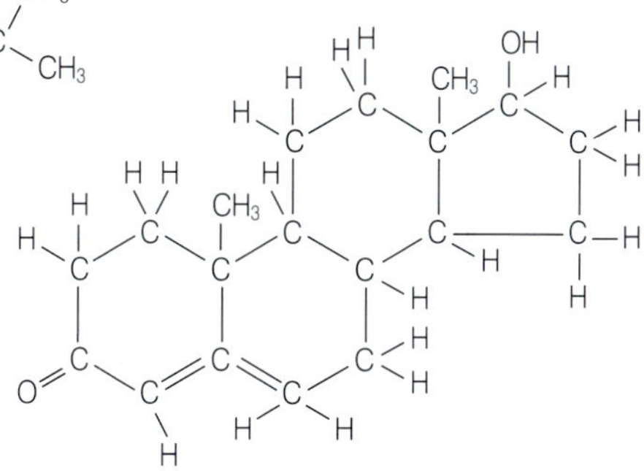

테스토스테론

그림 2-6 지질 구조

품의 주요 지질 형태로서 신체의 에너지 급원이며 절연체로 작용하여 체온을 유지하고 장기를 보호하는 역할을 수행한다. 중성 지방은 탄수화물이나 단백질에 비해 수분을 적게 함유하여 상대적으로 많은 에너지를 효율적으로 저장할 수 있다. 인체의 지방조직에는 중성 지방을 무제한 저장할 수 있는 것으로 알려져 있다.

③ 인지질

인지질은 글리세롤 분자에 포화지방산, 불포화지방산 및 인산이 결합된 기본 골격을 지니며, 특히 인산에 콜린, 세린, 에탄올라민 등 친수성 분자와 결합하여 친수성과 소수성을 모두 지닌 양성 구조를 지니고 있다. 이러한 구조적 특성으로 인해 세포막을 구성할 뿐 아니라, 지질의 소화와 운반에서 중요한 기능을 담당하는 지단백질을 구성한다. 가장 일반적인 인지질 형태는 콜린이 결합된 레시틴으로서 간, 땅콩, 소맥아, 콩, 달걀노른자 등에 풍부하게 들어 있다.

④ 스테롤

스테롤은 네 개의 고리구조를 가지고 있는 지질의 하나로 인체에 가장 많이 존재하는 것이 콜레스테롤이다. 콜레스테롤은 스테로이드 호르몬의 전구체로서 에스트로겐, 테스토스테론 등 성호르몬을 합성하며 코티졸, 알도스테론 및 비타민 D를 비롯하여 담즙산의 전구체이기도 하다. 콜레스테롤에 지방산이 결합한 콜레스테롤 에스터는 지방운반체이자 세포막에 유동성을 부여해 주는 필수 물질이다. 신체의 심장, 간, 신장과 뇌에 분포되어 있는 총 콜레스테롤의 2/3는 체세포에서 직접 합성된 것이며, 나머지 1/3은 식사로 섭취한 것이다.

간에서 포도당이나 지방산으로부터 합성된 콜레스테롤은 심혈관계 질환의 주요 원인 중 하나로 지적되고 있다. 이에 식물성 스테롤이나 이를 수소화한 스타놀의 건강상 기능성과 섭취 수준에 관심이 쏠리고 있다.

(2) 지질의 기능

지질은 신체에서 주로 에너지를 제공하는 기능을 한다. 가벼운 활동과 휴식기에 호르몬 민감성 리파아제에 의해 지방조직에서 유리된 포화지방산은 근육의 주 연료가 되지만 에너지가 부족할 때는 케톤으로 전환되어 신경세포에서 사용되기도 한다. 인체가 사용하고 남은 여분의 에너지는 지방조직에 중성 지방으로 저장되며 그 양은 체중의 약 5배까지 가능하다.

지질은 체지방의 형태로 신체 장기를 보호하고 열 손실을 막는 절연체 역할을 한다. 피부 바로 밑에 존재하는 피하지방층은 체온 유지에 필수적이다. 신경성 식욕상실증세로 극도로 마른 사람의 피부에 솜털이 자라는 라누고(lanugo) 현상은 피하지방이 부족한 경우에 자라는 미세한 솜털로 신체를 보호하는 생리적인 적응 반응의 일종이다.

지질은 필수지방산 형태로 세포막에서 인지질을 구성하며 에이코사노이드로 전환하여 혈관을 확장하고 혈액응고 및 염증반응 민감성을 억제하는 역할을 한다. 또한 지질은 성장기 아동에서 성장, 눈 및 신경계 발달, 두뇌 기능에 필수적이며, 소장에서 지용성 비타민의 소화 · 흡수를 용이하게 해준다.

(3) 체내 이용 및 필요량

① 소화 · 흡수 및 이용

식품으로 섭취한 지질은 입과 위를 거쳐 십이지장에 도달한 후 담즙에 의해 유화되면서 소화과정이 시작된다. 유화된 지질은 췌장에서 분비된 리파아제 작용으로 지방산과 글리세롤, 모노글리세리드, 콜레스테롤, 인지질 등으로 분해된다.

섭취한 지질의 95% 정도가 소장 점막세포로 흡수된 후 단백질과 결합하여 킬로미크론이라는 지단백질 형태로 전환된다. 킬로미크론은 림프관으로 유입된 후 간으로 운반된다. 지질은 물에 용해되지 않으므로 지단백질 형태를 이루어야 필요한 조직으로 이동할 수 있다.

지단백질은 중성 지방, 인지질, 콜레스테롤 및 단백질의 구성비율에 따라 킬로미크론, 초저밀도지단백질(VLDL : Very Low Density Lipoprotein), 저밀도지단백질(LDL : Low Density Lipoprotein), 고밀도지단백질(HDL : High Density Lipoprotein)로 분류된다(표 2-5). VLDL은 간에서 합성된 지단백질로 킬로미크론 처럼 중성 지방을 많이 포함하고 있으나 상대적으로 단백질 함유율이 높아져서 혈액을 따라 다른 조직으로 이동할 수 있다. VLDL로부터 합성된 LDL 분자의 약 50%가 콜레스테롤로서, LDL 수용체가 있는 간, 근육, 지방 조직 등으로 운반된다. 그러나 일부 LDL-콜레스테롤은 혈관 벽에 축적되어 동맥경화증의 원인이 되기도 하므로 '나쁜 콜레스테롤' 이라고 부른다. 반면에 HDL의 경우 분자의 50%가 단백질로, 말초조직의 콜레스테롤을 간으로 역운반하여 조직 콜레스테롤을 제거하는 효과를 보이므로 '좋은 콜레스테롤' 이라고 부른다. 혈액의 LDL-콜레스테롤 농도가 높고 HDL-콜레스테롤 농도가 낮으면 상대적으로 심혈관계 질환의 위험이 증가한다. 저탄수화물 식사, 단일 불포화지방산이 많이 함유된 식사, 적당량의 알코올 섭취, 규칙적인 운동 등은 HDL-콜레스테롤 농도를 증가시키는 것으로 알려져 있다. 콜레스테롤은 300mg/1,000kcal 이하로 섭취하도록 권장하고 있다.

표 2-5 지단백질의 종류와 조성

지단백질	조성 비율	체내 기능
킬로미크론	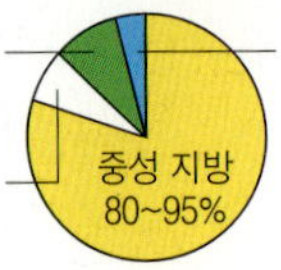	식이성 지방의 이동
VLDL	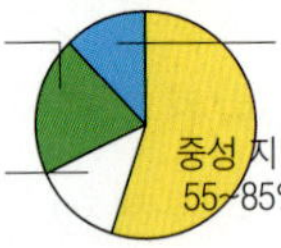	간에서 합성된 지방을 간 외로 이동
LDL	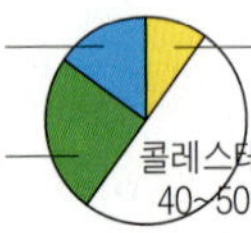	간에서 합성된 콜레스테롤을 말초조직으로 이동
HDL	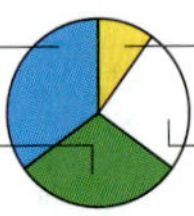	콜레스테롤을 말초조직에서 간으로 이동

② 필요량

한국인 영양섭취기준(2010)에 의하면 19세 이상 성인의 경우 총 지질의 에너지 적정 비율은 15~25%, 포화지방산의 에너지 적정비율은 4.5~7%, 오메가-6계 다가불포화지방산의 에너지 적정비율은 4~8%, 오메가-3계 다가불포화지방산의 에너지 적정비율은 0.5~1.0%이었다. 이것은 리놀레산과 α-리놀렌산을 합하면 열량섭취의 약 5~10%에 해당되는 양으로 급원 식품인 어류를 최소한 한 주에 두 번 정도 섭취함으로써 얻을 수 있다. 임신부와 수유부의 지방산섭취기준은 충분섭취량으로 각각 오메가-6계 다가불포화지방산 9g, 10g, 오메가-3계 다가불포화지방산 2.1g, 2.4g으로 정해져 있었다.

(4) 건강문제

지질의 과잉섭취는 심혈관계 질환의 위험을 증가시킨다. 현대사회에서는 심혈관계 질환으로 인한 사망률이 매우 높은데, 심장이나 뇌로 가는 동맥에 생긴 혈전에 의해 발생된 뇌졸중과 심근경색이 주 원인이다.

정상인의 혈청 중성 지방 농도는 100~200mg/dL, 콜레스테롤 농도는 140~260mg/dL인데, 연령이 증가함에 따라 그 농도가 증가하는 경향이 있으며 전립선암, 결장암, 유방암의 발생률과 상관성이 높은 것으로 추정된다.

3. 신체 대사과정을 조절하는 영양소

신체 대사과정을 조절하는 영양소에는 비타민과 무기질 그리고 물이 있다. 무기질은 신체의 조직을 구성하는 다량 무기질과 기능 단백질의 보조인자로 세포 대사를 조절하는 미량 무기질로 구분된다. 비타민은 세포 대사를 위한 조효소로서 미량 필요한 유기물질이며 물리적 특성에 따라 지용성 비타민과 수용성 비타민으로 분류한다. 여섯 번째 영양소인 물은 신체의 용매로서 항상성 유지에 관여한다.

1) 물

성인은 체중의 약 50~60%에 해당하는 수분을 체내에 보유하고 있는데 탈수로 인해 체내 수분의 20%를 손실하게 되면 생명에 치명적인 영향을 받는다. 지방조직이 많은 여성에 비해 근육이 많은 남성의 신체에 더 많이 들어 있으며 연령이 증가함에 따라 감소한다. 따라서 물을 마시지 못하면 일주일을 견디지 못하고 사망한다.

(1) 물의 기능과 대사

물은 신체에서 주로 용매와 윤활유로 작용한다. 물은 세포 내 · 외의 삼투질 농도에 따라 확산되면서 세포 내액과 세포 외액의 부피를 조절하며 상피 점막세포의 점액 분비를 원활하게 하여 세포막 항상성 유지에 도움을 준다. 음식물을 먹고 소화하고 흡수 및 배설하는 과정에서 소화기관으로부터 소화액 분비, 세포 내에서 영양소와 노폐물의 이동 등에도 물은 필수적이다. 또한 물은 발한작용을 통해 체온을 조절하며 세포 내에서 화학적 대사과정을 위한 수용성 용매로서 역할을 수행한다.

수분은 주로 음료수 등을 통해 섭취되지만 과일, 채소, 국 등도 주요 공급원이다. 신체의 대사과정에서 부산물로 생성되는 수분을 대사수(metabolic water)라고 한다. 다시 말해서 세포에서 탄수화물, 지질, 단백질 등 열량 영양소가 산화되어 ATP가 발생될 때 생성되는 물을 대사수라고 한다. 탄수화물이 대사될 때 60mL/g의 수분이 생성되며 지질은 1.1mL/g, 그리고 단백질은 0.4mL/g의 수분이 생성되므로 체내에서 지질이 에너지원으로 사용될 때 대사수가 가장 많이 생성된다. 하루에 약 250~300mL 정도의 대사수가 생성된다.

(2) 체내 이용 및 필요량

인체는 항상 수분섭취량과 배설량이 균형을 이루면서 일정량의 수분을 보유해야 생존할 수 있다. 성인의 체중을 50kg으로 볼 때 약 27~30L의 물이 몸 안에 들어 있는데 이 중 0.3L(1%)를 잃으면 갈증을 느끼게 되고, 1.5L(5%)를 잃으면 혼수상태에 이르며, 3L(10%) 정도를 잃게 되면 사망한다. 보통으로 활동하는 성인의 경우 주로 음식에서 1L, 음료수로 1.2L가 섭취되며 대사수로 0.3L 제공될 때 요로 1.3L, 변으로 0.1L, 피부와 폐로 1.1L가 배출되므로 수지 균형에 필요한 양은 총 2.5L에 해당한다. 국민건강영양조사(2005) 결과 우리나라 성인의 물섭취량은 남자 1.15L, 여자 0.95L으로 나타났다.

한국인 영양섭취기준(2010)에 따르면 19~29세 기준으로 성인의 수분(액체)의 충분섭취량은 남자 2.6L(1.2L), 여자 2.1L(1L)이며 임신기와 수유기에 각기 + 0.2L, + 0.7L(+ 0.5L)를 더 섭취해야 한다.

(3) 건강문제

질병, 운동, 특수환경에 의한 발한작용으로 체수분의 2%가 소실되는 탈수상태에서 처음에는 갈증을 보이다가 작업능력이 서서히 저하된다. 체수분의 4%가 소실되면 식욕감퇴, 구토 증세가 나타난다. 체수분의 6%가 소실되면 삼투질 농도가 변화하고 근육피로로 이어지다가 10% 정도가 소실되면 혈압이 상승하며 신장이 손상되고 혼수상태가 되었다가 사망한다.

반면에 장기적으로 수분을 과잉섭취하여 혈중 나트륨 농도가 135mmol/L 미만으로 저하되면 저나트륨혈증을 초래하여 수분이 세포 내로 이동하면서 신경계 부종이 발생하고 근육이 약화되며, 심하면 생명이 위독해질 수 있다.

2) 무기질

우리 신체는 약 96%의 유기물질과 4%의 무기물질로 이루어져 있다. 사람이 정상적으로 성장하고 건강을 유지하기 위해서는 다양한 종류의 무기질이 필요하다(부록). 무기질은 수분 균형, 골격 구성을 비롯하여 에너지 대사의 보조인자, 신경계 기능, 세포 에너지 대사 등의 많은 체내 기능을 수행한다.

(1) 무기질의 종류

인체 내에 가장 많은 무기질 뼈 성분은 칼슘과 인이며, 총 무기질의 약 66%를 차지한다. 칼슘(Ca), 인(P) 외에 나트륨(Na), 염소(Cl), 칼륨(K), 마그네슘(Mg), 황(S)이 다량 무기질(macrominerals)에 해당한다.

미량 무기질(microminerals or trace elements)은 체중의 0.01% 이하의 적은 양으로 존재하는 무기질들로 철(Fe), 요오드(I), 아연(Zn), 셀레늄(Se), 구리(Cu), 망간(Mn) 등이 해당된다.

(2) 무기질의 일반적 기능

체내 수분균형 조절은 무기질의 주요 기능이다. 수분은 세포 내액과 세포 외액 구간에서 삼투질 농도에 따라 확산 이동하며, 체액의 삼투질 농도는 나트륨, 칼륨 등 세포 내 · 외의 주요 양이온의 분포에 의해 조절된다.

무기질은 체내 산 · 알칼리 평형을 유지한다. 신체의 정상성을 유지하기 위해서는 혈액과 체액이 pH 7.4 정도의 약알칼리를 유지해야 한다. 나트륨, 칼륨, 마그네슘은 알칼리성 원소에 염소, 인, 황 등은 산성 원소에 해당된다. 신경세포가 자극을 받으면 나트륨과 칼륨이 세포막 내 · 외로 확산 이동하면서 자극정보를 중추와 말초로 전달한다.

무기질의 체내 주요 기능 중 하나는 조직과 세포를 구성하는 것이다. 칼슘과 인은 단백질과 결합하여 단단한 뼈를 형성하는 반면 인이나 유황은 연조직을 형성한다.

무기질은 효소나 호르몬의 보조 인자로서 기능성 단백질을 활성화시킨다. 열량대사를 조절하는 갑상선호르몬은 갑상선으로 공급되는 요오드섭취가 적당할 때 합성된다. 또한 탄수화물 대사를 조절하는 인슐린의 생산과 저장에는 아연이 필수적이다.

조직에서 무기질들은 헤모글로빈(철), 글루타치온 과산화 효소(셀레늄) 등의 다양한 효소과 호르몬의 구성성분으로 활용된다. 나트륨, 칼륨은 전해질로 주로 혈액에서 삼투질 농도를 조절한다.

무기질은 상호작용과 교호작용을 통해 신체의 생리적 기능을 수행한다.

(3) 무기질의 소화 · 흡수 및 이용

우리가 섭취하는 식품에는 여러 무기질이 함유되어 있지만 신체에 흡수되어 이용되는 생체이용률(boiavailability)은 무기질에 따라 다양하다.

일반적으로 칼슘은 섭취량의 10~30%, 마그네슘은 35~40% 정도가 흡수되는 반면, 인은 70%가 흡수되며 나트륨과 칼륨은 섭취량의 95%가 소장에서 흡수된다. 철은 섭취량의 10~15%, 아연 · 구리는 10~30%의 흡수율을 보이는 반면, 셀레늄 · 불소 등은 80~90%, 망간은 불과 3~4%의 흡수율을 보이고 나머지는 변으로 배출된다. 마그네슘, 철, 칼슘, 구리처럼 원소 크기가 비슷하고 이온가가 동일할 때 흡수 시 서로 경쟁을 하게 되면 실제 생체이용률은 저하된다. 이러한 문제는 무기질을 보충제로 과량 섭취할 때 나타난다.

개인의 나이, 성, 유전적 소인, 영양 상태는 물론 식품에 들어 있는 성분들, 즉 식이섬유, 피트산, 옥살산 등이 무기질의 생체이용률에 영향을 미친다. 식이섬유섭취가 권장수준보다 많아지면 철, 아연 등의 무기질 흡수가 현저히 저하될 수 있는 반면에 비헴철(nonheme iron)분과 비타민 C를 함께 섭취하거나 비타민 D와 칼슘을 함께 섭취할 때 서로 흡수율을 높이는 상호효과를 기대할 수 있다. 일반적으로 동물성 식품으로 섭취하는 무기질은 식물성 식품으로 섭취한 것보다 흡수가 더 잘되는 경향이 있다.

무기질은 대부분 소장에서 흡수되며 흡수된 무기질은 혈중 단백질과 결합하여 조직으로 운반되어 저장된다. 알부민은 칼슘, 아연, 구리, 망간 등 여러 무기질과 결합하여 이동하는 대표적인 혈중 단백질이다. 철은 트랜스페린과 결합하여 이동한다.

칼슘, 인, 마그네슘, 불소 등은 뼈에, 철, 구리, 아연 등은 주로 간에 저장된다.

(4) 무기질 대사, 필요량 및 건강문제

① 다량무기질

칼슘 · 인 · 마그네슘–뼈 건강 유지에 관여 : 칼슘은 체중의 1.5~2%를 차지하여 신체 내 존재하는 무기질 중 가장 많다. 체내 칼슘의 약 99%는 경조직인 뼈와 치아에 존재하고, 나머지는 연조직과 혈액에 있다. 혈액응고, 근육 수축이완, 신경자극전달 등 세포기능을 위해 혈중 칼슘 농도를 일정하게 유지하는 것이 매우 중요하다. 혈중 칼슘의 항상성은 부갑상선호르몬, 활성 비타민 D, 칼시토닌 등의 호르몬에 의해 유지되며 이를 위해 뼈세포는 일생 동안 생성과 용해 대사를 통해 뼈 칼슘을 교체하는 동적 평형상태를 유지한다. 따라서 성장기에 칼슘 섭취가 부족하면 뼈성장이 저해되어 구루병이 유발될 수 있으며, 성인이 된 후에는 골질량이 감소하여 골다공증이 유발되고 골절되기 쉽다. 칼슘은 우유, 치즈, 요구르트 등 유제품과 멸치, 뱅어포 등 뼈째 먹는 생선에 많이 함유되어 있다. 시금치도 칼슘의 좋은 급원이지만 옥살산의 함량이 높기 때문에 흡수율이 떨어진다. 한국인 영양섭취기준(2010)에 19~29세 기준으로 제시된 성인의 칼슘 권장섭취량은 남자 750mg, 여자 650mg 이며 임신부와 수유부는 각기 +280mg, +370mg을 더 부가해 준다. 지난 10년간의 국민건강영양조사에 의하면 칼슘섭취량은 1995년 531mg, 1998년 511mg, 2001년 496.9mg, 2005년 553.2mg으로 권장섭취 수준에 미치지 못하고 있다.

인은 칼슘 다음으로 체내에 풍부한 무기질로 85%가 경조직에, 나머지 15% 정도가 연조직에 존재한다. 인은 기능과 대사면에서 칼슘과 매우 밀접한 관계가 있으며 뼈에 존재하는 칼슘과 인의 비율은 약 2 : 1 정도이다. 인산의 형태로 에너지 대사의 조효소나 핵산, 그리고 ATP 등의 중요한 성분이 되는 인은 음이온으로 체액의 산 · 염기 평형조절에도 기여한다. 인은 세포막을 이루는 인지질의 구성성분으로 거의 모든 식품에 존재하므로 결핍증이 거의 없다. 최근 가공식품이나 탄산음료의 섭취가 늘어나면서 인의 섭취량은 증가하는 추세인데 칼슘과 인의 섭취비율은 1~1.5 : 1이 유지되도록 하는 것이 바람직하다. 국민건강영양조사(2005)에 의하면 우리나라 사람들의 칼슘과 인의 섭취량은 각각 553.2mg, 1242.4mg으로 그 비율은 1 : 2.2 이었다. 한국인 영양섭취기준에 19~29세 기준으로 성인의 인 권장섭취량은 남녀 모두 700mg이며 임신기와 수유기를 위한 부가량은 없다.

마그네슘은 20~28g 정도 체내에 존재하며 이 중 50% 이상이 뼈에, 나머지는 근육조직 등에 들어 있다. 마그네슘은 신경을 안정시켜 근육이완작용을 촉진하며, 체내 ATP와 결합하여 다양한 에너지의존성 대사과정에 관여한다. 근육 경련으로 인한 발작증세인 테타니(tetany)는 마그네슘 결핍증으로 알려져 있다. 마그네슘는 코코아, 견과류, 두류, 녹색 채소 등을 비롯하여 전곡류에도 많이 함유되어 있으나 피틴산(phytic acid)과 불용성의 염을 형성하기 때문에 그 흡수율이 낮다. 한국인 영양섭취기준에 제시된 마그네슘 권장섭취량은 19~29세 기준으로 성인 남자 340mg, 여자 280mg이며 임신부와 수유부를 위한 부가량은 각기 +40mg, +0mg이다.

나트륨 · 칼륨 및 염소-체액 및 전해질 균형에 관여 : 수분의 균형 분포, 삼투압, 산 · 염기 평형유지에 관여하는 나트륨, 칼륨, 염소는 체중의 0.15~0.2%를 차지하며 신체에 분포된 총 무기질의 2~5%를 차지하는 전해질들이다. 세포 내액에는 주로 칼륨 양이온이 많이 분포되어 있는 반면에 세포 외액에는 나트륨 양이온과 염소 음이온이 주로 분포되어 있다.

혈중 나트륨 농도가 낮아지면 혈압이 감소하며, 부신에서 알도스테론을 분비함으로써 나트륨이 소변으로 배설되는 것을 억제한다. 따라서 혈중 나트륨 농도가 증가하게 되고 혈압이 정상 수준으로 회복된다. 반면에 혈중 나트륨 농도가 높아지면 혈압이 상승하며 알도스테론 분비가 감소하여 나트륨 배설이 촉진됨에 따라 혈압이 정상 수준으로 낮아진다. 나트륨은 체내 흡수가 용이하여 결핍보다는 과잉섭취를 주요 영양문제를 야기한다. 나트륨의 과잉섭취로 신체 내 삼투질 농도가 상승하여 수분 보유량이 증가하면 고혈압이 유발된다. 고혈압의 원인은 나트륨의 과잉섭취외에도 유전적 소인, 비만, 스트레스 등도 있으나 중년 이후 많이 발생하는 고혈압 환자가 나트륨 섭취를 절제하면 혈압이 저하된다.

칼륨은 세포 내액의 주요 양이온으로, 95%가 세포 내에 분포되어 있다. 칼륨은 혈압을 낮추는 효과가 있으므로 고혈압 환자에게 필수적인 영양소이다. 혈중 칼륨 농도가 낮아지면 식욕 감퇴, 변비, 근육 경련 등이 야기되며 심하면 심장 박동이 불규칙하여 혈액순환에 장애가 발생된다. 지나친 다이어트를 하거나 격심한 운동을 하는 경우 칼륨이 풍부한 식품을 섭취하는 것이 바람직하다.

나트륨과 염소는 주로 소금(NaCl)의 형태로 섭취하게 된다. 소금은 나트륨 40%, 염소 60%를 제공하므로, 나트륨섭취가 충분하면 염소가 결핍될 가능성은 거의 없다. 육류, 우유 등 고단백 천연식품에도 나트륨이 풍부하나, 일반적으로 가공식품에 나트륨 함량이 매우 높으며 화학조미료 MSG(monosodium glutamate)에도 나트륨 성분이 들어 있다. 채소와 과일에는 나트륨이 적게 함유되어 있는 반면 칼륨이 많이 함유되어 있다.

국민건강영양조사(2005)에서 제시한 국민 1인당 나트륨섭취량은 5,280mg, 칼륨섭취량은 2,794mg이어서 나트륨섭취는 섭취기준을 두 배 이상 초과한 반면, 칼륨섭취는 상대적으로 매우 부족한 편이다.

한국인 영양섭취기준에는 19~29세 기준으로 성인의 나트륨과 칼륨의 충분섭취량이 각기 1.5g, 3.5g으로 남녀 동일하게 제정되어 있으며 염소는 2.3g이다. 특히 나트륨의 경우 목표량이 2.0g으로 설정되어 있다. 임신기와 수유기를 위한 나트륨과 염소의 부가량은 없으나 칼륨의 경우 수유기에만 +0.4g을 부가해 준다.

② 미량무기질

철 · 구리 및 셀레늄–산화 · 환원 대사에 관여 : 신체 내 철 함량은 3~5g 정도이며, 이 중 70~80%가 활성형태로 세포대사에 관여하며 나머지 20~30%는 저장형태이다. 철은 헤모글로빈의 구성성분으로 산소를 세포로 운반하며, 전자전달계의 산화 · 환원에 관여하는 시토크롬을 비롯하여 퍼옥시다제, 카탈라아제의 구성요소이다. 자연계에서 철은 환원형인 제1철(Fe^{+2})과 산화형인 제2철(Fe^{+3})로 존재하며 위산에 의해 Fe^{+3}이 Fe^{+2}로 환원되면 흡수율이 증진된다. 동물성 식품에 함유된 철의 40%는 헴철(heme iron)로 소장세포에서 흡수가 매우 용이한 반면, 식물성 식품에 함유된 비헴철은 유기분자와 단단히 결합하고 있어 흡수율이 떨어진다. 비타민 C, 위산 등 산성 환경에서 비헴철의 흡수율이 증가한다. 일단 소장세포에 도달한 철(Fe^{+2})은 구리 함유 효소인 세룰로플라즈민에 의해 Fe^{+3}로 산화되어 페리틴을 형성한다. 그리고 철은 트랜스페린의 형태로 간과 골수로 이동된다.

철섭취가 부족할 때 적혈구의 크기가 작고 헤모글로빈 함량이 적은 소혈구성 저

색소성 빈혈증세가 나타나서 적혈구의 산소 운반능력이 감소되므로 쉽게 피로하며 안색이 창백해지고 작업능률도 떨어진다. 철분 결핍이 일어나기 쉬운 연령층은 영유아를 비롯하여 성장기 아동과 청소년, 그리고 가임기 여성들이다. 헤모글로빈 합성에 사용되는 철은 20~25mg/일이며, 적혈구가 파괴된 후 골수에서 새로운 헤모글로빈 합성에 재활용된다. 변, 땀 등으로 배설되는 철은 0.014mg/kg/일 정도이며 특히 사춘기 이후 여성들은 폐경 전까지 월경으로 인한 철 손실량이 500mg/일에 이른다. 따라서 15~28세 성장기 청소년의 철 권장수준은 15~17mg으로 매우 높다. 근육이 급성장하고 초경이 시작되어 철 요구량이 증가하기 때문이다.

국민건강영양조사에서 우리나라 사람의 1인 1일 철섭취량은 1998년 12.3mg, 2001년 12.2mg, 2005년 13.6mg으로 점차 증가하는 추세이다. 철섭취 비율을 급원식품별로 살펴 보면, 1998년 식물성 71.4%, 동물성 28.6%이었던 것이 2005년 식물성 70.7%, 동물성 29.3%으로 동물성 식품으로 섭취하는 철이 약간 증가하였음을 알 수 있다. 한국인 영양섭취기준(2010)에 의하면 19~29세 기준으로 성인의 철 권장섭취수준은 남자 10mg, 여자 14mg이며 임신기에 +10mg을 부가해 준다. 철 상한섭취량은 성인 남녀 모두 45mg/일이다.

구리는 철분의 체내 이용에 관여하는 효소인 셀룰로플라즈민(ceruloplasmin)의 구성 성분으로, 조혈작용을 촉진하며 뇌, 적혈구, 간 등에서 항산화(superoxide dismutase) 효소의 조효소가 되기도 한다. 그 외에 멜라닌 색소 형성에 관여하는 효소, 콜라겐 형성에 관여하는 효소, 전자전달에 관여하는 효소들의 보조인자로도 작용하는 등 수많은 효소의 작용에도 관여한다. 식사로 섭취한 구리의 약 30%가 소장 상부에서 용이하게 흡수되며 메탈로티오네인에 의해 간으로 이동된 후 α-글로불린과 결합하여 셀룰로플라즈민을 형성한다. 구리는 주로 담즙을 통해 소량 배설된다. 구리의 섭취가 부족할 때 철분 결핍성 빈혈이 발생될 수 있으며, 특히 아연의 섭취가 함께 불균형했을 때 혈중 콜레스테롤 수준이 증가하고 심혈관계 질환의 위험이 있는 것으로 알려져 있다. 구리가 풍부한 식품으로는 굴을 포함한 어패류, 간 등이 있으며 밀의 배아, 코코아 등에도 상당량 포함되어 있다. 19세 이상 성인 남녀의 구리 권장섭취량은 800㎍/일이며 임신기와 수유기에 각기 +130㎍, +450㎍을 부가해 준다. 성인의 상한섭취량은 10mg/일이다.

셀레늄은 신체 내에 약 10~15mg 분포되어 있으며 글루타치온 과산화 효소의 성분으로 산화 · 환원 기능에 참여한다. 또한 셀레늄은 갑상선호르몬 T_4를 T_3로 활성화시키고 비타민 C 대사에 필수적이다. 섭취한 셀레늄은 흡수가 매우 잘 되며 셀레노시스테인, 셀레노메티오닌과 결합하여 근육, 간, 신장, 신장에 주로 저장되나 두뇌와 지방조직에서는 발견되지 않는다. 글루타치온 과산화 효소는 세포막에서 과산화물 형성을 억제하고 중금속과 결합하여 독성을 제거함으로써 세포 노화를 지연시키고 면역력을 증강시킨다. 토양에 셀레늄이 결핍된 지역에서는 심장이나 뼈 등이 손상되는 풍토성 질환이 나타나며 암 발생률이 높다고 알려져 있다. 셀레늄은 육류, 내장고기, 해산물, 난황, 우유 등과 같은 동물성 식품과 버섯, 아스파라거스 등의 식물성 식품에 모두 포함되어 있다.

셀레늄의 권장섭취량은 19세 이상 성인 남녀 모두 55㎍/일이며, 성인의 상한섭취량은 400㎍/일이다. 또한 임신기와 수유기에 각기 +4㎍, +10㎍을 부가해 준다.

아연 · 요오드-호르몬 합성 및 유전자 발현에 관여 : 아연은 성인 신체내에 1.5~2.5g 존재하는 미량 영양소로 이 중 90%가 근육과 뼈에서 발견되며 간, 췌장, 안구, 내분비선, 모발 등에도 소량 분포되어 있다. 혈액에 함유된 아연 수준은 총 아연의 0.1%에 해당하지만 교체대사가 매우 활발하다. 섭취한 아연의 30~40%가 소장에서 흡수되며 메탈로티오네인과 결합하여 세포의 유전자 발현에 관여하는 것으로 알려져 있다. 아연은 세포분열과 증식에 영향을 주는 효소, RNA 중합 효소에 필수성분으로 성장발달, 생식 및 면역 등에서 기능을 수행하는 것으로 알려져 있다.

아연이 부족하면 식욕부진, 미각이상, 성장 지연 등의 증세가 나타난다. 반면에 아연을 과잉섭취하면 철, 구리의 흡수를 저해하며 췌장 효소, 혈청 지단백질 수준에 영향을 미치는 등 부작용이 유발되고 빈혈, 면역결핍, 통증, 발열 등의 증세를 보인다. 아연 함량이 높은 식품으로는 굴과 같은 해산물, 살코기, 간, 난황 등이 있으며 채소나 과일, 난백에는 거의 없다. 19~29세 기준으로 성인의 아연 권장섭취량은 남자 10mg/일, 여자 8mg/일이며 임신기에는 +2.5mg, 수유기에는 +5.0mg을 부가해 준다.

요오드는 갑상선호르몬의 성분으로 세포의 에너지대사를 왕성하게 함으로써 정상적인 성장 및 건강 유지에 필수적이다. 요오드는 성인의 신체에 15~20mg 정도 존재하며 이 중 70~80%가 갑상선에 분포되어 있다. 갑상선에서 요오드는 티로글로부린과 결합하여 T_4를 형성한 후 혈액으로 방출되어 트랜스타이레틴(transthyretin), 알부민과 함께 결합하여 표적세포로 이동한다. 표적세포에서 T_4는 셀레늄 함유 효소인 탈요오드 효소에 의해 T_3로 전환되며 유리된 요오드는 재활용되거나 소변으로 배설된다. 혈중 갑상선호르몬 농도가 변화하면 갑상선 자극 호르몬(thyotropin, TSH)의 분비가 증가하거나 감소함으로써 갑상선 기능을 조절한다.

요오드섭취가 부족하면 갑상선이 비대해지는 단순갑상선종(simple goiter)이 발생한다. 갑상선종은 갑상선종 유발물질(goitrogen)을 함유한 식품을 섭취할 때도 발생할 수 있다. 반면에 요오드를 만성적으로 과잉섭취하면 Na-I 운반체 발현을 억제하는 기전을 통해 갑상선 기능을 유지한다. 그러나 이 적응기전이 저하되는 경우 갑상선 기능이 항진되거나 그 반대로 저하하는 상반된 갑상선질환이 나타난다.

요오드섭취량이 150㎍/일 되는 성인의 요오드 배설량은 100㎍/L이며 이때 갑상선에 존재하는 요오드 양은 10mg 정도 된다. 요오드섭취량이 부족하면 혈중 TSH 수준이 증가 한다. 이를 근거로 WHO는 성인의 요오드섭취량을 150㎍/일로 권장하고 있다. 요오드는 미역, 김 등 해조류나 해산물 등에 많이 함유되어 있다. 삼면이 바다로 둘러싸여 요오드섭취량이 비교적 많은 우리나라 성인의 요오드 권장섭취량은 150㎍이며 임신기에는 +90㎍, 수유기에는 +180㎍을 부가한다. 상한섭취량은 240㎍/일이다.

불소는 치아의 뼈를 단단하게 하여 충치 발생이나 골다공증에 대해 보호작용을 한다. 불소는 치아의 법랑질을 단단하게 유지하고 구강 내 박테리아에 의해 생성된 산이 법랑질을 부식시키는 것을 방지하여 충치 발생을 감소시킨다. 음료수에 불소를 1ppm 정도 첨가시켜 주면 충치발생률은 50% 이상 감소하지만 과잉섭취하면 오히려 치아건강을 해친다. 한국인 영양섭취기준에 제시된 19~29세 기준으로 성인의 불소 충분섭취량은 남자 3.5mg, 여자 3.0mg이며 상한섭취량은 10mg/일이다.

망간 · 크롬-탄수화물 대사에 관여 : 망간은 섭취량의 3% 정도 흡수되며 간에서 트랜스페린, 알부민, α2-글로불린과 결합하여 조직으로 이동한다. 망간은 뼈 형성에 관여하며 체내 탄수화물이나 지방대사에 관여하는 효소와 요소합성 효소의 보조인자로서 작용한다. 망간은 대부분 담즙을 통해 변으로 배설되므로 간 기능이 손상된 경우 과잉섭취하면 간과 중추신경계에 축적되어 독성이 나타난다. 망간섭취가 낮을 때 당과 콜레스테롤 대사의 변화가 초래된다고 보고된 바 있으나 사람에서 결핍증은 거의 없다. 골다공증 환자에서 혈중 망간 수준이 낮은 경향이 있다. 망간은 육류나 해산물, 우유 등에는 거의 함유되어 있지 않으나 전곡류, 녹차, 견과류, 채소, 과일 등에 풍부하게 함유되어 있다. 한국인 망간섭취기준을 살펴보면 충분섭취량이 성인 남자 4.0mg, 여자 3.5mg으로 제시되어 있으며 상한섭취량은 11mg/일이다. 또한 임신기와 수유기를 위한 별도 부가량은 없다.

크롬은 포도당 내성인자의 구성성분이며 인슐린 기능을 조절하는 데 필수적이어서 크롬이 결핍되면 포도당 항상성이 유지되지 않고 당뇨의 위험성이 증가한다고 알려져 있다. 또한 당질 외에 지방, 단백질의 에너지 대사에 관련된 효소를 활성화시켜 크롬은 운동선수를 위한 운동수행 능력 강화제로 특별한 관심을 받고 있다.

3) 비타민

비타민은 인체에 미량 존재하는 유기물질로 정상적인 신체기능 유지 및 성장을 위하여 필수적인 기능을 지니고 있다. 특히 에너지 발생이나 단백질 생합성 등 세포 대사를 촉진하는 데 필요한 성분이지만 체내에서 합성되지 않으므로 반드시 식이를 통해 섭취해야 한다. 예외적으로 비타민 D는 피부에서 합성되며, 니아신은 트립토판으로부터 생체 내에서 전환되며, 비타민 K는 대장균에 의해 합성되기도 한다.

비타민을 충분히 섭취하지 않으면 각기병, 괴혈병, 펠라그라, 구루병, 야맹증 등의 결핍증이 발생될 수 있으나 이러한 증세들은 해당 비타민을 투여하면 매우 신속하게 회복되는 특징이 있다.

18세기 중엽 선원들에게 발생했던 괴혈증세에 오렌지와 레몬의 비타민 C 효과가 관찰된 이후 20세기 중엽까지 총 15가지 비타민이 발견되었다.

(1) 비타민의 종류

비타민은 에테르와 벤젠과 같은 유기용매에 용해되는 지용성 비타민과 물에 용해되는 수용성 비타민으로 대별된다(부록). 지용성 비타민에는 A · D · E · K 가 해당되며 수용성 비타민에는 B와 C군이 해당된다. 비타민 B군에는 티아민, 리보플라빈, 니아신, 비타민 B_6 · B_{12}, 판토텐산, 비오틴, 엽산 등이 포함된다.

자연계에 존재하는 비타민에는 화학적으로 유사한 구조의 다양한 이성체들이 존재한다. 예를 들면 카로티노이드의 종류가 400여 개 되는데 생물학적 활성을 지닌 이성체는 50여 개에 불과하며 이 중 가장 활성력이 뛰어나고 양이 풍부한 것은 β-카로틴으로, 비타민 A 전구체라고 부른다.

(2) 비타민의 일반적 기능

비타민의 일반적인 기능은 체내 대사의 조절과 결핍증 예방이다. 우선 지용성 비타민은 시력, 뼈 형성, 생식기능 등의 고유한 생리 기능을 조절한다. 수용성 비타민은 체내의 탄수화물, 지질, 단백질 대사에 관여하는 여러 보조 효소의 구성성분으로서 신진대사를 조절하는 촉매 역할을 한다. 특히 B군에 속하는 비타민은 열량 대사 및 조혈 대사에서 보조 효소로서 작용한다. 비타민 C는 항산화제로 알려져 있으며 체내에서 중요한 기능을 담당하는 여러 화합물을 생합성하는 데도 관여한다.

(3) 비타민의 소화 · 흡수 및 이용

지용성 비타민은 물에 녹지 않고 기름에만 용해되기 때문에 소화되기 위해서 담즙이 필요하다. 담즙의 유화작용을 통해 소장에서 지질과 함께 흡수되므로 킬로미크론 합성이 용이한 여건에서 비타민이 쉽게 흡수된다. 따라서 담즙의 분비능력은 지질 소화뿐 아니라 지용성 비타민의 흡수에도 영향을 미친다. 일반적으로 지용성 비타민의 흡수율은 40~90%이나, 필요량 이상 섭취하면 흡수율은 저하된다. 지용성 비타민은 체내에 상당량 저장될 수 있으므로 섭취량이 부족해도 결핍증이 서서히 나타나는 장점이 있는 반면, 장기간 섭취하면 과잉증이 유발될 가능성이 높아진다. 배설 기능이 약한 유아나 영양보충제를 지나치게 섭취하는 노인처럼 과잉의 비타민을 쉽게 제거할 수 없을 때 비타민 A와 D 독성의 위험이 크다.

영아는 물론 성인에게 나타나는 비타민 A의 임상적 독성증세는 골근육 통증, 식욕 상실, 피부질환, 두통, 피부건조, 탈모, 간손상, 시력 저하를 비롯하여 출혈, 구토, 엉덩이뼈 골절, 의식불명 등 매우 다양하다. 임신 초기에 비타민 A를 과잉섭취하면 자연유산이나 기형이 유발될 가능성이 매우 높다.

수용성 비타민은 위와 소장에서 흡수되며 흡수율은 50~90%로 비교적 높은 편이다. 수용성 비타민은 흡수된 후 혈액을 따라 간으로 이동되며 재빨리 대사되어 신장을 통해 배설되므로 매일 식사로 섭취해야 하는 반면, 과잉섭취에 의한 독성이 드물다. 그러나 비타민 B_6과 비타민 B_{12}는 다른 수용성 비타민과 달리 저장이 잘 되는 편이며 특히 비타민 B_6의 경우 독성이 더 잘 나타난다.

(4) 비타민 대사, 필요량 및 건강문제

① 지용성 비타민

- **비타민 A** : 비타민 A는 동물성 식품에서 얻는 레티노이드(레티놀, 레티날, 레티노산)와 비타민 A로 전환될 수 있는 카로티노이드를 총칭하며 상피세포의 합성, 구조 유지 및 기능을 위해서 필수적이다. 레티노이드는 간, 생선, 어유, 강화우유, 달걀 등에 풍부하게 들어 있으며, 마가린에 강화되기도 한다. 비타민 A 전구체인 카로티노이드는 프로비타민 A라고도 부르는데 β-카로틴이 그 대표적인 예로, 짙은 녹황색 그리고 등황색 채소와 과일에 많이 들어 있다. 그 외 리코펜, 아스타잔틴, 제아잔틴, 루테인 등은 비타민 A로 전환될 수 없는 비전구체 카로티노이드는 피토케미칼로 분류된다. 비타민 A의 함량은 레티놀 활성당량(RE : Retinol Equivalent) 단위로 표시되는데 1RE는 1㎍ 레티놀, 또는 6㎍ β-카로틴과 동일하다.

  비타민 A는 소장에서 흡수되며 담즙의 유화작용으로 장세포로 흡수된 후 킬로미크론을 형성하여 림프관을 통해 간으로 이동한다. 간에서 레티놀 결합단백질, 프리알부민(혹은 트랜스타이레틴)과 결합하여 말초조직으로 이동한다. 망막의 원추세포와 간상세포에서 각기 옵신, 로돕신과 결합하여 시력을 유지하며 상피세포의 분화, 성장에 필수적인 유전자 발현에 관여한다. 피부, 장점막세포, 호흡기 내막을 보호하는 면역계 기능을 강화하며 뼈 형성에도 관여하는 것으로 알려져 있다.

비타민 A가 부족하면 야맹증, 상피세포 퇴화, 성장 지연 등이 나타난다. 야맹증이나 안구 건조증, 각막 연화, 각화증 등은 비타민 A가 풍부한 생선의 간유를 섭취하면 예방될 수 있으나 개발도상국에서는 여전히 비타민 A 결핍이 중요한 영양문제 중 하나이다. 우리나라 사람들의 주요 비타민 A 급원식품은 당근, 고춧가루, 시금치 등이다. 비타민 A의 과잉섭취는 독성을 야기하여 시력 감퇴, 골격 약화 등을 비롯하여 기형아 출산, 신경 손상 등이 초래되며, 카로티노이드의 과다섭취는 폐암을 악화시킨다.

비타민 A 권장섭취량은 성인 남자 750㎍RE/일, 여자 650㎍RE/일이며 임신기와 수유기에 각기 +70㎍, +490㎍을 부가한다. 상한섭취량은 3,000㎍RE/일이다.

비타민 D : 비타민 D는 뼈 건강에 유익한 지용성 물질로 칼슘과 인의 장내 흡수를 촉진하여 혈액 칼슘을 유지하고 뼈에 침착시키는 역할을 한다. 피부의 7-디히드로콜레스테롤이 자외선에 의해 전환되어 합성된 프리비타민 D_3(cholecalciferol)는 간과 신장을 거치면서 수산기를 붙여 1, 25-$(OH)_2$비타민 D_3로 활성화된다. 활성형태의 1, 25-$(OH)_2$비타민 D_3는 소장세포에서 칼슘과 결합하는 칼모듈린 발현을 촉진함으로서 칼슘과 인의 대사에 영향을 미치는 호르몬 역할을 한다. 이러한 혈중 칼슘농도를 조절하는 대사과정에는 부갑상선호르몬과 칼시토닌 등의 호르몬도 함께 작용한다.

햇볕을 쪼이면 피부세포의 콜레스테롤로부터 충분한 양이 합성되기 때문에, 비타민 D를 식품으로 섭취하지 않아도 된다. 따라서 비타민 D를 '조건부 비타민' 또는 '프로호르몬'으로 분류하기도 한다. 사람마다 햇빛에 노출되는 정도에 따라 합성되는 비타민 D의 양이 다르다. 비타민 D를 식품으로 섭취해야 할 때는 어유(예 : 정어리, 연어 기름)나 비타민 D가 강화된 우유, 아침식사용 시리얼 등이 있으며 달걀, 버터, 간 등을 선택하는 것이 바람직하다. 비타민 D가 결핍되면 뼈가 단단해지지 못하여 구루병이 발생되는데 특히 어린이의 경우 성장으로 인한 체중을 지탱하지 못하여 다리가 휘는 현상이 나타난다.

비타민 D의 충분섭취량은 남녀 모두 5㎍/일인데, 다만 50세 이상의 성인에서는 10㎍/일이며 임신기와 수유기에 +5㎍을 부가한다. 상한섭취량은 1세 이상 전 연령층에서 동일하게 60㎍/일이다. 특히 영아는 비타민 D에 대한 민감성으로 인해 독성 증세를 쉽게 보이므로 상한섭취량을 25㎍/일로 정하였다.

비타민 E : 비타민 E는 토코페롤과 토코트리에놀로 알려진 이성체의 집합을 총체적으로 일컫는 용어이다. 토코페롤은 '출산과 관련된'이라는 뜻으로, 20세기 초 초식동물의 생식능력에 필요한 물질로 알려졌으며 자연계에 존재하는 비타민 E 중 α-토코페롤의 활성이 가장 크다. 비타민 E의 대표적인 기능은 항산화 작용으로 주로 지용성 환경에서 복합 불포화지방산의 산화를 방지하는 역할을 한다. 특히 유리기에 의해 세포막이 손상되는 것을 막는 항산화 물질로 작용하며 핵 내 DNA를 보호한다. 이러한 기능은 비타민 C, 셀레늄 등이 공존하면 더 강화된다. 비타민 E의 항산화 기능은 백내장, 동맥경화, 암 발생을 예방하는 데 도움이 된다. 그 외에도 비타민 E는 혈소판 응집 등 많은 신체작용을 하는 것으로 알려져 있다.

식품에서 비타민 E는 주로 식물성 기름에 함유되어 있으며 동물성 지방에서는 거의 발견되지 않는다. 식물성 유지(예 : 옥수수, 대두, 해바라기, 면실, 밀 배아유), 배아, 아스파라거스, 땅콩 등은 비타민 E의 중요한 급원식품이며, 식물성 유지로 만든 마가아린, 쇼트닝, 샐러드드레싱 또한 좋은 급원식품이다. 지느러미가 있는 생선과 갑각류, 오트밀 등의 곡류, 견과류, 채종유도 비타민 E의 좋은 급원이 된다. 흡연자인 경우, 심한 저지방식이를 하는 경우, 지방흡수가 불량한 경우에서 비타민 E의 결핍이 우려되나 실제 결핍된 사례는 매우 드물다. 최근에는 오히려 건강증진을 위하여 사람들이 비타민 E를 과잉으로 섭취하는 것이 더 문제가 된다.

비타민 E의 충분섭취량은 α-토코페롤로 19세 이상 성인 남자 12mg α-TE/일, 여자 10mg α-TE/일이며 상한섭취량은 남녀 모두 540mg α-TE/일이다. 임신기를 위한 별도 부가량은 없으나 수유기에는 +30mg α-TE/일을 부가해 준다.

비타민 K : 비타민 K는 혈액응고를 위해 필요한 영양소로, 혈액응고 기능을 의미하는 'koagulation'의 첫 글자를 사용하여 명명되었다. 비타민 K는 식물성 식품에서 발견되는 필로퀴논, 대장 박테리아에 의해 합성되는 메나퀴논, 그리고 상업용 메나디온을 총칭한다.

비타민 K는 다른 지용성 비타민들과 함께 소장에서 흡수되며, 킬로미크론 형태로 림프를 거쳐 간으로 유입된다. 간에서 혈액응고 인자인 프로트롬빈을 합성할 때 카르복실라제의 조효소로서 혈액응고 작용에 관여할 뿐 아니라 골격과 치아 형성에 필요한 단백질의 카르복실화 반응에서 촉매로 작용하며 뼈 건강에도 관여한다.

비타민 K는 대장 내 미생물에 의해서도 합성되므로 결핍증은 쉽게 발생하지 않는다. 그러나 출생 시 체내 비타민 K 축적량이 매우 낮고 소화관이 무균상태인 신생아에서 출혈이 발생하는 경우, 혈액응고가 미흡할 가능성이 높아진다. 이러한 증세는 출생 후 6시간 내에 비타민 K를 주사하여 대비할 수 있다. 갓 · 케일 · 무청 · 양배추 · 시금치 등과 같은 푸른잎 채소, 브로콜리, 완두콩 등을 비롯하여 대두, 카놀라 같은 식물성 유지에도 비타민 K가 많이 함유되어 있다.

비타민 K의 충분섭취량은 19세 이상 성인 남성 75㎍/일, 여성 65㎍/일이다. 식품으로 섭취된 비타민 K는 수일 내에 거의 배설되므로 비타민 K의 상한섭취량은 설정되어 있지 않다.

② 수용성 비타민

티아민 : 수용성 비타민인 티아민은 구성성분인 황(S)을 의미하는 티올(thiol)과 아민($-NH_2$, amine)으로부터 유래된 이름이며 비타민 B_1으로도 불린다. 에너지 대사에 관여하는 영양소 중 하나로서(그림 2-7), 활성 형태인 TPP(Thiamin Pyrophosphate)로 전환되어 이산화탄소를 제거하는 효소의 보조효소로 작용한다. 즉, TPP는 피르브산을 아세틸 CoA로, α-케토글루타르산을 숙시닐 CoA로 전환시켜 TCA 회로를 활성화한다. 또한 티아민은 트랜스케톨라제의 조효소로 DNA, RNA를 합성하는 과정에 필요한 오탄당과 지방산 생합성에 필요한 NADPH를 생산하는 대사과정에도 관여한다. 티아민은 신경계에서 신경전달물질 합성과 흥분전도과정에 필수적이다.

티아민은 섭취량이 증가하면 확산으로, 섭취량이 감소하면 능동이동으로 흡수되어 생체효율이 달라진다. 항각기성(anti-beriberi) 인자로 알려진 티아민은 결핍되면 부종을 비롯하여 경련성 운동실조, 신경증상, 식욕부진, 피로 등 각기 다른 증세가 나타난다. 특히 곡류를 많이 먹을 때 갑상선기능 항진증이나 만성 알코올중독의 경우 그 필요량이 증가하여 결핍증이 나타날 수 있다. 티아민이 함유된 식품은 다양하지만 일반적으로 함유량은 낮은 편이다. 티아민이 풍부한 식품은 돼지고기류, 해바라기씨,

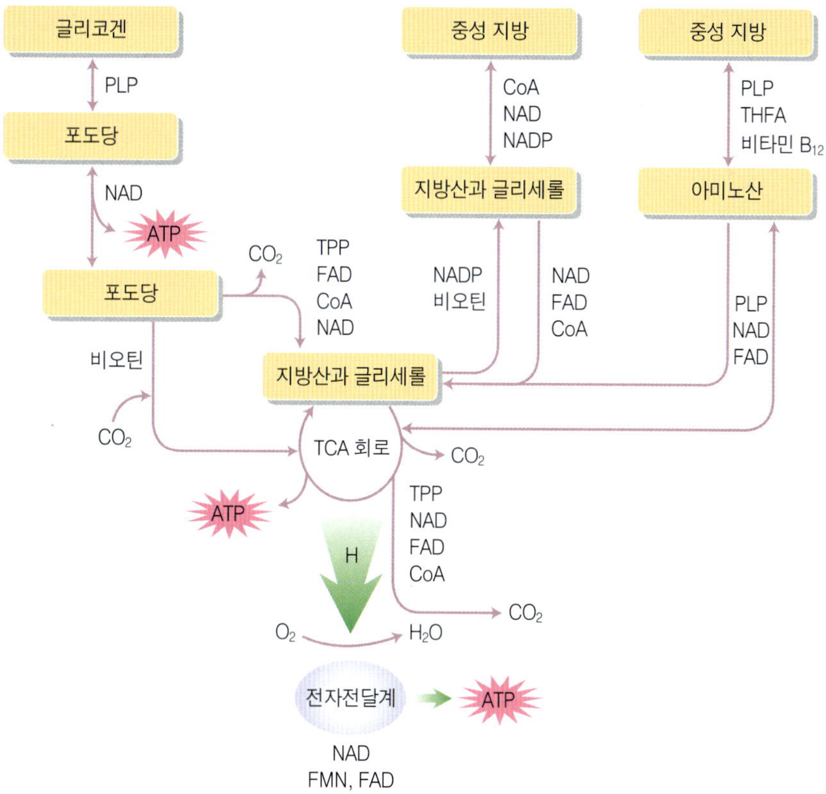

그림 2-7 에너지 대사에서 비타민 B군의 이용

두류, 밀 배아, 수박 등이며, 전곡과 강화된 곡류, 완두콩, 아스파라거스, 내장육, 땅콩 및 기타 종실류, 버섯도 좋은 급원이다.

국민건강영양조사(2005)에 의하면 쌀을 주식으로 하는 우리나라 사람의 티아민 섭취량은 국민 1인당 1.3mg으로, 권장섭취량을 상회하는 수준이다. 한국인 영양섭취기준(2010)에 제시된 티아민의 권장섭취량은 성인의 경우 남자 1.2mg/일, 여자 1.1mg/일이다. 임신기와 수유기에는 각기 +0.4mg을 부가해 주어야 한다.

- **리보플라빈** : 리보플라빈(비타민 B_2)은 형광 빛의 플라빈(flavin) 색소를 함유한 핵산 구조의 유기물질로서 열에는 강하지만 빛에 약한 성질이 있어 우유를 유리컵에 담아 빛에 노출시키면 파괴된다. 소장 점막세포로 흡수된 후 알부민이나 면역글로부린과

결합하여 간으로 이동한다. 활성형태인 FMN(Flavin Mononucleotide)과 FAD(Flavin Adenine Dinucleotide)는 에너지 대사과정에서 탈수소효소의 조효소로 작용하며 체내 산화환원 대사에서 필수적인 역할을 한다. 그 외에도 리보플라빈은 수소화 반응, 탈탄산반응에 관여하며 비타민 A · B_6 · K, 엽산 대사를 촉진하고 도파민 합성 등 세포 대사에서 매우 다양한 기능을 수행한다.

성장기 아동의 성장과 발육을 촉진하기 때문에 결핍 시 구순구각염, 설염, 지루성 피부염 등이 나타난다. 리보플라빈이 풍부한 식품은 간, 버섯, 시금치, 녹색잎 채소, 브로콜리, 아스파라거스, 그리고 저지방 우유와 무지방 우유 등이다. 우리나라 사람들이 주로 섭취하는 리보플라빈의 주요 급원식품은 우유, 달걀, 백미, 라면, 배추김치 등이다.

리보플라빈의 권장섭취량은 성인 남자 1.5mg/일, 여자 1.2mg/일이며 임신기에 +0.4mg, 수유기에도 +0.4mg을 부가해 준다.

니아신 : 니아신은 식품에서 니코틴산과 니코틴아미드 형태로 존재하며 신체에서 필수 아미노산인 트립토판으로부터 60 : 1 비율로 전환되어 생합성될 수 있다. 동물성 급원으로 섭취하는 니아신의 생체 효율이 높은 편이다. 그러나 식물성 급원인 옥수수의 경우에도 염기성 물질(lime water, baking soda)로 처리하여 결합단백질과 분리시키면 니아신의 생체효율을 높일 수 있다. 섭취량에 따라 소장에서 능동이동 혹은 확산으로 흡수된 니아신은 간에서 NAD+, NADP+로 활성화된다. 활성형태의 니아신은 탈수소 효소의 보조 효소로서 세포 내에서 200여 가지 산화 · 환원반응에 관여한다. 또한 니아신은 단백질, 지방, 탄수화물의 에너지 대사에 관여하여 ATP 형성을 촉진하며 지방산, 콜레스테롤, 스테로이드 호르몬, DNA 합성에 관여하고 비타민 C와 엽산 대사에도 관여한다. 나이신을 과량섭취할 때 HDL 수준이 증가하고, LDL 수준이 낮아진다는 보고도 있다.

니아신 결핍증세인 펠라그라(4D 증세)는 대칭성 피부염(dermatitis)이 대표적이며 그 증세가 심해지면 설사(diarrhea), 기억력 감소(dementia)를 거쳐 사망(death)에 이른다. 니아신은 다른 수용성 비타민들과는 달리 열에 매우 안정하여 조리 시 거의 손실되지 않는데, 특히 버섯, 생선류, 닭고기, 아스파라거스와 땅콩 등에 풍부하며 커피와 차(tea)도 좋은 급원이 된다.

니아신의 권장섭취량은 성인 남성 16mgNE/일, 여성은 14mgNE/일 이며 임신기와 수유기에 각기 +4mgNE/일, +5mgNE/일을 부가해 준다. 상한섭취량은 성인 남녀 모두 니코틴산으로 35mg/일, 니코틴아미드로 1,000mg/일이다.

판토텐산 : 판토텐산은 panthos('어디에서나' 라는 뜻)에서 유래되었듯이 자연계에 널리 분포되어 있는 영양소로 비타민 B_5라고도 한다. 식물성 · 동물성 식품에 두루 분포되어 있어 정상적인 식생활을 하는 사람에게서는 부족증세가 거의 나타나지 않는다. 간, 신장, 부신, 뇌 등에 아실기 운반단백질인 CoA의 구성성분으로 존재하는 판토텐산은 신체 에너지 대사의 주요 보조 효소로서 탄수화물, 지질, 단백질 대사에 모두 연계되어 있다. 그 외에 헴 합성, 콜레스테롤, 담즙, 인지질, 지방산, 스테로이드 호르몬 등 주요 물질의 생합성에 이용된다.

불균형한 식사를 하는 알코올중독자에게서 판토텐산 부족증세가 종종 나타나는데 말초조직의 따끔거림과 열감을 느끼며 임상적 주요 증상으로 두통, 피로, 근육 협동작용의 손상 및 소화기관 장애를 호소한다. 판토텐산은 육류와 우유, 다양한 채소에 함유되어 있고 버섯, 간, 땅콩, 달걀, 효모, 브로콜리와 우유에도 풍부하게 들어 있다. 판토텐산의 독성은 아직 알려지지 않았다.

한국인 영양섭취기준(2010)에 제시된 판토텐산의 충분섭취량은 19세 이상 성인 남녀 모두 5mg/일이며 임신기와 수유기에 각각 +1mg, +2mg을 부가한다.

비오틴 : 비오틴은 황을 지닌 수용성 비타민으로 식품이나 대장 박테리아(biota)에 의해 매우 소량만 합성된다. 식품으로 섭취한 비오틴은 간으로 이동한 후 근육, 간, 두뇌 등에 저장된다. 비오틴은 기질에 이산화탄소를 붙여 주는 카르복실화 반응에 조효소로 작용하여 포도당 합성, 지방산 합성 등 에너지 대사에 관여한다. 특히 비오틴은 피르브산을 옥살로아세트산으로 전환시키는 데 관여하며, 이 과정은 당신생 합성에서 매우 중요한 단계이다. 그 외에 비오틴은 지방산 합성, 류신 분해, 세포의 유전자 발현에 관여한다고 여겨진다.

비오틴은 자연계에 광범위하게 분포되어 있으나 그 함유량은 식품에 따라 다르며, 전곡류와 달걀, 견과류, 두류가 주요 급원이다. 비오틴(biotin)은 대장에서 생산,

공급되므로 결핍증이 거의 보이지 않지만 항생제를 장기간 사용할 경우에 나타날 수 있다. 생달걀 흰자에 함유된 아비딘(avidin)이라는 단백질은 비오틴과 결합하여 비오틴의 체내 흡수를 방해한다. 비오틴섭취가 부족 할 때 탈모현상과 피부염, 식욕 감퇴 등의 임상 증세를 보인다.

성인의 비오틴 충분섭취량은 30㎍/일이며 수유기에 +5㎍을 부가해 준다.

비타민 B_6 : 비타민 B_6는 구조 내 질소를 함유한 피리독신(PN), 피리독살(PL), 피리독사민(PM)의 세 형태로 존재하며 단백질과 아미노산 대사에 관여하는 효소의 조효소로서 100여 개 이상의 대사에 작용한다. 흡수된 비타민 B_6는 간에서 인산과 결합하여 활성화되어 근육에 많이 분포된다. 특히 인산화 피리독살(PLP)은 탈아미노 과정서 불필수아미노산 합성을 매개하며 아미노산을 도파민, 세로토닌 등 신경전달물질 합성, 헴 등 비단백성 물질로 전환시킨다. 비타민 B_6가 결핍되면 피부염, 구각염, 말초신경 장애 등이 나타난다.

육류와 생선, 가금류는 비타민 B_6의 좋은 급원식품이며 동물성 식품에 포함된 비타민 B_6는 식물성 식품에 함유된 것보다 생체효율이 높다. 전곡류 도정 시, 비타민 B_6가 거의 소실되며 열이나 알칼리 상태에서 불안정하여 열처리 시에 10~50% 정도 감소된다.

19세 이상 성인의 권장섭취량은 남성 1.5mg/일, 여성은 1.4mg/일이며 임신기와 수유기에 각기 +0.8mg을 부가해 준다. 성인의 상한섭취량은 100mg/일이다.

엽산 : 엽산(folic acid)은 항빈혈인자, 성장인자 등으로 알려진 수용성 비타민으로, 푸른 잎(folium)을 의미하는 폴라신(folacin)으로도 불리며 자연계에서는 복합 글루탐산과 결합하여 존재한다. 주로 소장의 상부에서 흡수될 때 결합선(conjugase)에 의해 단일 글루탐산을 이루며 능동이동된다. 주로 복합 글루탐산 형태로 간에 저장되었다가 담즙으로 배설되고 장간 순환되어 재활용된다. 세포에서 네 개의 수소원자와 결합한 THFA(Tetrahydro-Folic Acid)로 활성화되며 주로 단일 탄소($-CH_3$, $-CHO$)를 운반하는 여러 반응에 관여한다. 비타민 B_{12}와 함께 엽산은 호모시스테인과 메티오닌의 전환 대사, 퓨린과 피리미딘 합성대사를 통해 조직 성장, 유지 및 보수 등에 필수적이다. 엽산은 정상적인 적혈구 생성에 필요하므로 엽산 부족 시 거대적 아구

성 빈혈이 발생한다. 특히 임신부가 엽산이 부족하면 태아 신경조직의 발달이상을 초래하여 태아에서 신경관 결손의 위험이 높아진다.

동물의 간, 강화된 시리얼과 곡류제품, 콩류, 짙은 녹색 잎의 채소류, 달걀, 오렌지 등은 모두 엽산이 풍부한 급원식품이다. 그러나 엽산은 열, 산화, 자외선 등에 매우 약하므로 식품 중에 함유된 엽산의 50~90%는 조리, 가공 및 제조과정에서 파괴된다. 따라서 채소를 재빨리 처리하면 엽산의 손실을 막을 수 있으며, 특히 식품 중의 비타민 C가 엽산 손실 방지에 도움이 된다.

천연식품에서 섭취하는 엽산과 합성 엽산은 흡수 형태가 서로 달라 생체이용율도 다르므로 식이엽산당량으로(㎍ DFE)으로 단위를 표시한다. 19세 이상 성인의 엽산 권장섭취량은 400㎍DFE/일이며 임신기에 +200㎍ DFE/일, 수유기에 +150㎍ DFE/일을 부가해 주어야 한다. 성인의 상한섭취량은 남녀 모두 1,000㎍ DFE/일이다.

비타민 B_{12} : 비타민 B_{12}는 코발트 이온을 함유하고 있어 코발라민이라고도 한다. 식품 중의 비타민 B_{12}는 위산과 펩신에 의해 단백질과 분리된 후 위에서 R-단백질 및 내인성 인자(IF : Intrinsic Factor)와 결합하여 소장의 흡수 부위까지 이동된다. 췌장에서 분비된 단백질 분해 효소에 의해 R-단백질은 제거되고 남은 내인성 인자-비타민 B_{12} 복합체는 회장 점막세포의 수용체와 결합하여 흡수된다. 소장세포에서 트랜스코발라민과 결합한 B_{12}는 혈액을 따라 50%는 간으로, 나머지는 타 조직으로 이동하며 이용 후 담즙으로 배설된다.

비타민 B_{12}는 TCA 회로의 숙시닐 CoA 합성대사와 호모시스테인 및 메티오닌 전환대사에 관여하여 혈구세포의 성장과 분열, 신경세포의 유지를 원활하게 하도록 돕는다. 비타민 B_{12} 결핍증은 채식 위주의 식사를 하거나 B_{12}가 부족한 식사를 하는 모성이 수유할 때 유아에서 일차적으로 발생하며 유전적으로 내인성 인자(IF)의 분비에 장애가 있어 흡수가 부적절했을 때 이차적으로 악성 빈혈이 나타난다.

비타민 B_{12}는 미생물에 의해 합성되므로 인체의 대장균에 의해서도 제공되지만 육류, 가금류, 해산물, 달걀, 유제품, 특히 동물의 내장에 매우 풍부하다. 19세 이상 성인의 비타민 B_{12} 권장섭취량은 남녀 모두 2.4㎍/일이며 임신기에 +0.2㎍/일, 수유기에 +0.4㎍/일을 부가해 준다. 과잉섭취로 인한 부작용은 알려진 바가 없으며 상한섭취량은 설정되어 있지 않다.

비타민 C : 비타민 C는 락톤(lactone) 구조의 수용성 유기물질로, 사람을 제외한 대부분의 포유류에서 포도당으로부터 생합성될 수 있다. 비타민 C의 활성 형태는 아스코르브산과 디하이드로아스코르브산으로 상호전환이 가능하며 강한 환원력으로 수용성 환경에서 생성되는 자유기를 제거할 수 있으므로 항산화제로 작용한다. 비타민 C는 세포 간의 결합에 중요한 역할을 하는 콜라겐 형성과정에서 프롤린과 리신의 수산화 반응에서 철의 산화 · 환원 대사를 유지시킨다. 또한 페닐알라닌, 티로신, 트립토판 등 아미노산의 대사와 카르니틴 합성에도 관여한다. 또한 비타민 C는 소장에서 비헴철의 흡수를 촉진시킨다. 이러한 대사는 철을 비롯하여 구리, 글루타치온, 플라보노이드, 토코페롤 등 산화 · 환원 반응에 연관되어 이루어진다. 비타민 C의 흡수는 대개 나트륨 의존성 능동이동에 의해 이루어지지만, 섭취량이 많아지면 확산에 의해 흡수되므로 1,000mg 이상 섭취 시 흡수율이 50% 이하로 감소한다. 흡수된 비타민 C는 주로 뇌하수체, 부신, 백혈구, 눈 및 뇌에 많이 분포되는데 체내 보유량은 포화상태에서 20mg/kg으로, 대략 1,500mg으로 알려져 있다.

비타민 C가 결핍되면 상처 회복이 느려지고 세균 감염에 대한 저항성이 감소되며 특히 흡연자의 경우 혈액 비타민 C 농도가 현저하게 감소한다.

국민건강영양조사 결과에 의하면 우리나라 성인의 비타민 C섭취량은 1998년 234mg, 2001년 197mg, 2005년 106.6mg으로 점차 감소하고 있으나 모두 권장섭취량을 웃도는 수준이다.

한국인 영양섭취기준(2010)에 제시된 19세 이상 성인의 권장섭취량은 하루 100mg이며 임신기와 수유기에 각기 +10mg, +35mg을 부가해 준다. 상한섭취량은 2,000mg/일이다.

Reference

참고문헌

김미경 외(2010). 생활 속의 영양학. 라이프사이언스.

강명희 외(2008). 영양과학. 지구문화사.

김화영 외(2006). 영양 그리고 건강(개정판). 교문사.

한국영양학회(2010). 한국인 영양섭취기준.

올바른 식생활은 건강을 위한 필수조건이다. 누구나 알고 있는 명명백백한 건강상식도 실천하지 않으면 아무 소용이 없다. 올바른 식생활에 대해 배우고 이것을 실천하려 노력할 때 우리는 건강한 삶에 한 발 더 다가서게 될 것이다.

Chapter 3

건강한 식생활을 위하여

Chapter 3

건강한 식생활을 위하여

1. 건강한 식사의 중요성

건강한 식생활을 영위하는 것은 왜 중요할까? 부적절한 식사를 할 경우 급성 · 만성 질환의 위험이 증가할 뿐만 아니라 심지어 사망에 이를 수도 있다. 건강한 식생활은 현대인의 주요 사인인 암, 뇌 · 심혈관계 질환 등을 예방할 수 있는 가장 중요한 환경인자이다.

이 장에서는 건강한 식생활을 영위하는 데 필요한 기본 지식과 자신의 식생활을 스스로 진단해 볼 수 있는 방법들을 수록하였다. 건강한 식사(healthful diet)는 충분하고, 적절하며, 균형 잡힌 다양한 식사로 정의내릴 수 있다.

1) 충분한 식사

충분한 식사는 인간의 건강을 유지하는 데 필요한 에너지와 영양소를 충분히 공급해 줄 수 있는 식사를 의미한다. 예를 들어 주로 육식을 좋아하고 채소를 충분히 섭취하지 않는 사람의 경우 채소에서 섭취할 수 있는 중요한 영양소인 식이섬유소 · 비타민 C · β-카로틴 · 칼륨 등의 영양소는 부족한 반면, 단백질 · 지방 · 탄수화물 · 칼슘 등의 영양소는 충분히 섭취할 가능성이 크다. 실제로 채소섭취가 매우 부족한 사람들에서 비만 확률이 높게 나타났다. 또한 마른 몸매를 유지하기 위해 다이어트를 하는 여성들의 경우 장기적으로 충분한 영양섭취를 못해 허약하고, 골밀도가 감소한다. 또한 생리불순이 오며, 기억력과 인지능력도 감소할 수 있다.

2) 적절한 식사

적절한 식사란 건강체중을 유지하고 신체의 대사과정이 정상적으로 일어나도록 유지시켜 줄 수 있는 적당한 양의 식품을 섭취하는 것을 말한다. 특정 식품을 너무 많이 먹거나 적게 먹는 경우 건강을 유지하기 힘들다.

3) 균형잡힌 식사

균형잡힌 식사란 적절한 비율의 영양소를 공급해 줄 수 있는 식품들을 함유한 식사를 말한다. 신체건강을 유지하기 위해서는 다양한 양과 종류의 식품을 섭취해야만 한다. 채소 및 과일에 들어 있는 영양소의 종류와 함량은 고기나 생선에 들어 있는 것과는 매우 다르다. 따라서 인간에게 필요한 다양한 영양소를 필요량만큼 섭취하기 위해서는 채소, 과일, 고기, 생선, 곡류 등 균형잡힌 식사를 해야 한다.

4) 다양한 식사

식품마다 함유된 영양소의 종류와 양은 다르다. 또한 같은 채소류라도 각각이 함유한 영양소의 종류와 양이 다양하다. 매일 채소류를 섭취하는 것뿐만 아니라 같은 채소류 안에서도 여러 종류의 다양한 채소를 번갈아 먹는 것이 다양한 식사의 의미이다.

2. 건강한 식사를 디자인하는 방법

1) 식품표시를 적극 활용한다

건강한 식사를 위해서는 식품표시를 읽고 이해하는 것이 중요하다. 식품표시에는 제품의 유통기한, 원재료, 영양성분 등 소비자의 합리적 선택을 도와줄 유용한 정보가 담겨 있다.

세계 각국은 식품 또는 영양표시제도를 규정하고 있다. 미국의 경우 모든 가공식품에

표시하도록 법제화하였으나 우리나라는 유통 · 가공식품 중 분유와 이유식 · 조제식 · 환자식품 등의 특수영양식품과 건강보조식품 등 일부에만 이 제도를 적용하고 있으며, 향후 적용 대상을 넓혀 나갈 계획이다.

식품표시제도(food labeling)란 정부가 식품 생산자와 판매자에게 가격 · 성분 · 성능 · 효력 · 제조일자 · 유효기간 · 사용방법 · 영양가치 등에 관한 각종 식품정보를 제품의 포장이나 용기에 문자 · 숫자 · 도형을 사용하여 표기하도록 하는 제도이다.

이 중 영양표시제도는 식품표시 항목 중의 하나로 '영양'에 대한 적절한 정보를 소비

1회 제공량 1개(80g)
총 2회 제공량(160g)

이 제품의 총 중량은 160g이고 1회 제공량인 80g을 기준으로 영양성분의 함량을 표시하였습니다.

1회 제공량당 함량

1회 제공량 당인지 식품100g(mL)당인지에 따라 영양성분 함량이 크게 달라집니다.

열 량

체중에 관심이 많으세요?
열량을 확인하세요.
열량은 탄수화물(4kcal), 단백질(4kcal), 지방(9kcal)의 함량으로부터 결정됩니다.

칼슘, 철, 비타민

철 풍부, 칼슘강화와 같은 강조표시를 한 경우에는 함량이 함께 표시되어야 합니다.

영 양 성 분

1회 제공량 1개(80g)
총 2회 제공량(160g)

1회 제공량당 함량		*% 영양소기준치
열량	515kcal	
탄수화물	80g	24%
당류	35g	
단백질	11g	18%
지방	17g	34%
포화지방	7g	47%
트랜스지방	00g	
콜레스테롤	00mg	00%
나트륨	2370mg	117%
칼슘	140mg	20%
철	2g	13%
비타민 C	2g	2%

*% 영양소기준치 : 1일 영양소기준치에 대한 비율

영양성분

영양성분표시에는 열량, 탄수화물, 당류, 단백질, 지방, 포화지방, 트랜스지방, 콜레스테롤, 나트륨을 의무적으로 표시하고 있습니다.

% 영양소기준치

하루에 섭취해야 할 영양성분인 영양소기준치를 100%라고 할 때 해당 식품의 섭취를 통해 얻는 영양성분의 비율입니다.

단백질

1회 제공량을 먹으면 단백질 5g을 섭취하게 되는데, 1일 단백질기준치(60g)의 8%를 섭취하는 것입니다.

트랜스지방

가능한 적게 드세요!
WHO에서는 하루 섭취열량 2,000kcal를 기준으로 2.2g을 넘지 않도록 권고하고 있습니다.

그림 3-1 영양표시

자료 : 식품의약품안정청.

자에게 전달해 줌으로써, 소비자들이 식품의 영양적 가치를 근거로 합리적인 식품선택을 할 수 있도록 돕기 위한 제도이다. 영양표시(그림 3-1)는 가공식품의 포장에 표시되는 것이 보통인데, 크게 제목란과 영양표시 내용란, 기타란(또는 각주란)으로 구분된다.

- **제목란** : '영양성분' 이라는 제목과 표시기준 중량 및 총 중량에 대한 정보를 표시한다.
- **영양표시 내용란** : 표시기준 중량당 들어 있는 영양소의 함량과 영양소 기준치에 대한 비율을 표시한다. 여기에는 다섯 가지 의무표시 영양소인 열량 · 탄수화물 · 단백질 · 지방 · 나트륨에 대한 내용이 있으며, 기타 다른 영양소에 대한 내용을 표시할 수도 있다.
- **기타란** : 각주의 사항을 표시하게 되어 있다.

한편 '무지방' 이나 '저칼로리' · '비타민 C 첨가' · '칼슘강화' 등과 같이 일일이 영양표시된 수치를 읽지 않고도 제품의 영양적 특성을 쉽게 알 수 있도록 표시한 것도 있다. 이러한 표현도 영양표시의 한 방법으로 영양강조표시라고 하는데, 영양강조표시는 기본적인 영양표시를 한 뒤 추가적으로 표시할 수 있다. 또한 제품에 함유된 영양소의 양이 일정 기준보다 많거나 적으면 일정한 기준에 따라 '무' · '저' · '고' · '풍부' · '함유' 등의 표시를 사용할 수 있다. 따라서 식품표시제도를 적극 이용하면 나의 건강을 위해 적절한 식품을 선택하는 데 도움을 받을 수 있다.

2) 영양섭취기준을 활용한다

(1) 영양섭취기준이란?

영양섭취기준의 설정은 인간의 건강을 최적상태로 유지하는 것에 그 목표를 둔다. 한국은 1962년부터 영양권장량(RDA : Recommended Dietary Allowance)을 제정하여 사용해 왔다. 영양권장량은 영양섭취 부족이 주요 관심사였던 시기에 필수영양소 결핍 예방을 목표로 제정되었기 때문에 대다수 건강한 사람들의 필요량을 충족시키는 양을 단일값으로 제시하였다. 즉, 영양권장량은 성별, 연령별로 건강한 인구집단의 97~98%의 영양필요량을 충족시키는 수준으로 설정되었다.

그런데 현대사회는 식생활과 질병패턴의 변화로 인해 건강문제 중에서 영양 부족이 차지하는 비중은 줄어들고 대신 비만과 만성 질환의 위험이 증가하고 있으며 영양보충제 및 건강보조식품의 사용증가로 영양소의 과다섭취에 대한 우려도 높아지고 있다. 이에 따라 전 세계적으로 영양소부족뿐만 아니라 과잉으로 인한 위험을 예방하고 만성 질환 발생의 위험을 줄이기 위해서는 영양권장량의 개념을 넘어서는 새로운 다양한 섭취기준 필요성이 제기되어 미국과 캐나다가 공동작업으로 영양섭취기준(DRI : Dietary Reference Intake)을 설정하기에 이르렀다. 이것은 현대사회에서 다양한 형태로 나타나고 있는 영양소섭취와 건강의 관계를 포괄적으로 포함하는 새로운 개념이며, 우리나라에서도 2010년 새로운 영양섭취기준을 제정하여 발표되었다.

(2) 영양섭취기준의 구성

영양섭취기준은 평균필요량(EAR : Estimated Average Requirements), 권장섭취량(RNI : Recommended Nutrient Intake), 충분섭취량(AI : Adequate Intake), 상한섭취량(UL : Tolerable Upper Intake level)의 4가지로 구성되어 있다(그림 3-2).

① 평균필요량(EAR)

평균필요량은 대상 집단을 구성하는 건강한 사람들의 절반에 해당하는 사람들의 일일 필요량을 충족시키는 값으로 대상집단의 필요량 분포치 중앙값으로부터 산출한 수치이다.

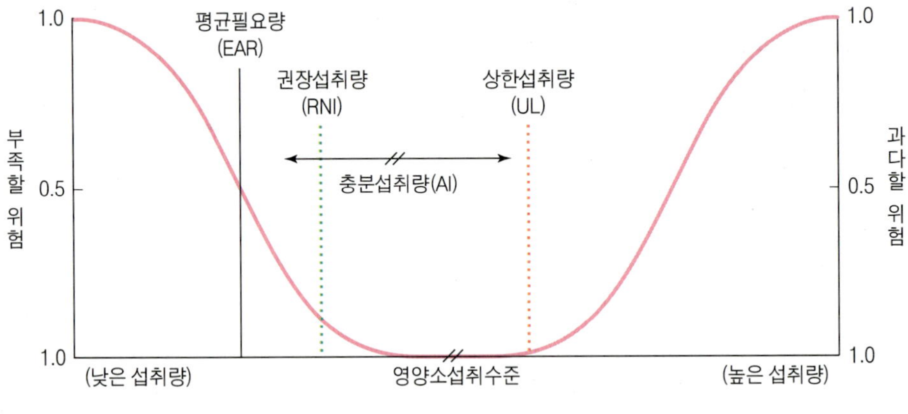

그림 3-2 영양섭취기준

② 권장섭취량(RNI)

권장섭취량은 건강한 인구집단의 97~98%의 영양필요량을 충족시키며 상당수 사람들이 필요로 하는 양보다 높은 수치를 말한다. 권장섭취량은 평균필요량에 표준편차의 두 배를 더하여 정한다.

③ 충분섭취량(AI)

충분섭취량은 영양소필요량에 대한 정확한 자료가 부족하거나 필요량의 중앙값과 표준편차를 구하기 어려워 권장섭취량을 산출할 수 없는 경우에 제시한다. 즉, 평균필요량과 권장섭취량을 설정하기 위한 과학적 근거가 충분하지 않을 때 건강한 인구집단의 영양소섭취량을 실험적으로 추정하여 충분섭취량을 설정한다.

④ 상한섭취량(UL)

상한섭취량은 인체 건강에 유해영향이 나타나지 않는 최대 영양소섭취수준이다. 과량섭취 시 건강에 악영향의 위험이 있다는 자료가 있는 경우에 설정이 가능하다. 상한섭취량은 영양소섭취의 목표 값이 아니며, '이 값 미만으로 섭취해야 한다' 는 기준치이다.

(3) 영양섭취기준의 활용 범위

영양섭취기준은 건강한 식사의 계획과 평가에 활용할 수 있다. 영양섭취기준의 각 값이 개인과 집단에 대해서 어떻게 사용되는지 표 3-1에 간단히 설명해 놓았다.

표 3-1 개인과 집단의 식사섭취평가에 대한 영양섭취기준의 사용

구 분	개 인	집 단
평균필요량 (EAR)	일상섭취량이 부적절할 확률을 조사하는 데 사용함	집단 내에서 부적절한 섭취비율을 추정하는 데 사용함
권장섭취량 (RNI)	일상섭취량이 RNI를 넘거나 그 정도이면 부적절의 확률은 낮음	집단의 섭취를 평가하는 데 사용하지 않음
충분섭취량 (AI)	일상섭취량이 AI를 넘거나 그 정도이면 부적절할 확률이 낮음	일상섭취량의 평균이 이 수준이면 부적절한 섭취율이 낮은 것을 의미함
상한섭취량 (UL)	일상섭취량이 UL보다 높으면 과잉섭취로 인한 건강 위해 증상이 일어날 수 있음	인구집단의 영양과잉으로 인한 건강 위해 증상에 처할 위험에 있는 비율을 추정하는 데 사용함

① 식사 평가

- **개인의 식사 평가** : 일반적으로 영양소섭취가 평균필요량 이하이면 섭취량 증가 필요 가능성이 매우 큰 것으로 평가한다. 이는 특정 집단에 속한 사람들의 최소 50%에서 영양소섭취가 부족할 수 있기 때문이다. 평균필요량이 설정되어 있지 않은 영양소의 경우는 충분섭취량을 기준으로 하여 개인의 영양소섭취 상태를 평가한다. 개인의 일상적인 영양소섭취량이 충분섭취량 수준 이상이면 섭취수준이 적절할 가능성이 매우 큰 것으로 평가한다. 상한섭취량은 영양소의 과잉섭취 가능성을 파악하기 위한 것이다. 만일 개인의 일상적인 영양소섭취가 상한섭취량 수준 미만이면 과잉섭취로 인한 부작용의 위험성이 거의 없거나 아예 없는 것으로 평가한다.
- **집단의 식사 평가** : 집단의 영양섭취의 적절성을 평가하려면 영양섭취기준 중 평균필요량을 사용하는 것이 좋다. 권장섭취량은 인구집단의 영양소필요량의 분포가 정규분포인 경우에 97~98%의 사람들의 필요량을 충족시키는 수준으로서 이것을 기준으로 집단의 영양섭취 부적절의 위험률을 측정하면 영양결핍의 비율이 매우 크게 되므로 집단의 식사평가에 권장섭취량을 사용하는 것은 적당하지 않다. 일반적으로 충분섭취량도 평균필요량이나 권장섭취량보다 큰 값이므로 충분섭취량보다 적게 섭취하는 사람을 영양부족이라고 한다면 영양결핍의 비율을 과대평가하게 된다. 따라서 충분섭취량은 영양불량인 사람들의 비율을 측정하기 위한 기준치로 사용할 수 없다. 집단의 과잉섭취 위험율을 측정하려면 상한섭취량보다 많이 섭취하는 사람들의 비율을 구한다.

② 식사계획

개인이나 집단을 대상으로 식사계획을 할 때에는 영양섭취기준을 잘 사용해서 영양과잉이나 영양부족의 확률을 낮게 해야 한다. 표 3-2에는 식사계획을 위한 영양섭취기준의 사용을 요약해 놓았다.

- 개인을 대상으로 했을 때는 식사계획의 목적을 권장섭취량이나 충분섭취량에 가까운 평상시의 섭취를 할 수 있게 한다.
- 집단을 위해서는 평균필요량이나 상한섭취량을 이용해서 계획을 세워야 한다.

표 3-2 식사계획을 위한 영양섭취기준의 사용

구 분	개 인	집 단
평균필요량 (EAR)	개인의 영양섭취 목표로 사용하지 않음	평소 섭취량이 EAR 미만 사람의 비율이 최소화하는 것을 목표로 함
권장섭취량 (RNI)	평소섭취량이 EAR 이하의 사람은 RNI를 목표로 함	집단의 식사계획 목표로 사용하지 않음
충분섭취량 (AI)	평소 섭취량을 AI에 가깝게 하는 것을 목표로 함	집단에 있어서 섭취량의 중앙값이 AI가 되도록 하는 것을 목표로 함
상한섭취량 (UL)	평소 섭취량을 UL 미만으로 함	평소 섭취량이 UL 이상인 사람의 비율을 최소화하도록 함

3) 식사구성안을 활용한다

(1) 식사구성안이란?

영양섭취기준은 건강한 사람이 건강을 유지하고 생활하기에 적절한 영양소의 양을 정한 것이다. 그러나 사람들은 영양소를 섭취할 때 식품의 형태로 먹게 된다. 각각의 식품에는 다양한 영양소가 각각 다른 비율로 들어 있어서 영양소의 양적인 기준을 알려준다고 해서 적절히 섭취하기는 어렵다. 그래서 일반인이 영양적으로 균형 잡힌 식사를 실천하는 데 도움을 주고자 고안된 것이 식사구성안이다.

식사구성안은 영양적으로 적합한 식사를 제공할 수 있는 식품의 양과 종류를 선택하기 위한 기본 구성의 개념을 제공하는 것이다. 즉, 어떤 식품을, 얼마만큼, 어떻게 구성해서 먹을지 일반인들이 쉽게 이해하고 활용할 수 있도록 만들어 놓은 것이 식사구성안이다.

(2) 식사구성안의 내용

① 식품군의 분류

식품들은 식품영양가표에서의 분류체계, 한국인의 대표적인 식사패턴, 영양소 함량, 국민건강영양조사에서 총 영양소 섭취에 기여하는 정도 등을 고려하여 다음과 같이 6개의 식품군으로 분류하였다.

- 곡류
- 고기 · 생선 · 달걀 · 콩류
- 채소류
- 과일류
- 우유 · 유제품류
- 유지 · 당류

② 식사구성안을 위한 1인 1회 분량의 설정

식품군별 대표식품의 1인 1회 분량을 설정하는 기본 원칙은 일반인들의 1회 섭취량으로부터 산출된 분량을 기준으로, 쉽게 이해할 수 있는 분량이면서 동일 식품군 내에서 일정한 에너지 기준을 충족해야 하므로, 1회 제공량(serving size) 또는 1회 섭취량(portion size)이 식사구성안 1인 1회 분량으로 사용 되었다(표 3-3). 동일 식품군 내에서도 식품 종류에 따라 섭취량이 다르고 동일한 단위에서 영양소 함량이 다를 수 있다. 그러나 기억하기 쉽고 사용하기에 편하도록 한 식품군 내 1회 분량 단위 수는 최소화하도록 하였고 영양소 함량도 고려되었다. 예를 들어 곡류의 경우 주식으로 섭취할 때는 1회 분량이 밥 1공기에 해당하는 약 300kcal가 되도록 산정하였다. 연령별로 식품군별 1인 1회 분량을 몇 회 섭취하는 것이 필요한 지 연령별 식사구성안을 제시하였다.

식품군별로 1회 분량 당 열량 함량을 살펴보면, 곡류는 약 300kcal, 채소류는 15kcal, 과일류는 50kcal, 고기 · 생선 · 달걀 · 콩류는 100kcal, 우유 · 유제품류는 125kcal, 유지 · 당류는 45kcal를 제공해준다.

③ 식품구성자전거

한국영양학회는 2010년에 기존에 식사모형으로 사용하던 식품구성탑을 식품구성자전거(food balance wheels)로 개정하였다. 식품구성자전거는 운동을 권장하기 위해 자전거 이미지를 사용하였고, 자전거 바퀴 모양을 이용하여 6개의 식품군에 권장식사패턴의 섭취횟수와 분량에 비례하도록 면적을 배분하고, 또 하나의 바퀴에 물잔 이미지를 삽입함으로써 수분의 중요성을 상징하였다. 이는 적절한 영양과 건강을 유지하기 위하여 권

표 3-3 식품군별 대표식품의 1인 1회 분량과 열량

식품군	1인 1회 분량					
곡 류	 밥 1공기 (210g)	 백미 (90g)	 국수 1대접 (건면 90g)	 냉면국수 1대접 (건면 100g)	 떡국 떡 1인분 (60g)	 식빵 2쪽 (100g)
고기 · 생선 · 달걀 · 콩류	 육류 1접시 (생 60g)	 닭고기 1조각 (생 60g)	 생선 1토막 (생 50g)	 콩 (20g)	 두부 2조각 (80g)	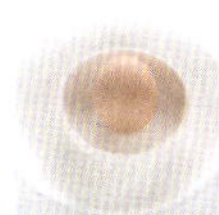 달걀 1개 (60g)
채소류	 콩나물 1접시 (생 70g)	 시금치나물 1접시 (생 70g)	 배추김치 1접시 (생 40g)	 오이소박이 1접시 (생 60g)	 버섯 1접시 (생 30g)	 물미역 1접시 (생 30g)
과일류	 사과(중) 1/2개 (100g)	 귤(중) 1개 (100g)	 참외(중) 1/2개 (200g)	 포도 1/3송이 (100g)	 수박 1쪽 (200g)	 오렌지주스 1/2컵 (100g)
우유 · 유제품	우유 1컵 (200g)	 치즈 1장 (20g)	 호상요구르트 1/2컵 (100g)	 액상요구르트 3/4컵 (150g)	 아이스크림 1/2컵 (100g)	
유지 · 당류	 식용유 1작은술 (5g)	 버터 1작은술 (5g)	 마요네즈 1작은술 (5g)	 커피믹스 1회 (12g)	 설탕 1큰술 (10g)	 꿀 1큰술 (10g)

자료 : 한국영양학회(2010). 한국인 영양섭취기준.

장식사패턴을 기준으로 한 균형 잡힌 식사와 수분섭취의 중요성을 의미하며, 적절한 운동을 통해 비만을 예방하자는 메시지를 도식화한 것이다.

그림 3-3 식품구성자전거

표 3-4 식품구성자전거의 식품군, 주요 영양소 및 균형식을 위한 섭취횟수

식품군(층의 위치)	주요 영양소	균형식을 위한 섭취횟수
곡 류	• 인류의 주식으로서 탄수화물을 많이 함유함	• 끼니별로 주식으로 섭취
고기 · 생선 · 달걀 · 콩류	• 단백질 급원 식품	• 끼니별로 단백질 반찬 1~2가지
채소류	• 양적으로 많은 섭취가 필요	• 끼니별로 채소 반찬 2~3가지
과일류	• 비타민, 무기질, 식이섬유질을 많이 함유	• 과일류는 1일 1회 이상 섭취
우유 · 유제품류	• 칼슘섭취에 중요	• 우유는 1일 1회 이상 섭취
유지 · 당류	• 농축 열량원이기 때문에 조리 시 소량만 이용함	• 음식 조리 시 유지 및 당류를 소량만 이용함

자료 : 한국영양학회(2010). 한국인 영양섭취기준.

④ 권장식사패턴

권장식사패턴은 한국인의 영양섭취기준을 만족하는 1일 식사 구성의 예를 제시하기 위해 개발된 것이다. 권장식사패턴은 반드시 이렇게 먹어야 한다는 것이 아니라, 이런 정도의 식사구성을 하면 영양섭취기준을 만족시킬 수 있으므로, 1일 식사구성의 하나의 예로서 보여주는 것이다. 이를 토대로 개인의 기호도를 고려하여 식품군별 섭취횟수를 조정하여 다양하게 사용하면 된다(표 3-5).

표 3-5 권장식사패턴(식품군별 1일 권장섭취횟수)의 예

	A타입					B타입			
	1,400A	1,600A	1,800A	2,000A	2,600A	1,600B	1,900B	2,000B	2,400B
적용대상 / 식품군	3~5세 소아	6~11세 여	6~11세 남	12~18세 여	12~18세 남	65세 이상 여	19~64세 여	65세 이상 남	19~64세 남
곡 류	2	2.5	3	3	4	3	3	3.5	4
고기 · 생선 · 달걀 · 콩류	3	3	3	4	6	2.5	4	4	5
채소류	5	5	5	7	7	5	7	7	7
과일류	1	1	1	2	2	1	2	1	3
우유 · 유제품류	2	2	2	2	2	1	1	1	1
유지 · 당류	2	3	3	4	6	3	4	4	5

자료 : 한국영양학회(2010). 한국인 영양섭취기준.

표 3-6 성인기(19~64세) 여자의 1일 식단 구성의 예(1,900 kcal, B타입)

구 분		아 침	점 심	저 녁	간 식
식품군별 권장횟수 \ 식단		쌀밥 동태국 두부부침 깻잎나물 배추김치	보리밥 청국장찌개 고등어조림 미역오이초무침 열무김치	잡곡밥 시금치된장국 불고기 풋고추조림 상추겉절이	우유 사과 포도
곡 류	3회	쌀밥 210g (1)	보리밥 210g (1)	쌀밥 210g (1)	
고기 · 생선 · 달걀 · 콩류	4회	동태 60g (1) 두부 40g (0.5)	청국장 15g (0.5) 고등어 60g (1)	쇠고기 60g (1)	
채소류	7회	동태국채소 35g (0.5) 깻잎 70g (1) 배추김치 20g (0.5)	찌개채소 70g (1) 미역, 오이 70g (1) 열무김치 20g (0.5)	시금치 35g (0.5) 양파 35g (0.5) 풋고추 35g (0.5) 상추겉절이 70g (1)	
과일류	2회				사과 1/2개 (100g) (1) 포도 1/3송이 (100g) (1)
우유 · 유제품류	1회				우유 1컵 200mL (1)

주 : 유지 · 당류(4회)는 조리 시 소량씩 사용됨.

구 분	식 단	식단사진: 식 사	식단사진: 간 식
아 침	쌀밥 동태국 두부부침 깻잎나물 배추김치		사과 
점 심	보리밥 청국장찌개 고등어조림 미역오이초무침 열무김치		우유 
저 녁	잡곡밥 시금치된장국 불고기 풋고추조림 상추겉절이		포도 

자료 : 한국영양학회(2010). 한국인 영양섭취기준.

그림 3-4 한국인을 위한 식생활지침

자료 : 보건복지부.

3. 한국인을 위한 식생활지침

만성질환을 예방하고 건강을 유지하기 위해서는 식생활 목표를 인지하고 식사지침에 따라 생활하는 것이 중요하다. 식생활지침은 올바른 식생활을 위해 지켜야 할 중요한 원칙으로서 식생활지침에 포함되는 주요 내용은 과학적 근거를 토대로 질병 예방과 건강 증

표 3-7 성인을 위한 식생활지침

성인을 위한 식생활지침	성인을 위한 식생활 실천지침
각 식품군을 매일 골고루 먹자.	• 곡류는 다양하게 먹고 전곡을 많이 먹는다. • 여러 가지 색깔의 채소를 매일 먹는다. • 다양한 제철과일을 매일 먹는다. • 간식으로 우유, 요구르트, 치즈와 같은 유제품을 먹는다. • 가임기 여성은 기름기 적은 붉은 살코기를 적절히 먹는다.
활동량을 늘리고 건강 체중을 유지하자.	• 일상생활에서 많이 움직인다. • 매일 30분 이상 운동을 한다. • 건강 체중을 유지한다. • 활동량에 맞추어 에너지섭취량을 조절한다.
청결한 음식을 알맞게 먹자.	• 식품을 구매하거나 외식을 할 때 청결한 것으로 선택한다. • 음식은 먹을 만큼만 만들고, 먹을 만큼만 주문한다. • 음식을 만들 때는 식품을 위생적으로 다룬다. • 매일 세 끼 식사를 규칙적으로 한다. • 밥과 다양한 반찬으로 균형잡힌 식생활을 한다.
짠 음식을 피하고 싱겁게 먹자.	• 음식을 만들 때는 소금, 간장 등을 보다 적게 사용한다. • 짜지 않게 국물을 만들고, 적게 먹는다. • 음식을 먹을 때 소금, 간장을 더 넣지 않는다. • 김치는 덜 짜게 만들어 먹는다.
지방이 많은 고기나 튀긴 음식을 적게 먹자.	• 고기는 기름을 떼어내고 먹는다. • 튀긴 음식을 적게 먹는다. • 기름을 적게 사용하여 음식을 만든다.
술을 마실 때는 그 양을 제한하자.	• 남자는 하루 2잔, 여자는 1잔 이상 마시지 않는다. • 임신부는 절대로 술을 마시지 않는다.

자료 : 보건복지부(2009).

진에 필요한 식생활 실천방안으로 구성되며 식품선택, 조리방법, 신체활동, 건강체중 등의 내용을 포함한다.

우리나라에서는 국가차원에서 2003년 생애주기별 식생활지침을 제정, 발표하였으나 그 이후 건강문제, 영양상태, 신체활동, 식생활 습관 등의 변화가 나타나 2009년에 이를 개정 · 공포하였다. 생애주기별로 각 식생활목표와 지침을 마련하였는데, 영양 부족 · 과잉 등의 영양불균형과 신체활동 감소로 발생하는 비만, 저체중과 같은 건강위험을 줄이기 위해 국민이 생애주기별로 스스로 건강을 보호하고, '건강돌봄'을 실천할 수 있도록 만들어진 것으로 '임신수유부 · 영유아 · 어린이 · 청소년 · 성인' 대상의 생애주기별 특성에 맞는 식생활 실천방안을 제시하고 있다(그림 3-4).

2005년, 2007년도 국민건강영양조사 분석결과 등을 통해 생애주기별로 고려된 영역 내용은 미량영양소 적정섭취, 나트륨섭취 감소, 적절한 신체활동, 모유수유율 증대, 적정체중 유지, 건강한 식생활 행태 등이다.

표 3-7은 한국인을 위한 식생활지침 중 성인을 위한 것을 제시한 것이다.

4. 나의 식생활 진단하기

1) 식생활 진단표 이용하기

표 3-8은 간단히 자신의 식생활을 진단해 볼 수 있는 자가진단표이다. 총 점수가 80점 이상이면 식습관이 양호한 것으로 평가하며, 50점 미만이면 식습관이 불량한 것으로 평가할 수 있다.

일주일간 자신의 식생활은 대체로 어떤지 다음 문항에 각각 체크하고 평가해 보자.

표 3-8 **식생활 진단**

〈진단표〉

문 항	2일 이하 (1점)	3~5일 (3점)	6~7일 (5점)
규칙적인 시간에 세 끼 식사를 한다.			
매끼 골고루 식사를 하며 편식하지 않는다.			
아침 식사는 꼭 먹는다.			
식사량은 언제나 적당히 한다.			
즐거운 마음으로 여유 있게 식사를 한다.			
1일 두 끼 이상 고기, 생선, 달걀, 콩, 두부 중 하나라도 섭취한다.			
녹황색 채소(당근, 시금치 등)를 섭취한다.			
식물성 기름(들기름, 식용유 등)이 첨가된 음식을 섭취한다.			
우유나 유제품(요구르트, 플레인요구르트)을 먹는다.			
과일이나 과일주스(무가당)를 섭취한다.			
해조류(미역, 김, 다시마 등)를 섭취한다.			

문 항	2일 이하 (1점)	3~5일 (3점)	6~7일 (5점)
거의 매일 외식을 한다.			
매일 가공식품(라면, 과자 등)을 먹는다.			
매일 동물성 기름이나 콜레스테롤이 많은 음식을 먹는다.			
매일 짠 음식(젓갈, 장아찌 등)이나 화학조미료를 섭취한다.			
매일 단 음식(설탕, 꿀, 엿, 콜라, 단빵 등)을 섭취한다.			
매일 카페인(커피, 차류 등)이 든 음식을 하루 세 잔 이상 마신다.			
매일 과음 및 잦은 음주를 한다.			
매일 담배를 피운다.			
규칙적인 운동을 거의 하지 않는다.			
총 점	점		
당신의 식습관은 ______________ 점입니다.			

〈결과표〉

점 수	식습관
20~49점	• 당신은 식습관이 나쁜 편입니다. • 나쁜 식습관은 만성질병을 일으킬 수 있습니다. 식생활 전문가와 상담하시기 바랍니다.
50~79점	• 당신은 식습관이 보통입니다. • 좋은 식습관도 있지만 그렇지 않은 부분도 있습니다. 더 좋은 식생활을 위해 노력이 필요합니다.
80~100점	• 당신은 식습관이 좋은 편입니다. • 현재와 같은 식습관을 유지하시고 잘못된 항목에 대해서 습관을 교정하시기 바랍니다.

자료 : 건강길라잡이(http://www.hp.go.kr).

2) 자신의 식생활 평가하기

표 3-9와 같은 평가지를 이용하여 자신의 식생활을 평가할 수 있다. 먼저 하루 종일 자신이 섭취한 음식명과 분량을 기입한다. 그 다음 식사구성안의 식품군과 1일 1회 분량 등을 고려하여 각각의 음식이 어느 식품군에 해당하는지 체크하고, 혹시 빠진 식품군은 없는지, 너무 많이 먹은 식품군은 없는지, 또한 권장하는 수준에 비해 양적으로 적절하게 먹었는지 평가해 본다. 끼니별 식사에 대한 개선방안 및 전체 식사에 대한 개선방안을 적어 본다.

본인이 어제 섭취한 음식을 항목에 맞게 해당하는 칸에 적고, 그 음식의 재료가 포함된 식품군에 V 표시해 보자.

표 3-9 식생활 평가지

구 분	장 소	음식명	분 량	식품군					빠진 식품군	식사별 개선방안	전반적인 개선방안
				곡류 및 전분류	채소 및 과일류	고기 생선 달걀 콩류	우유 및 유제품	유지 견과 및 당류			
아 침											
간 식											
점 심											
간 식											
저 녁											
간 식											
합 계											

Reference

참고문헌

김화영 외(2010). 임상영양학. 신광출판사.

김화영 외(2006). 영양 그리고 건강. 교문사.

김선효 외(2007). 체중관리를 위한 영양과 운동. 파워북.

박태선 · 김은경(2002). 현대인의 생활영양. 교문사.

보건복지부(2007). 국민건강영양조사.

장문정 외(1999). 여성의 건강과 식생활. 신광출판사.

한국영양학회(2010). 한국인 영양섭취기준.

Thompson J et al,(2007). The Science of Nutrition. Benjamin Cummings.

웹 사이트

건강길라잡이(http://www.hp.go.kr)

체중관리는 남녀 모두가 건강의 요소인 신체적 건강, 심리적 건강, 정신적 건강 등을 갖기 위해 기본적으로 해야 하는 일이다. 체중관리를 위한 비법은 없으므로, 건강체중은 균형잡힌 식생활, 활기찬 활동, 바른 생활습관의 3요소를 매일 실천한 때 얻게 되는 노력의 산물이라고 할 수 있다. 그런데 남녀 간에 신체조성이 다를 뿐만 아니라 나이에 따른 체내 대사의 변화 양상도 달라서, 여성은 남성보다 중 · 노년기에 비만에 더 취약해진다. 따라서 여성은 남성보다 생애주기에 따른 체중변화를 더 겪게 된다는 점을 미리 알고 남성과 차별화된 생애주기별 전략수립과 실천으로 건강체중을 지켜 나가는 것이 필요하다고 하겠다.

Chapter 4

여성의 에너지 균형과 체중관리

Chapter 4

여성의 에너지 균형과 체중관리

1. 건강체중 알아보기

1) 건강체중의 정의

'건강체중(healthy weight)' 은 통계적으로 만성 퇴행성 질환에 의한 사망률이 가장 낮은 체질량지수(BMI : Body Mass Index, kg/m²)에 해당하는 자신의 신장에 대한 체중을 의미한다(그림 4-1). 즉, 건강체중은 체중과 건강 간의 관련성을 우선시하는 개념으로서 종전의 정상체중, 표준체중, 이상체중이 신장에 대한 체중 수치에 집착하게 함으로써 바른 신체상에 대한 인식을 왜곡시키고 건강 부작용을 유발시키는 폐단을 갖고 있어, 이 용어들

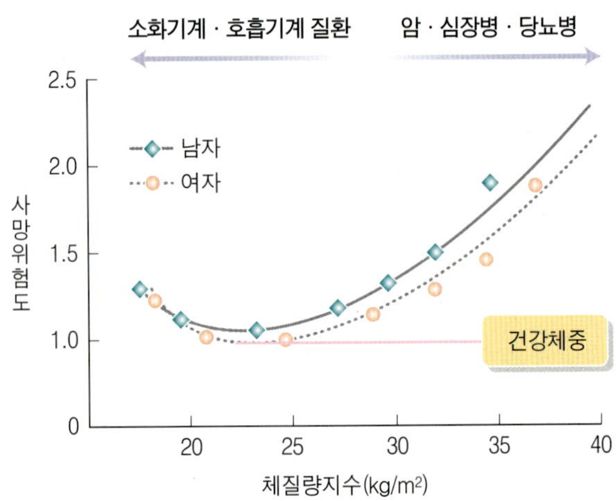

그림 4-1 체질량지수와 건강체중

을 대신하기 위해 제정되었다. 최근에는 전 세계적으로 건강체중이 공식용어로 사용되고 있다.

건강체중을 갖기 위해 한국인은 ① 체질량지수가 18.5~22.9에 해당되고 체지방률이 남자 15% 이하, 여자 25% 이하이거나, ② 체지방률이 남자 15% 이하, 여자 25% 이하의 조건을 충족시켜야 한다. 따라서 건강체중을 갖기 위해서는 신장과 체중이라는 양적 기준과 체지방률이라는 질적 기준을 충족시켜야 하므로, 건강체중은 균형잡힌 식생활과 활기찬 활동을 통해서 만들고 유지될 수 있다.

2) 신체조성

사람의 체중은 수분, 근육, 지방, 뼈로 구성되어 있으며, 이들 요소는 우리 몸이 정상적인 형태와 기능을 유지하게 해준다. 체중의 구성요소 중 체중상태 판정 시 주요 지표인 지방함량을 기준으로, 신체조성을 지방조직(FM : Fat Mass)과 제지방조직(FFM : Fat Free Mass)으로 분류하기도 하는데, 제지방조직에는 수분, 근육, 뼈가 포함되나 협의로는 근육만이 포함되기도 한다(그림 4-2).

(1) 수 분

체중의 약 60%는 수분으로 구성되어 있으므로, 수분은 신체 구성성분 중 가장 많은 비율을 차지하고 있다. 체중에 대한 수분량의 비율인 체수분율은 나이, 신체활동수준, 환경조건, 다이어트방법 등에 따라 달라진다. 나이와 체수분율 간의 관계를 보면 나이가 들수록 체수분율이 낮아져 신생아 75%, 성인 60~50%, 노인 50~45% 정도이다. 이처럼 나이가 들수록 체수분율이 낮아지는 것은 체수분 중 70~75%는 제지방조직에 분포하고 나머지 10~40%는 지방조직에 분포하는데, 나이가 들면서 체수분율이 상대적으로 높은 제지방조직량(근육량)이 점차 감소하기 때문이다. 체중감량을 위해 격심한 운동이나 사우나 등으로 지나치게 땀을 흘릴 경우, 영양균형성을 갖추지 못한 극단적인 유행 다이어트를 따를 경우, 이뇨제를 복용할 경우 등에 체수분량이 감소하여 일시적으로 체중이 감량되는 효과가 나타나나, 곧 체중이 원상으로 돌아가 체중감량 효과가 사라질 뿐만 아니라 생명에 지장을 줄 수도 있으므로, 이런 방법을 적용해서는 안 된다.

(2) 근 육

건강체중을 갖기 위해서는 체중에 대한 근육량의 비율을 20% 정도로 유지해야 한다. 사람의 근육에는 단백질, 수분, 글리코겐이 포함되어 있다. 적당량의 근육을 보유하기 위해서는 적절한 영양섭취와 동시에 유산소운동과 저항성 운동을 실시해야 한다. 어린시절에 근육을 충분히 확보하면 기초대사량이 높아져 일생 동안 건강체중을 유지하는 데에 유리하다. 따라서 나이가 들수록 근육량이 감소하여 비만 발생 위험도가 높아지므로, 어린시절부터 충분한 근육을 확보하도록 노력해야 한다.

(3) 체지방

건강체중을 갖기 위해서는 체중에 대한 체지방량 비율을 남자 15% 이하, 여자 25% 이하로 유지해야 한다. 체지방률은 남녀 모두 나이가 들수록 높아져 성장기에 비해 성인기에 높다. 또한 연령별 체지방률의 변화 양상은 성별에 따라 차이가 있어, 사춘기를 기점으로 여성이 남성보다 체지방률이 높아지기 시작하며 그 후에도 여성의 체지방률 증가폭이 남성보다 커서, 성인기 내내 여자의 체지방률이 남자보다 높게 유지된다(그림 4-3). 체지방이 과다하게 축적되면 비만이 발생되고 건강을 위협하게 되므로 체지방량을 비정상적으로 높이지 않도록 유의해야 한다. 특히 성인이 되면 나이가 들수록 체지방량을 적정 수준으로 유지하기가 어려워지므로, 성인기에는 나이가 들수록 체지방관리를 위한 노력을 더 해야 한다. 그러나 체지방은 체내에서 에너지 저장, 체온 유지, 장기 보호, 세

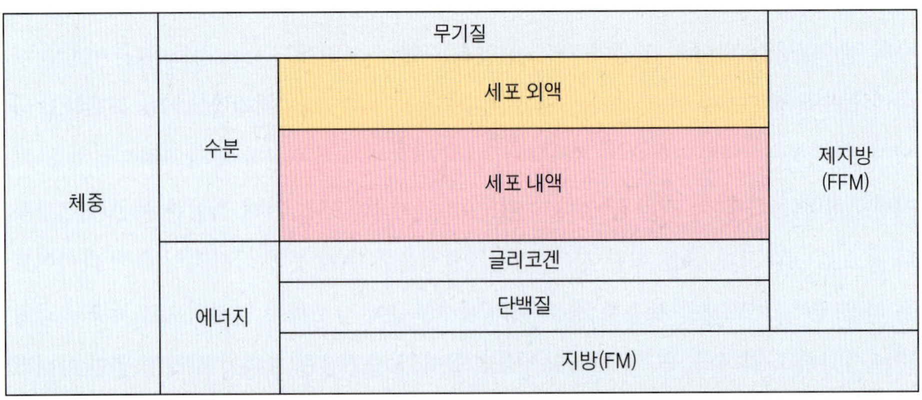

그림 4-2 사람의 신체조성

포막 구성과 같은 중요한 기능을 수행한다. 그리고 여성의 경우 체지방률이 너무 낮으면 생리, 배란, 수정 등에 이상이 생기며, 사춘기 여성의 경우 초경이 시작되려면 체지방률이 17%는 되어야 하므로, 체지방은 여성의 모성기능과도 관련이 있다. 따라서 일정량의 체지방은 정상적인 신체 기능 수행을 위해 반드시 확보되어야 한다.

(4) 뼈

뼈는 체중의 12~15%를 차지하는데, 무리한 다이어트 실시와 운동부족은 골질량을 감소시켜 골소공증이나 골다공증을 유발시키므로 유의해야 한다. 그러나 최근 젊은 여성들 사이에서 무리한 다이어트를 따르는 빈도가 높아짐에 따라, 젊은 여성임에도 불구하고 골밀도상태가 불량한 경우가 종종 보고되고 있다. 따라서 체중감량 시 체중에만 관심을 둘 것이 아니라, 뼈 건강에 대해서도 관심을 두고 과학적인 방법을 적용해야 한다.

3) 체중상태 판정기준

체중은 저체중, 건강체중, 과체중, 비만으로 분류되는데 체중상태를 판정하기 위해 신체계측법과 신체조성측정법이 적용되고 있다.

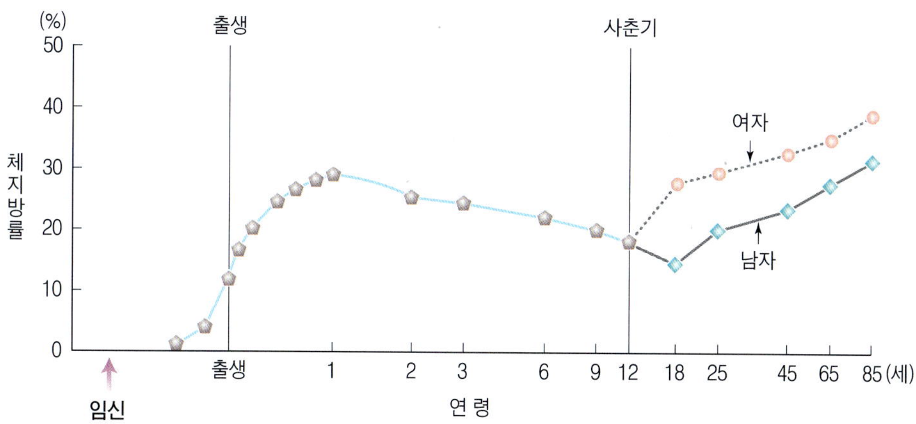

그림 4-3 사람의 연령별 남녀 체지방률 변화

자료 : Friis-Hansen B(1965). Hydrometry of growth and aging. In Brozek J, editor. Human Body Composition. Oxford : Pergamon Press, 191.

그림 4-4 비만 포스터

(1) 신체계측을 통한 체중상태 판정

① 체질량지수(BMI)

체질량지수(kg/m²)는 체중과 신장을 이용하여 쉽게 구할 수 있을 뿐만 아니라, 체지방률을 정확히 반영해 주고, 전 연령층에 적용할 수 있으므로 체중상태 판정을 위해 널리 사용되고 있다. 성인은 체질량지수를 가지고 바로 체중상태를 판정할 수 있으나, 성장기의 소아 · 청소년은 자신의 체질량지수를 바탕으로 해당 성별과 연령에 대한 체질량지수 백분위수를 구하여 체중상태를 판정한다(부록).

체중상태 판정을 위한 체질량지수 분별점은 아시아 · 태평양 국가와 서양 국가 간에 차이가 있는데, 세계보건기구(WHO)는 우리나라를 포함한 아시아 · 태평양 국가 성인의 경우 체질량지수가 남녀 모두 18.5 미만이면 '저체중', 18.5~22.9이면 '건강체중', 23.0~24.9이면 '과체중', 25 이상이면 '비만'으로 분류하였다(표 4-1). 소아 · 청소년은 자신의 체질량지수가 85.0~94.9 백분위수에 해당하면 '과체중', 95.0 백분위수 이상에 해당되면 '비만'으로 분류한다.

표 4-1 세계보건기구의 체질량지수에 의한 체중상태 분류

(단위 : kg/m²)

구 분	아시아 · 태평양국가	미 국
저체중	< 18.5	< 18.5
건강체중	18.5~22.9	18.5~24.9
과체중	23.0~24.9	25.0~29.9
경도비만	25.0~29.9	30.0~34.9
중등도비만	30.0~34.9	35.0~39.9
고도비만	≥ 35.0	≥ 40.0

주 : 아시아 · 태평양 국가 주민에 대한 체질량지수에 의한 체중상태 판정기준은 세계보건기구의 IOTF(International Obesity Task Force)와 대한비만학회가 동일함.

그러나 체질량지수는 체중상태를 바르게 나타내지 못할 때도 있는데, 운동선수의 경우 상대적으로 많은 근육량을 가지고 있어 체질량지수가 높게 나오며, 임신 혹은 수유 중인 여성, 노인, 키가 작은 사람 등에게는 체질량지수가 실제 비만도보다 높게 혹은 낮게 나올 수 있는 제한점이 있다.

② 허리둘레

최근 허리둘레(WC : Waist Circumference)가 복부내장지방량의 정도를 나타내 주는 적절한 지표임이 확인되어, 허리둘레만으로 복부비만 여부를 판정하고 있다(그림 4-5). 우리나라를 포함한 아시아 사람들의 경우 허리둘레가 남자 90cm(36인치) 이상, 여자 85cm(34인치) 이상이면 복부비만으로 판정한다.

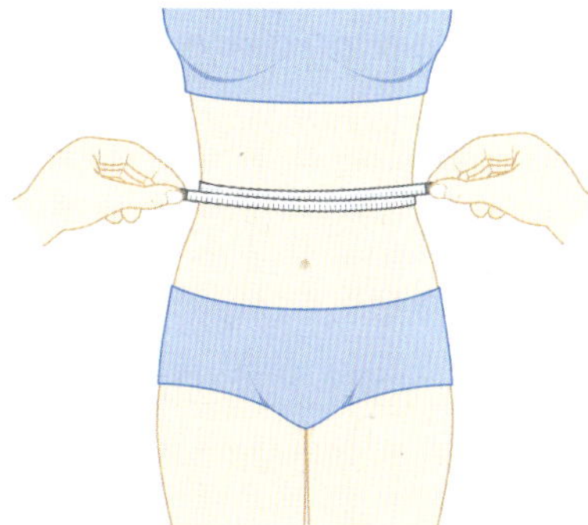

그림 4-5 허리둘레 측정하기

③ 허리-엉덩이둘레비

허리둘레와 함께 엉덩이둘레를 측정하여 허리엉덩이둘레비(WHR : Waist-Hip Ratio)를 구하여 복부비만 여부를 판정하는데, WHO에서는 이 비율이 남자 0.9 이상, 여자 0.85 이상이면 복부비만으로 판정한다. 그런데 허리-엉덩이둘레비는 허리둘레 단독 측정치보다 복부내장지방량과 상관성이 적어, 최근에는 허리둘레만으로 복부비만 여부를 판정하고 있는 추세이다.

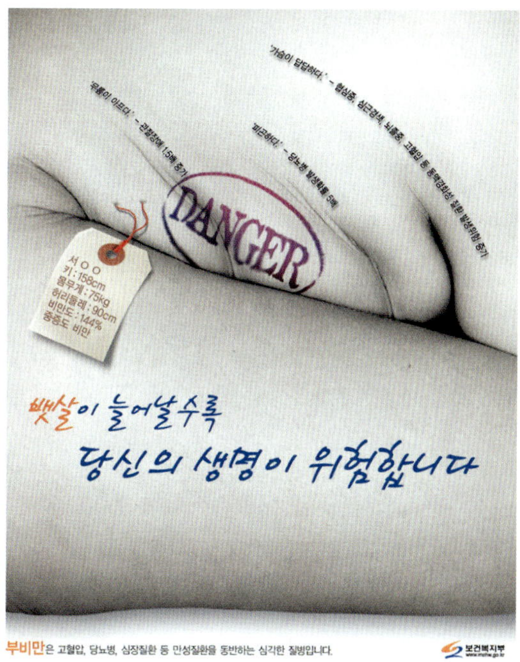

그림 4-6 복부비만의 건강 위험성

자료 : 보건복지부.

(2) 신체조성을 통한 체중상태 판정

신체조성에 의해 체중상태를 판정하기 위해 피부두겹두께측정법과 생체전기저항분석법이 이용되고 있다.

① 피부두겹두께

피부두겹두께(SFT : Skinfold Thickness)측정법은 캘리퍼(calipers)로 피하지방두께를 측정하여 총 체지방량의 정도를 추정하는 방법이다(그림 4-7). 피부두겹두께를 측정하기 위해 대개 이두근, 삼두근, 견갑골하부, 장골릉상부를 포함하는 네 곳의 피하지방두께를 측정한 후, 이들 값을 회귀방정식에 넣어 총 체지방량을 구한다. 이 방법은 비용이 저렴하고 측정이 쉬운 장점이 있으나, 잘 훈련된 측정자가 아닐 경우 측정 오차가 클 수 있다는 문제점이 있다. 뿐만 아니라 이 방법은 피하지방과 총 체지방의 비율이 일정하다는 가정하에 총 체지방량을 측정하는 것인데 연령, 성별, 비만도에 따라 각 비율이 일정하지 않으며, 피하지방이 매우 많은 경우 측정 자체가 어려운 문제점 등을 가지고 있어, 최근에는 체중상태 판정을 위해 피부두겹두께측정법을 사용하지 않는 추세이다.

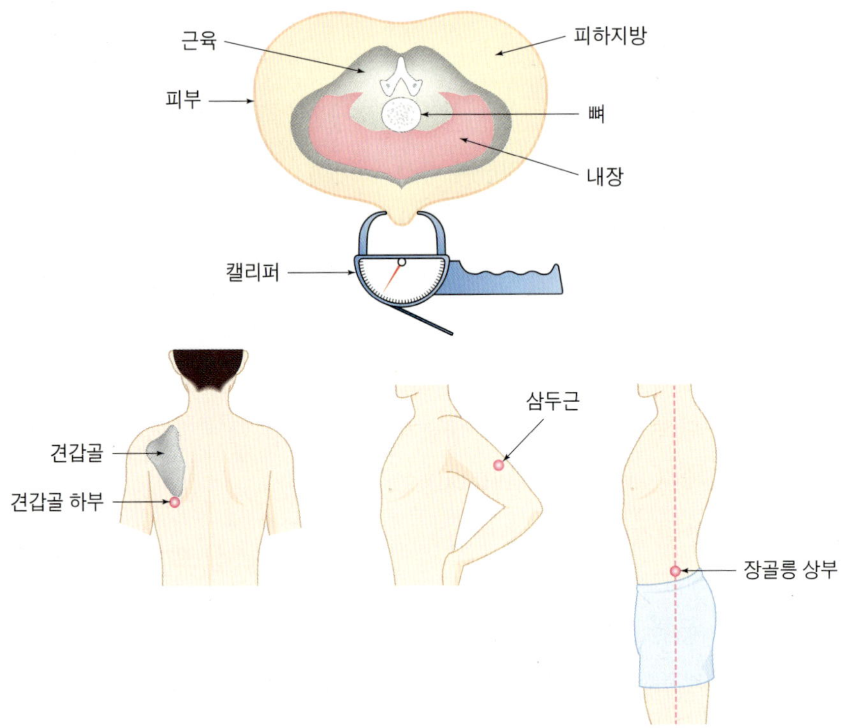

그림 4-7 피부두겹두께 측정하기

② 생체전기저항분석법

생체전기저항분석법(BIA : Bioelectric Impedance Analysis)은 피측정자의 다리와 팔에 약 50kHz의 약한 전류를 통하게 하여 신체의 전기저항 정도를 측정한 후, 이 전기저항값을 회귀방정식에 대입시켜 신체의 총 체지방량을 구하는 방법이다(그림 4-8). 이 방법은 신체 내 수분은 전류를 잘 통하여 전기저항이 낮으므로, 수분율이 낮은 체지방률이 높을수록 전기전항이 크다는 사실에 근거하여 신체조성을 측정하는 것이다. 여러 가지 인자들이 생체전기저항분석법의 정확성에 영향을 미칠 수 있는데, 음식이나 수분섭취, 발한, 배뇨상태, 생리주기 등에 의해 측정값이 영향을 받을 수 있다. 따라서 생체전기저항분석법 적용 시 이 점들을 통제해 주어야 한다(표 4-2). 생체전기저항분석법은 체지방량, 제지방량, 체수분량을 두루 측정할 수 있고, 재현도가 높으며, 다른 기계계측법에 비하여 비용이 적게 들고, 간편하게 이용할 수 있는 장점을 갖고 있어서 현재 신체조성 측정을 위해 널리 사용되고 있다. 우리나라에서는 이 원리를 적용한 인바디(inbody)를 생산하고 있으며, 현재 이 기기가 널리 보급되어 있다.

그림 4-8 생체전기저항분석법에 의한 신체조성 측정

표 4-2 생체전기저항분석법을 이용한 인바디 측정 시 유의사항

구 분	유의사항
측정 시	전기 전도에 영향을 미치는 금속성 물품을 신체에 부착하지 않는다.
측정 30분 전 이내	소변을 본다.
측정 4시간 전부터	음식과 음료를 섭취하지 않는다.
측정 12시간 전부터	운동을 하지 않는다.
측정 48시간 전부터	음주를 하지 않는다.
측정 1주일 전 이내	이뇨제를 복용하지 않는다.
생리주기	여성의 생리주기로 인해 부종을 느끼는 시기에는 측정하지 않는다.

③ 컴퓨터 단층촬영법

복부비만 그 자체보다는 복부의 내장지방량이 복부비만 관련 질병 발생과 관련이 더 높다는 사실이 밝혀짐에 따라, 최근에는 체중상태를 판정하기 위해 복부내장지방량을 측정하고 있다. 복부에 컴퓨터 단층촬영법(CT : Computed Tomography)을 실시하면 복부의 내장지방과 피하지방의 분포도와 함께, 복부내장지방량과 복부피하지방량의 비율을 구할 수 있다. 복부비만의 경우 복부내장지방/피하지방 면적비가 0.4 이상이면 복부내장지방형 비만, 0.4 미만이면 복부피하지방형 비만으로 분류한다. 복부내장지방형 비만일 때는 대사적으로 활발한 복부내장지방이 쉽게 분해되어 혈청 지질 농도를 높이고, 이것은 다시 간에서 당생성 증가, 인슐린 제거 감소, 당대사장애 등을 일으켜 인슐린저항성을 유발하므로, 대사증후군을 발생시킴과 동시에 비만 관련 질병 발생 위험도를 높이게 된다.

4) 잘못된 체형인식과 건강손상

잘못된 체형인식이란 자신의 체중상태를 과대 또는 과소평가하는 것인데, 최근 '가는 체형(thinness)'을 선호함에 따라 자신이 저체중이나 건강체중을 갖고 있으면서도 과체중이나 비만으로 과대평가하는 경향이 만연되고 있다. 이런 현상은 광고 모델과 방송인 등을 통해 가는 체형이 곧 아름다움, 젊음, 지성, 성공을 상징하는 것으로 전달되고 있으며, 이와 함께 패션업계에서도 몸에 꽉 붙거나 노출이 심한 옷들을 유행시키고 있는 등 사회 전반에 걸쳐 마른 체형이 이상적인 체형이라는 잘못된 인식이 확산되어 있는 것과 맞물려 발생되고 있다. 특히 우리나라 여성들 사이에 이런 경향이 더 두드러지는 것으로 나타났다. 이런 추세 속에서 젊은 여성들은 자신의 체중상태와 관계없이 빠르고 쉽게 체중을 감량시키고자 단식, 무리한 유행 다이어트, 살 빼는 약물, 지방흡입술 등을 무분별하게 받아들이고 있다. 이 결과 폭식증, 거식증, 마구먹기, 이식증 등과 같은 식이장애, 소화기계 질환, 간기능 손상, 골밀도 저하, 조기 폐경, 임신기능 저하, 자신감 결여, 대인 기피 등 심각한 건강손상이 발생하고 있어, 잘못된 체형인식에 따른 무리한 체중감량은 사회문제로까지 대두되었다. 따라서 건강체중에 대한 바른 이해, 올바른 체형인식, 건전한 체중관리 전략 수립 등을 통해 체중관리와 함께 건강관리를 동시에 해 나가야 한다.

2. 비만 알아보기

1) 비만율 변화 추이

최근 우리나라 성인의 비만율은 해마다 증가하고 있다. 2007 국민건강통계에 의하면 우리나라 전체 성인의 평균 비만율은 BMI 25 이상을 기준으로 하였을 때 33.8%로서, 성인 3명 중 1명이 비만인 것으로 나타났다. 성인기의 비만율은 연령에 따라 차이가 있어, 전체 성인 남녀로 볼 때 비만율은 19~29세군이 가장 낮고, 그 후 연령이 높아질수록 증가하여 50대와 60대에서 가장 높다가, 70대 이상에서 감소하는 양상을 보여주었다(그림 4-9). 이처럼 성인기에 연령과 비만율 간에 양의 관계를 갖는 것은 연령이 높아질수록 기초대사량이 감소함과 함께 활동량이 감소하여 1일 총 에너지소비량은 감소하는 반면, 1일 총 에너지섭취량은 증가하는 패턴을 보이기 때문이다. 성인의 성별에 따른 연령별 비만율의 변화는 여자가 남자보다 연령 증가에 따른 비만율 증가 현상이 더 두드러지게 나타나, 여자의 경우 40대까지는 남자보다 비만율이 낮다가 50대, 60대와 70대 이상에서는 남자보다 비만율이 각각 1.03배, 1.63배, 1.77배 높았다. 그리고 여자의 경우 20~30대에 비해 40대 이후에 비만율이 2~4배 정도 증가하여, 여자는 40대부터 비만 예

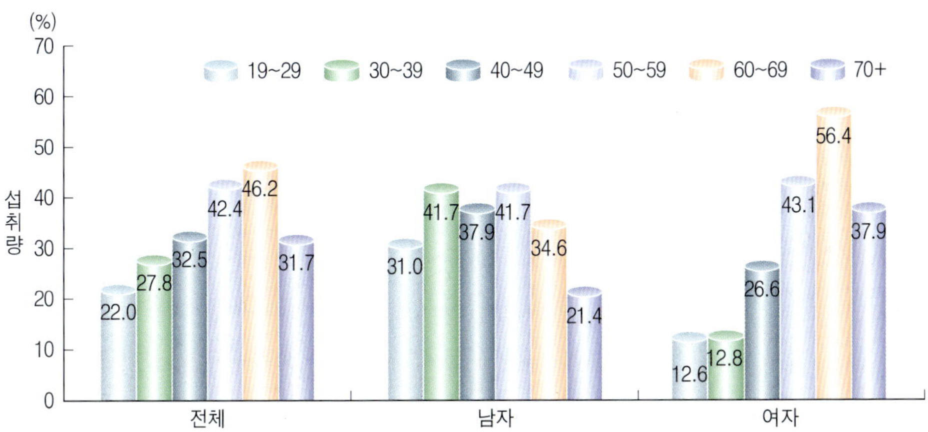

그림 4-9 우리나라 성인의 연령별 비만율 실태

주 : 비만 유병률은 BMI(kg/m²) 25 이상인 비율을 말함.

자료 : 보건복지가족부 · 질병관리본부(2008). 2007 국민건강통계.

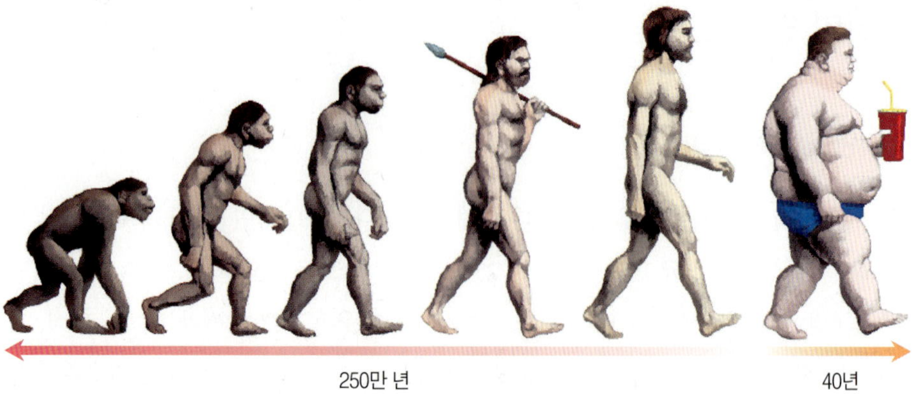

그림 4-10 시대에 따른 사람의 체형 변화

방을 위한 체중관리에 더 관심을 가져야 함을 시사해 주었다.

이처럼 최근 들어 성인의 비만율이 빠르게 증가하는 현상은 우리나라에만 국한된 것이 아니라 세계적인 것으로서, 삶의 질을 저하시키고 사회 · 경제적 비용을 막대하게 손실시키고 있어 세계적으로 그 문제를 심각하게 다루고 있다. WHO는 이미 비만을 질병으로 분류하였음은 물론, 21세기에 비만이 흡연과 더불어 세계인의 건강을 위협하는 가장 심각한 공중보건학적 문제가 될 것으로 예측하였다(그림 4-10).

2) 비만의 원인

비만은 유전적 원인, 환경적 원인, 병인성 원인, 약물 부작용 및 심리적 원인이 상호작용하여 발생하며, 각 원인이 비만 발생에 미치는 정도는 개인차가 있는 것으로 보고 있다. 그러나 현대인의 비만 원인 중 가장 큰 비중을 차지하고 있는 것은 풍요로운 식생활과 도시형 문화생활에 따른 에너지섭취량 과다 및 신체활동량 감소와 같은 환경적 원인이라고 할 수 있다. 그러나 고도비만의 경우 유전적 원인이 환경적 원인보다 비만의 원인으로 차지하는 비중이 더 크다는 이론도 있다.

(1) 유전적 원인

유전이 비만의 원인이 된다는 것은 부모와 자녀 간의 비만일치도, 체중고정점이론, 비만

유전자 등으로 설명되고 있다.

① 부모와 자녀 간 비만일치도

부모가 모두 건강체중일 경우 자녀가 비만일 확률은 10%이며, 한 부모가 비만할 경우 자녀가 비만일 확률은 40%, 부모가 모두 비만할 경우 자녀가 비만일 확률은 80% 정도인 것으로 보고되어 부모와 자녀 간의 비만일치도가 높은 것으로 나타났다.

② 체중고정점이론

체중이나 체지방량은 개인마다 유전적으로 정해져 있어, 신체가 이 수치(set point)를 유지하기 위해 식사행동과 에너지대사를 조절한다는 이론이다. 즉, 체중이나 체지방량이 감소하면 식이섭취량은 증가하고 에너지소비량은 감소해 평소 수준까지 체중을 증가시키며, 체중이나 체지방량이 증가하면 반대 현상이 일어나 평소 수준까지 체중을 감소시킨다는 것이다. 이 이론은 에너지섭취량과 에너지소비량이 매일 일정하지 않아도 체중과 체지방량이 일정하게 유지되는 현상을 설명해 준다.

③ 비만유전자

비만유전자는 섭식에 관여하는 호르몬과 신경전달물질을 통제하여 식이섭취량 증가, 영양소흡수율 증가, 섭취한 에너지의 체지방으로의 전환율 증가, 에너지소비량 감소를 통해 비만을 발생시키는 작용을 한다. 따라서 비만유전자를 절약유전자(thrifty gene)라고 부르기도 하는데, 비만유전자를 가지고 태어나면 비만할 확률이 높게 된다. 비만유전자와 비만 발생 간의 관계가 밝혀짐에 따라 최근 영양유전자학(nutritional genomics) 분야가 활발히 연구되고 있는데, 개인별 영양유전 분석결과를 토대로 각자에 맞는 맞춤영양 프로그램을 개발하여 개인에게 적용하면, 보다 효과적 · 경제적으로 비만을 예방하고 관리할 수 있을 것으로 보고 있다.

(2) 환경적 원인

양부모와 자녀 간에 체형이 비슷한 점, 현대사회에 들어 비만율이 급증한 점, 결혼이나 직장생활 등으로 인해 체중이 변화되는 점 등은 비만이 환경적 원인에 의해 발생한다는 것을 설명해 주고 있다.

① 식생활

- **식사횟수** : 하루에 섭취하는 총 에너지량이 같아도 음식을 여러 번에 걸쳐 나누어 먹을 때보다 한두 번으로 몰아서 먹을 때 체지방축적량이 더 많게 된다. 따라서 식사는 하루 세 끼 식사와 함께 지나친 공복감이 느껴지지 않도록 저열량 간식으로 구성하여 이루어져야 한다. 그리고 아침을 결식하면 다른 끼니에 과식을 하게 되어 비만해질 우려가 있으므로, 체중관리를 위해 아침식사는 반드시 해야 한다.
- **식사시간** : 식사시간이 불규칙하면 공복감을 느끼게 되어 과식이나 폭식을 하게 되므로 비만해지기 쉽다. 그리고 동일한 열량의 음식이라도 활동량이 많은 낮 시간에 먹을 때보다 저녁 늦게 먹게 되면 체지방축적량이 더 많아지므로 늦은 시간에 과식을 하거나 야식을 먹는 것은 비만의 원인이 된다.
- **식사속도** : 식사속도가 빠르고 잘 씹지 않는 경우에 소화 · 흡수가 더디게 이루어져 혈당 상승이 천천히 일어나게 되므로, 만복감을 느낄 무렵에는 이미 과식한 상태가 되기 쉽다. 따라서 식사는 천천히 하는 습관을 가져야 하며, 식사를 천천히 하는 것만으로도 체중관리에 도움이 될 수 있다.
- **고열량 · 저영양 식품 과다섭취** : 고열량 · 저영양 식품은 열량이 높고 영양가가 낮은 식품으로서, 보통 1회 제공량당 열량 · 당류 · 포화지방 · 나트륨 함량이 높고 단백질 · 비타민 · 무기질 함량이 낮은 식품이다. 따라서 고열량 · 저영양 식품에는 빵, 과자, 캔디, 초콜릿, 아이스크림, 단 음료 등의 간식용 기호식품과 유탕면류, 패스트푸드 등의 식사대용 식품이 포함된다. 현대인은 바쁜 생활 속에서 간편하면서도 기호 위주로 이용할 수 있는 고열량 · 저영양 식품을 자주 섭취하기 쉬운데, 체중관리와 영양균형성 유지를 위해 이 식품을 과다하게 섭취하지 않도록 유의해야 한다.

고열량 · 저영양 식품의 일부인 고지방 식품은 동일한 열량제공 조건에서 고탄수화물 식품보다 비만을 유발할 가능성이 높다. 그 이유는 고지방 식품은 맛이 좋아 식욕억제가 안 되며, 에너지 밀도가 높아 섭취량에 비해 만복감을 늦게 느끼게 되어 과식을 하기 쉽기 때문이다. 뿐만 아니라, 식이지방이 체지방으로 전환되는 데에는 섭취한 에너지의 2%만이 소비되나, 식이탄수화물이 체지방으로 전환되는 데에는 섭취한 에너지의 23%가 소비되므로, 식이지방에 함유된 에너지의 체지방 전환률이 높기 때문이기도 하다.

알아보기

패스트푸드 메뉴의 선택을 돕기 위한 외식업체의 영양표시 제공 사례

• 프레쉬 피자

구성품	중량(g)	열량(kcal)	당류(g)	단백질(g)	포화지방(g)	나트륨(mg)
'트리플 치즈 콤비 피자' 라지 사이즈 1조각	170	503	5.8	23	13.7	675.0
'더블 크러스트 스위스 퐁듀 피자' 라지 사이즈 1조각	144	435	5.5	20	12.7	674.2
'나폴리 프레쉬 오 피자' 라지 사이즈 1조각	164	364	7.4	13	3.5	446.9

자료 : http://www.dominos.co.kr

• 치킨

구성품	중량(g)	열량(kcal)	당류(g)	단백질(g)	지방(g)	나트륨(mg)
'후라이드' 5조각	100	361	11	23	25	300
'허니 오리지널' 5조각	100	372	13	23	25	300
'레드 스틱' 3조각	100	298	6	28	18	300

자료 : http://kyochon.com.

• 우리나라 연령별 탄산음료(콜라, 사이다, 과일탄산음료) 섭취량의 연차적 추이

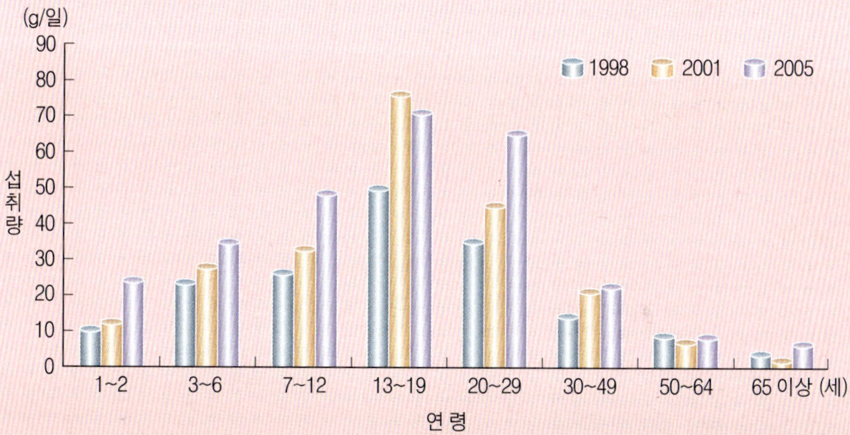

자료 : 질병관리본부 · 한국보건산업진흥원(2007). 국민건강영양조사 제3기(2005) 심층분석 : 영양부문.

표 4-3 고도비만 환자의 식습관 특징

구 분	횟수/량
한 끼 식사량	평균 1.6인분(범위 : 1~5인분)
폭식횟수	평균 3일에 한 번
주 섭취 식품	탄수화물(밥 · 면 · 빵) 위주의 식사
고지방 육류 섭취 횟수	1.5회/주
패스트푸드 섭취 횟수	0.63끼니/주
불규칙적(식사횟수, 식사시간, 식사량)인 식사 빈도	전체 식사의 93.7%
야식 섭취	0.6회/주

자료 : 한상문(2009). 고도비만수술센터의 경험과 환자관리. 2009 대한비만학회 춘계학술대회 및 제18회 연수강좌 자료집, 110-116.

위의 상황을 종합해 볼 때, 고도비만 환자의 식습관 특징은 다음과 같다.

- 잦은 패스트푸드의 섭취
- 과다한 양의 탄수화물(밥 · 면 · 빵) 섭취
- 고지방 육류를 과다하게 섭취하는 것은 아님
- 불규칙적이고 빨리 먹는 식습관

② 신체활동량

현대사회에서 대부분의 업무가 앉아서 이루어짐에 따라 신체활동량이 감소하게 되었으

알아보기

신체활동량이 부족하면?

- 활동대사량이 낮아짐
- 기초대사량이 낮아짐
- 체지방합성 효소의 활성이 높아짐
- 체지방을 분해하는 호르몬 분비를 막음
- 근육량이 감소됨

며, 이는 비만율 증가를 가져왔다. 일부 비만인을 대상으로 한 연구에서 비만인은 건강체중을 가진 사람보다 신체활동량이 낮은 것으로 나타났다. 예를 들어 비만인의 경우 하루에 TV를 2시간 이상 시청하는 비율이 건강체중인보다 높았다. 신체활동량이 부족하면 단순히 활동대사량만 감소하는 것이 아니라 기초대사량까지 감소하게 되므로, 체중이 늘게 된다.

(3) 내분비계 이상 및 시상하부질환

내분비계 이상에 의해서도 비만이 발생할 수 있는데, 이는 내분기계 이상이 기초대사량과 체지방합성 등에 영향을 미치기 때문이다. 갑상선기능저하증에 의해 갑상선호르몬 분비량이 감소되면 기초대사량이 낮아지므로, 비만 발생 위험도가 높아진다. 쿠싱증후군은 부신피질 자극 호르몬(ACTH)의 분비를 증가시켜, 달덩이같은 얼굴과 복부에 체지방이 축적되는 중심성 비만을 발생시킨다. 난소기능부전에 의한 에스트로겐 분비 감소 시에 체지방이 축적됨으로써, 그리고 성장호르몬 결핍 시에 체지방량이 증가되고 근육량이 감소됨으로써 비만이 발생된다.

시상하부질환에 의해 시상하부에 있는 공복중추와 만복중추가 손상되면 식욕 조절이 정상적으로 되지 않으므로, 과식을 하게 되어 비만해진다(그림 4-11).

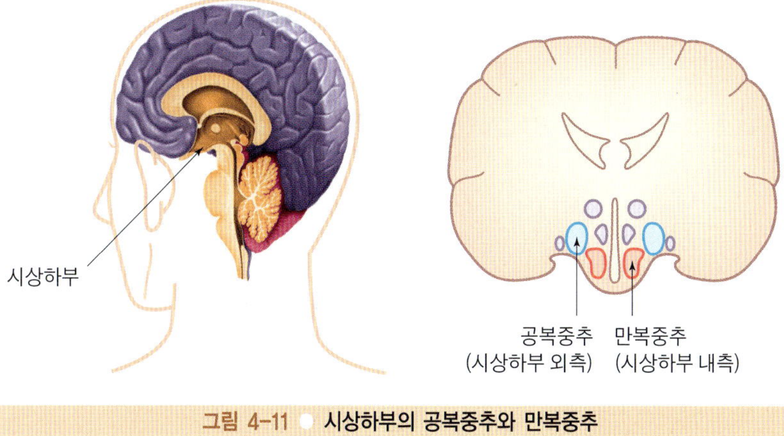

그림 4-11 시상하부의 공복중추와 만복중추

(4) 약물 부작용 및 심리적 원인

약물 중 스테로이드제와 항우울증제 등은 체중 증가를 유발할 수 있다. 그리고 심리적으로 우울할 때, 불안할 때, 고독할 때, 무기력 함을 느낄 때 등에 먹는 것으로 마음을 달래기 쉬워 체중이 증가할 수 있다.

3) 비만의 종류

비만의 종류는 기준에 따라 표 4-4와 같이 분류할 수 있다.

표 4-4 비만의 분류

구 분	비만의 종류
원 인	단순비만, 증후성 비만
발생시기	소아비만, 성인비만
지방조직형태	지방세포증식형 비만, 지방세포비대형 비만
지방분포	상체비만(남성형 비만, 사과형 비만), 하체비만(여성형 비만, 서양배형 비만)
지방위치	내장지방형 비만, 피하지방형 비만

4) 비만과 질병

비만은 다음과 같이 현대사회에서 사망의 주요 원인이 되고 있는 각종 질병에 대한 발생 위험도를 높인다(표 4-5).

① 대사증후군

비만, 특히 복부비만은 인슐린저항성, 당뇨병, 고혈압, 이상지혈증을 초래하게 하여 심혈관계 질환을 발생시키는 대사증후군의 근간을 이루는 요소이다. 대사증후군이 있는 사람은 심장질환이나 뇌졸중이 발생할 확률이 대사증후군이 없는 사람보다 세 배 높고, 이로 인한 사망률은 두 배 높은 것으로 알려졌다.

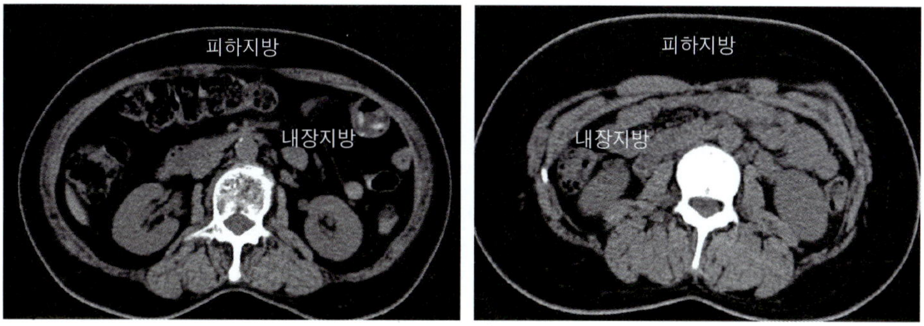

내장지방형 비만 피하지방형 비만

그림 4-12 내장지방형 비만과 피하지방형 비만의 복부 CT 영상 비교

② 제2형 당뇨병

비만하게 되면 인슐린 신호전달의 여러 단계에서 장애가 생겨, 세포 내로의 포도당 이동 및 세포 내 포도당 이용에 문제가 초래되어 당대사이상이 발생된다. 그리고 비만 시 체지방이 과다하게 축적되면 체지방 분해가 촉진되어 유리지방산이 과다하게 방출되는데, 유리지방산은 간에서 당생성 증가와 인슐린 제거 감소를 일으키고 말초조직의 포도당 이용을 감소시켜, 인슐린저항성을 유발시킨다. 따라서 비만은 이런 기전을 통해 제2형 당뇨병에 대한 발생 위험도를 높인다.

③ 고혈압

체질량지수가 30kg/m^{2}인 비만군의 경우 건강체중군에 비해 고혈압 발생이 두 배 증가하는 것으로 보고되었다. 그리고 허리둘레가 남자 102cm 이상, 여자 88cm 이상인 경우 건강체중군에 비해 고혈압 발생 위험도가 두 배 높아지는 것으로 나타났다. 이와 같이 비만에 의해 고혈압이 발생되는 기전은 비만 시 고지혈증이나 동맥경화증으로 인한 혈액 흐름 장애, 고인슐린혈증에 의한 신장의 세뇨관에서 나트륨 재흡수, 교감신경계 활성화를 통한 혈관 수축, 혈관벽의 구조적 변화 등에 의한 것으로 설명되고 있다.

④ 심혈관계 질환

비만 특히 복부비만은 이상지혈증을 일으키는 위험요인으로서, 복부비만은 고중성지방혈증, 저HDL-콜레스테롤혈증 발생과 밀접하게 관련되어 있다. 따라서 비만한 사람의 경우 고혈압의 유발과 함께 이상지혈증이 유발되므로, 혈액순환이 방해되어 심장질환이 발생될 수 있다. 또한 이상지혈증은 혈전을 생성시켜 혈관을 막으므로, 비만 시 뇌혈관 질환이 발생될 수 있다.

⑤ 암

비만이 각종 암 발생 위험도를 높인다는 사실이 국내 · 외에서 보고되었다. 미국 암학회의 연구에 의하면, 조사대상자 중 체질량지수가 가장 높은 군이 건강체중군에 비해 모든 암으로 인한 사망 위험이 남자 1.5배, 여자 1.9배 높은 것으로 나타났다. 이 연구에서 비만할 경우 남자는 전립선암, 대장직장암, 위암, 췌장암, 간암 등으로 인한 사망 위험이 높으며, 여자는 대장직장암, 유방암, 췌장암, 자궁암 등으로 인한 사망 위험이 높은 것으로 나타났다.

우리나라에서 진행된 연구에서도 BMI가 25.0~29.9인 군은 BMI가 20.0 이하인 군에 비해 전체 암 발생률이 남자는 3%, 여자는 6% 증가하는 것으로 보고되었다. 그리고 BMI가 30.0 이상인 경우는 BMI가 20.0 이하인 군에 비해 암 발생률이 남자는 33%, 여자는 8% 증가하는 것으로 보고되었다. 비만 시 암 종류별로는 대장암, 담낭암, 췌장암, 간암 등의 발생이 높은 것으로 나타났다. 따라서 한국인의 경우 서양인에 비해 낮은 BMI를 가졌음에도 불구하고 BMI 증가와 암 발생률 간에 양의 관계를 보여주었다.

⑥ 불 임

비만 여성은 생리가 불규칙해지고, 무배란 주기가 증가하며, 수태능력이 떨어지므로 비만은 불임의 원인이 될 수 있다. 그리고 비만 여성은 임신 중에도 임신중독증 발생 위험도가 높으며, 출산 시 제왕절개수술 빈도가 높은 등 비만은 여성의 정상적인 임신 기능 수행을 방해하기도 한다.

⑦ 심리적 질환

비만인에 대한 사회적 편견 및 차별대우와 함께 자신의 신체상에 대한 열등감 등이 복합적으로 작용하여, 비만인은 자존감 저하, 부정적 성격 형성, 대인관계 기피, 학업 및 업무능력 저하 등 다양한 심리적 문제가 발생된다. 이와 함께 심리적 장애로 인해 식욕을 잃어 장기적으로 식사를 거부하는 거식증이 유발될 수도 있는데, 이는 특히 외모에 대해

표 4-5 비만할 때 발생 위험도가 증가하는 질병

높은 증가	중등도 증가	약간 증가
• 제2형 당뇨병 • 담낭질환 • 이상지혈증 • 대사증후군 • 호흡곤란 • 수면 무호흡	• 관상동맥질환 • 고혈압 • 골관절염(무릎과 고관절) • 고요산혈증과 통풍	• 암(폐경 후 유방암, 자궁내막암, 대장암) • 생식 호르몬 이상 • 다낭성 난소증후군 • 임신 이상 • 요통 • 마취 위험 증가

자료 : 세계보건기구(1998).

지나치게 관심을 갖는 젊은 여성들 사이에 나타나고 있다.

3. 건강체중 만들고 유지하기

1) 에너지 균형

(1) 에너지 균형의 정의

성인기의 체중 변화는 에너지섭취량과 에너지소비량 간의 관계에 의해 이루어진다. 에너지섭취량이 에너지소비량보다 많은 것을 '양의 에너지 균형'이라고 하는데, 이때는 잉여의 에너지가 체지방으로 전환되어 축적되므로 체중이 증가하게 된다(표 4-6). 따라서 체중을 감량시키기 위해서는 '음의 에너지 균형'을 만들어 주어야 한다. 바람직한 체중감량을 위해서는 1개월에 2kg의 체지방을 감량시켜야 하는데, 체지방 2kg는 약 15,000kcal에

알아보기

- 에너지 균형(energy balance) : 에너지섭취량 = 에너지소비량
- 양의 에너지 균형(positive energy balance) : 에너지섭취량 > 에너지소비량
- 음의 에너지 균형(negative energy balance) : 에너지섭취량 < 에너지소비량

표 4-6 에너지 균형과 체중 변화

구분	그림	예
에너지소비량 > 에너지섭취량	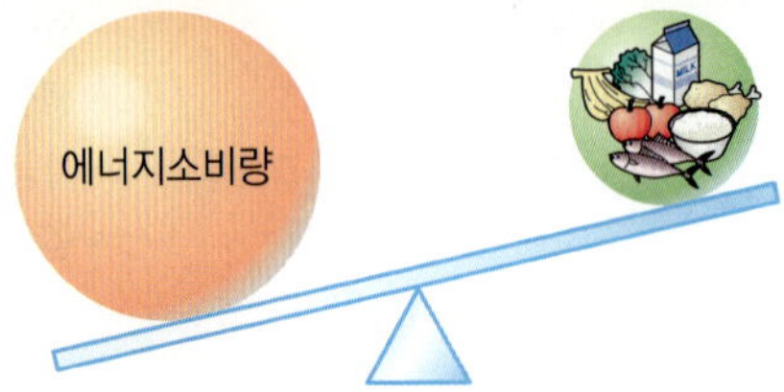	
에너지소비량 = 에너지섭취량		
에너지소비량 < 에너지섭취량		

해당하므로, 1개월에 2kg의 체지방을 감량시키기 위해서는 매일 '−500kcal 음의 에너지 균형'을 만들어 주어야 한다.

(2) 에너지섭취

에너지를 섭취하고자 하는 열망과 에너지를 섭취하는 데에 영향을 미치는 두 가지 추진력은 공복감(hunger)과 식욕(appetite)이다. 그리고 에너지섭취를 중단하게 하는 인자는 포만감이다. 공복감, 식욕, 포만감에 의한 에너지섭취량 조절(섭식 조절)은 시상하부, 중추신경계, 위장관, 간 및 지방조직 등과 같은 말초조직, 호르몬, 신경전달물질, 온도와 습도와 같은 환경요인, 기분과 스트레스와 같은 심리적 요인, 질병 등에 의한 복합적인 체계에 의해 이루어진다(그림 4-13).

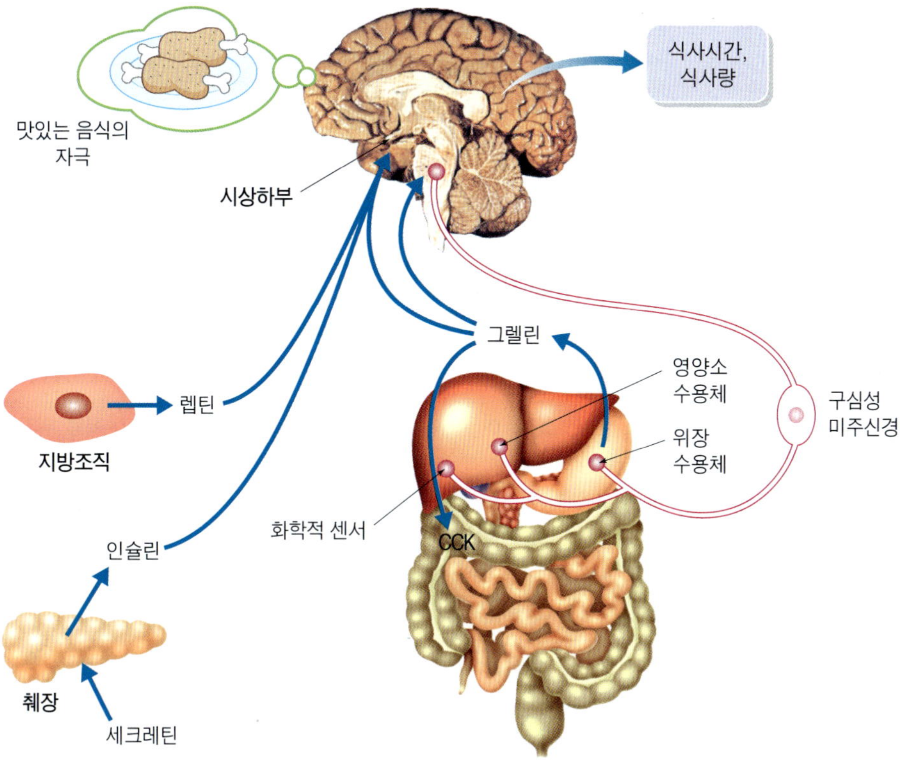

그림 4-13 사람의 섭식 조절

자료 : 대한비만학회 소아비만위원회(2006). 소아 · 청소년 비만관리지침서. 대한비만학회.

(3) 에너지소비

1일 총 에너지소비량은 기초대사량, 활동대사량, 식품섭취에 따른 에너지소비량, 적응

알아보기

비만, 어떻게 치료할까?

- 왜 살이 쪘는지 그 원인부터 찾는다.
- 식사요법을 실시한다.
- 운동을 시작하고 일상생활에서 신체활동량을 늘린다.
- 비만의 원인이 되는 행동을 수정하고 주변환경을 개선한다.
- 전문가의 도움을 받는다.

표 4-7 사람의 1일 에너지소비량 구성

구성 요소	정 의	영향을 미치는 요인
기초대사량 (BMR : Basal Metabolic Rate)	• 생명유지에 필요한 최소한의 에너지 • 총 에너지소비량의 60~70%	• BMR을 상승시키는 요소 : 남성, 체표면적이 클 때, 갑상선기능항진, 고열, 교감신경계 활성, 성장기, 임신기간, 과식, 운동
활동대사량 (TEA : Thermic Effect of Activity)	• 의식적인 근육활동에 필요한 에너지 • 활동 정도에 따라 총 에너지소비량의 15~30%	• TEA를 상승시키는 요소 : 많은 활동량 및 운동량
식품 섭취에 따른 에너지소비량 (TEF : Thermic Effect of Food)	• 식품의 소화, 흡수, 이동, 저장을 위해 필요한 에너지 • 식사의 영양구성에 따라 다름. 에너지 급원 간 비교 : 단백질 > 탄수화물 > 지방 • 섭취 또는 소비 에너지량의 약 10%	• TEF를 상승시키는 요소 : 육류 위주의 고단백질 식사
적응대사량 (AT : Adaptive Thermogenesis)	• 추위나 과식 시 적응을 위해 필요한 에너지 • 섭취 또는 소비 에너지의 약간	• AT를 상승시키는 요소 : 저온환경, 과식

대사량의 합계이다. 각 요소에 대한 정의 및 영향을 미치는 요인들은 표 4-7과 같다.

2) 비만인을 위한 체중감량방법

(1) 식사요법

① 체중감량을 위한 식사요법의 주안점 : 식사구성의 기본원칙

한국인 영양섭취기준의 권장식사패턴을 적용하여 영양균형식으로 구성한다. 소아 · 청소년은 권장식사 패턴 A타입을, 성인은 권장식사 패턴 B타입을 적용한다(표 4-8).

표 4-8 권장식사 패턴

구분	A타입(소아·청소년)					B타입(성인)			
	1,400A	1,600A	1,800A	2,000A	2,600A(kcal)	1,600B	1,900B	2,000B	2,600B(kcal)
적용대상 / 식품군	3~5세 소아	6~11세 여	6~11세 남	12~18세 여	12~18세 남	65세 이상 여	19~64세 여	65세 이상 남	19~64세 남
곡류	2	2.5	3	3	4	3	3	3.5	4
고기·생선·달걀·콩류	3	3	3	4	6	2.5	4	4	5
채소류	5	5	5	7	7	5	7	7	7
과일류	1	1	1	2	2	1	2	1	3
우유·유제품류	2	2	2	2	2	1	1	1	1
유지·당류	2	3	3	4	6	3	4	4	5

자료 : 한국영양학회(2010). 한국인 영양섭취기준.

② 1일 총 에너지필요량 구하기

1일 총 에너지필요량(kcal/일)은 자신의 신장에 대한 권장 BMI(남자 22, 여자 21)에 준하는 체중(kg)에 활동 정도에 따른 1일 체중 kg당 에너지소비량(kcal/kg BW/일)을 곱하여 구한다(표 4-9).

표 4-9 활동 정도에 따른 1일 체중(kg)당 에너지소비량

활동 정도	매우 가벼운 활동	가벼운 활동	중등도 활동	격심한 활동
에너지소비량(kcal/kg BW/일)	25	30	35	40

③ 1일 총 에너지섭취량 구하기

이상적인 체중감량을 위해 1주일에 약 0.5kg의 체지방을 감량해야 하므로, 이를 위해 1일 총 에너지섭취량이 1일 총 에너지필요량보다 500kcal 적게 되도록 한다. 그러나 식사요법과 함께 운동요법을 병행 적용하는 경우에는 500kcal 중 1일 운동으로 소비하는 에

알아보기

총당류란?

총당류(total sugars)는 식품에 존재하는 단당류와 이당류를 총칭하는 의미이다. 총당류에는 포도당, 과당, 갈락토오스, 맥아당, 설탕, 유당, 물엿, 과즙농축액 등이 포함된다. 우리나라는 영양표시에 당류(총당류) 함량을 표기하도록 되어 있으므로, 이를 참고로 하여 가공식품이나 외식 선택 시 총당류 함량이 낮은 것을 선택하도록 하는 것이 좋다. 총당류 과다섭취 시 비만, 당뇨병, 이상지혈증 등이 유발되므로, WHO는 1일 총 에너지섭취량에 대해 총당류에 의한 에너지섭취량이 10% 이내(2,000kcal/일 섭취 시 총당류 섭취량은 50g/일 이내임)가 되도록 할 것을 권고하였다.

영 양 성 분

1회 제공량 1개(122g)
총 1회 제공량 (122g)

1회 제공량당 함량		*% 영양소기준치
열량	515kcal	
탄수화물	80g	24%
당류	35g	
단백질	11g	18%
지방	17g	34%
포화지방	7g	47%
트랜스지방	0.0g	
콜레스테롤	0.0mg	0.0%
나트륨	2,370mg	117%

*% 영양소기준치 : 1일 영양소기준치에 대한 비율

우리나라의 영양표시

너지량(표 4-10)을 제외시키고 남은 에너지량만큼을 덜 섭취하도록 한다.

④ 에너지 급원 간의 구성 비율 정하기

- 1일 총 에너지섭취량이 결정되었으면 이를 섭취하기 위한 에너지 급원 간의 구성 비율을 정한다.
- 식사구성 시 이 비율은 19세 이상 성인의 경우 탄수화물 55~70%, 단백질 7~20%, 지방 15~25%로 정하는 것이 바람직하다.

⑤ 끼니별 에너지 섭취 비율과 끼니당 식사시간 정하기

- 체중감량을 위한 식사구성 시 끼니별 에너지 섭취 비율은 1일 총 에너지섭취량 중 간식으로 섭취하는 비율인 10% 정도를 제외하고, 나머지 90%를 가지고 아침 : 점

표 4-10 신체활동별 에너지소비량

활 동		에너지소비량(kcal/kg BW/hr)
매우 가벼운 활동	수면	0.9
	누워 있기, 앉아 있기	1
	운전, 바느질, 서있기, 다림질	1.3~1.5
가벼운 활동	걷기(시간당 4~5km), 설거지	1.7~2.0
	쇼핑, 탁구, 골프	2.6~2.9
중등도 활동	걷기(시간당 6~7km)	4.1~4.3
	걸레질, 자전거 타기	
격심한 활동	짐들고 언덕 올라가기	8.0~8.4
	수영, 농구, 축구, 등산	

심 : 저녁에 3 : 3 : 2 또는 3 : 3 : 1로 나누어 섭취하도록 정하는 것이 바람직하다.

- 간식을 통해 1일 총 에너지섭취량의 10% 정도를 섭취하며, 간식으로 고열량 · 저영양 식품은 피하고 과일, 채소, 우유 위주로 섭취한다.
- 끼니당 식사시간은 20분 이상이 되도록 한다.

⑥ 식품군별 식품 선택과 조리방법 정하기

끼니별로 가능한 한 다양한 식품과 저열량 조리방법으로 식사를 구성한다. 식품군별 식품 선택 시 다음 사항에 유의한다.

식품군별 식품 선택하기

- 곡류 : 주식으로 섭취하는 밥, 국수, 식빵 등이 해당된다. 이 식품군에 해당하는 식품은 식이섬유 섭취를 늘리고 저혈당지수식품을 섭취하기 위해 잡곡 위주와 총당류 함량이 낮은 식품 위주로 선택한다.
- 고기 · 생선 · 달걀 · 콩류 : 이들 식품을 골고루 선택하며, 고기의 경우 살코기 위주로 선택한다. 지방 함량이 높은 식품을 이용할 경우에는 유지류를 추가 사용하는 것으로 간주해야 한다.

• 채소류 : 나트륨의 목표섭취량(나트륨 2,000mg/일, 소금으로 5g/일)을 맞추기 위해 가급적 싱겁게 조리하도록 하며 국, 찌개류의 경우에는 가능한 한 건더기 위주로 섭취하도록 한다.

• 과일류 : 식이섬유의 섭취를 늘리고 총당류 섭취를 낮추기 위해 주스보다는 생과일을 섭취하도록 한다.

• 우유 · 유제품류 : 총당류 섭취를 낮추기 위해 가당 제품(맛우유 등)을 선택하지 않도록 한다.

• 유지 · 당류 : 식용유, 버터, 마요네즈, 설탕, 물엿 등이 포함된다. 조리시 양념으로 사용하며, 가능한 한 적게 섭취하도록 한다. 지방급원식품은 다가불포화지방산 · 단일불포화지방산 · 포화지방산의 비율과 n-3 지방산 · n-6 지방산의 비율을 고려하여 선택한다.

조리방법 정하기

• 튀김, 볶음, 전 등의 조리방법보다는 찌기, 데치기, 굽기의 조리방법을 사용한다. 너무 짜고 맵게, 그리고 양념을 진하게 하는 것은 피하고 천연 향신료를 활용하여 담백하게 조리하도록 한다(그림 4-14).

• 가공식품과 패스트푸드 구입 시 식품표시사항(영양표시, 원재료명 등)을 확인한다.

그림 4-14 저열량 조리방법

⑦ 외식 시 고려사항

- 대부분의 외식 메뉴는 에너지 함량이 높으므로 외식은 자제한다.
- 가능하면 다양한 식품과 함께 채소류가 충분히 포함된 메뉴를 선택한다.
- 세트 메뉴보다 필요한 음식만 간단히 골라 먹을 수 있는 메뉴를 선택한다.
- 술, 후식, 늦은 외식은 피한다.
- 작은 사이즈로 선택하며, 자신의 허용 에너지량만큼만 덜어 먹는다.
- 튀김이나 볶음처럼 기름을 많이 사용한 조리법이나, 육류 위주의 고지방 음식으로 구성된 메뉴는 피한다.
- 자극적인 음식, 짠 음식, 지나치게 단 음식은 피한다.
- 열량이 낮은 음식부터 천천히 먹는다.

⑧ 체중감량을 위한 식단작성 실제

신장 164cm, 체중 70kg으로 중등도 활동을 하면서 매일 20분씩 빠르게 걷기 운동을 하고 있는 21세 K 양을 위한 체중 감량 식단을 작성해 보도록 한다.

- **체중 감량 목표** : 1주일에 0.5kg 감량, 1개월에 2kg 감량
- **K 양의 건강체중 구하기** : 자신의 키에 대한 BMI 21에 해당하는 건강체중을 구한다.

$$(1.64 \times 1.64) \times 21 = 56.5\text{kg}$$
$$\therefore \text{ 약 } 56\text{kg}$$

- **1일 총 에너지필요량 구하기** : 건강체중×1일 체중 kg당 에너지소비량(중등도 활동 시 에너지소비량은 35kcal/kg BW/일임)(표 4-9)

$$56\text{kg} \times 35\text{kcal/kg BW/일} = 1{,}960\text{kcal/일}$$

- 1일 20분간 빠르게 걷기로 소비하는 에너지량 구하기(표 4-10)

70kg×4.1kcal/kg BW/hr×2/6hr

=95.7kcal

∴ 약 100kcal

1일 총 에너지섭취량 구하기 : 1일 총 에너지필요량kcal/일−500kcal/일(운동 시에는 운동에 의한 1일 에너지소비량만큼을 감해줌)

1,960kcal/일−(500−100)kcal/일=1,560kcal/일

∴ 약 1,500kcal/일

에너지 급원 간의 구성비율 정하기 : 탄수화물 55~70%, 단백질 7~20%, 지방 15~25%

탄수화물 : 1,500kcal/일×(55~70%)=825~1,050kcal/일

단백질 : 1,500kcal/일×(7~20%)=105~300kcal/일

지방 : 1,500kcal/일×(15~25%)=225~375kcal/일

끼니별 에너지 섭취 비율과 끼니당 식사 시간 정하기

- 간식으로 섭취하는 에너지 비율 : 약 10%(150kcal)
- 나머지 90%의 에너지량(1,350kcal)을 아침 : 점심 : 저녁에 3 : 3 : 2로 나누어 섭취함.

아침 : 1,350×0.375(3/8)=약 510kcal

점심 : 1,350×0.375(3/8)=약 510kcal

저녁 : 1,350×0.25(2/8)=330kcal

1일 1,500kcal 식사를 위한 끼니별 식품구성과 조리방법 정하기

- 끼니별 식품구성은 표 4-11과 같이 함.
- 조리방법은 그림 4-14와 같이 저열량 조리방법을 적용함.

표 4-11 1일 1,500kcal(B타입) 식사를 위한 끼니별 식품구성

식품군	곡류	고기 · 생선 · 달걀 · 콩류	채소류	과일류	우유 · 유제품류	유지 · 당류
1일 총 권장 섭취횟수	2.5	4	5	1	1	2.5
아 침	0.9	1.5	2	0	0	1.0
점 심	0.9	1.5	1	0	0	1.0
저 녁	0.5	1	2	0	0	0.5
간 식	0.2	0	-	1	1	0

표 4-12 체중감량을 위한 1일 1,500kcal 식단의 예

구 분	구 성	그 림
아 침	밥 2/3 공기 호박된장국 1/2대접 표고버섯쇠고기산적 시금치나물 배추김치	
점 심	현미밥 1공기 미역국 1/2대접 조기구이(小) 콩나물 배추김치	
저 녁	콩밥 1공기 순두부찌개 1/2대접 곤약채소조림 오이무침 배추김치	
간 식	우유 커피(블랙) 귤	

자료 : http://nutrition.kfda.go.kr

(2) 운동요법

① 체중감량을 위한 운동요법 적용의 필요성

체중감량을 위해 저열량식사만을 섭취하면 기초대사량이 감소하여 체중감량이 효율적으로 이루어지기 어려울 뿐만 아니라, 체중감량 후 다시 체중이 증가하는 요요현상이 나타나기 쉽다. 따라서 식사요법과 함께 운동요법을 병행 적용하면 체지방감량이 효율적으로 일어나고, 요요현상이 일어나는 것을 막을 수 있으며, 근육량 증가를 동시에 도모할 수 있는 이점이 있다(그림 4-15).

알아보기

체중감량을 위한 운동요법의 효과

- 활동대사량과 기초대사량을 증가시켜 에너지소비량을 증가시킨다.
- 체지방량은 감소시키고, 근육량은 증가시킨다.
- 요요현상을 방지한다.
- 심혈관계 질환 및 인슐린 저항성을 낮추고, 혈중 지질농도를 정상화시키며, 면역력을 높여준다.
- 기타 자존감 향상, 대인관계 향상, 사회적 건강 증진, 팀워크능력 향상, 스트레스 해소 등의 효과가 있다.

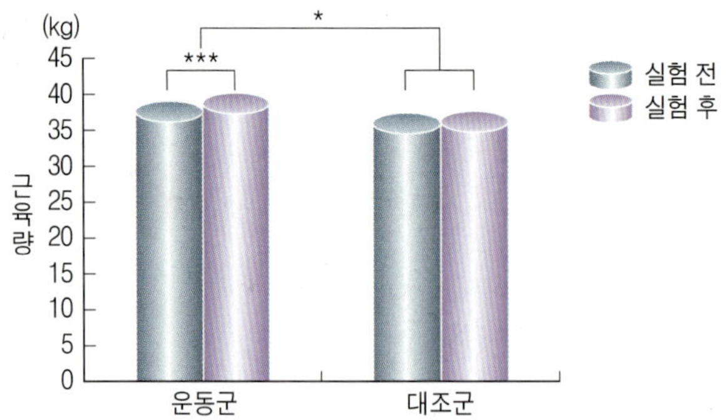

$*p < 0.05$ $***p < 0.001$

그림 4-15 운동이 비만인의 근육량 증가에 미치는 영향

자료 : 서상훈(2009). 신체활동-멋지고 활기찬 미래를 위한 선택. 2009년 대한비만학회 춘계학술대회 및 제18회 연수강좌 자료집, 145-164.

알아보기

체중감량을 위한 운동요법 실제

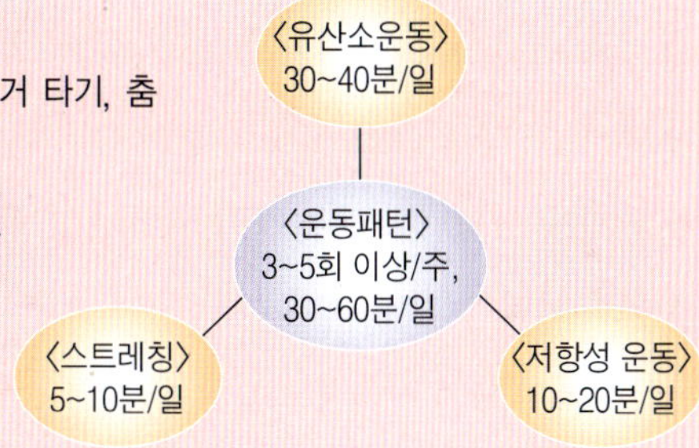

- **유산소운동** : 빠르게 걷기, 조깅, 수영, 자전거 타기, 춤추기, 배드민턴, 테니스 등
- **저항성 운동** : 웨이트 트레이닝, 역도, 팔굽혀 펴기, 윗몸 일으키기 등
- **스트레칭** : 체조, 요가 등

250kcal를 소비하려면 어떤 운동을 얼마큼 해야 할까?

농구 30분

배드민턴 30분

춤추기 40분

골프 45분

하이킹 55분

에어로빅 40분

[예]

에너지섭취량	운동으로 에너지 소비하기
햄버거 1개 + 콜라 1잔 = 500kcal	춤추기 80분, 배드민턴 60분, 농구 60분
라면 1개 + 달걀 1개 = 500kcal	

② 체중감량을 위한 운동요법 원칙

- **운동량** : 1일 총 에너지섭취량의 10%를 소비하는 수준
- **운동빈도** : 주 3~5회 이상 꾸준히 규칙적으로 한다.
- **운동시간** : 1일 30~60분간, 지속적으로 한다.
- **운동의 선택**
  - 자신이 좋아하고 지속적으로 할 수 있는 것을 선택한다.
  - 유산소운동을 위주로 하면서 저항성운동과 스트레칭을 병행한다.
  - 저항성운동은 주 2회 이상 실시한다.
- 컴퓨터 게임, TV 시청 등을 1일 1~2시간 미만으로 제한한다.

(3) 행동수정요법

① 행동수정요법의 정의

행동수정요법은 비만의 원인이 되거나 비만을 유지하게 하는 잘못된 식사행동과 신체활동습관을 포함하는 생활환경을 개선함으로써, 체중감량을 효율적으로 할 수 있도록 지원하는 것이다.

② 행동수정요법의 단계

행동수정요법의 단계 및 행동수정을 위한 점검일지에 대한 예는 그림 4-16, 그림 4-17

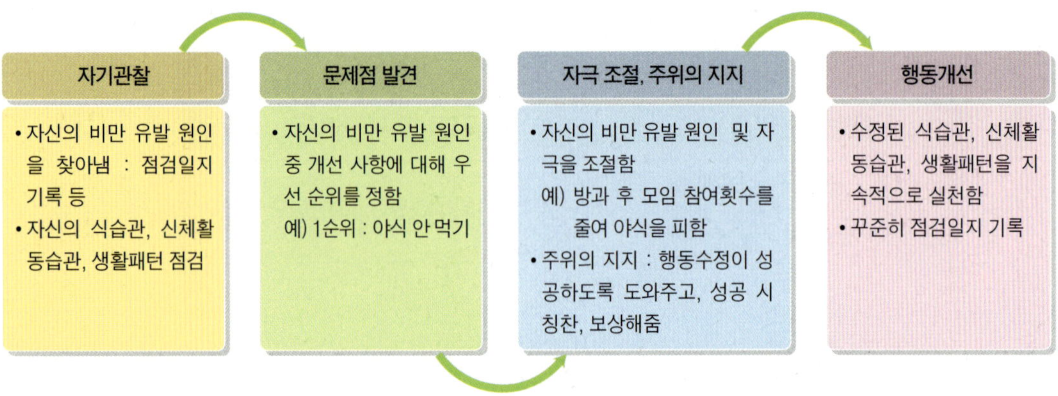

그림 4-16 행동수정요법의 단계

<table>
<tr><th colspan="3">○○○○년 ○○월 ○○일</th></tr>
<tr><td rowspan="2">오늘 먹은 음식</td><td>종류</td><td>양</td></tr>
<tr><td></td><td></td></tr>
<tr><td rowspan="2">오늘 한 운동</td><td>종목</td><td>시간</td></tr>
<tr><td></td><td></td></tr>
<tr><td>개선할 점</td><td colspan="2"></td></tr>
<tr><td>내일 계획</td><td colspan="2"></td></tr>
</table>

그림 4-17 행동수정을 위한 점검일지

과 같다.

③ 체중감량을 위해 꼭 실천해야 할 식사행동수정 내용

정규식사를 통한 칼로리 섭취를 줄이기 위한 tip

- 먹을 때와 먹지 않을 때, 먹는 장소와 먹지 않는 장소를 확실히 구분한다.
- 하루 3회 식사하는 것을 지킨다.
- 식사는 정해진 시간에, 정해진 장소에서만 한다.
- 식사는 앉아서 한다.
- 먹는 양을 항상 일정하게 한다.
- 아침 식사는 꼭 한다.
- 다른 행동(TV 시청 등)을 하면서 식사를 하지 않는다.
- 식사를 구성할 때에는 자연식품을 주로 이용하고 인스턴트식품을 가급적 이용하지 않는다.
- 적은 양의 식사를 섭취할 때에도 식품을 골고루 섭취하도록 한다.
- 너무 늦게 먹지 않는다.

- 음식은 맛을 음미하면서 천천히 먹어 과식하지 않도록 한다.
- 배가 고파 견딜 수 없을 때에는 열량이 낮은 식품을 먹어 허기를 면하게 한다.
- 설탕, 지방, 소금섭취를 줄인다.
- 작은 식기를 이용한다.

간식 및 음료를 통한 칼로리 섭취를 줄이기 위한 tip

- 세 끼 식사를 제대로 하여 간식으로 식사를 대신 하지 않도록 한다.
- 간식은 1일 1~2회로 오전이나 오후에 섭취하되, 야간에 섭취하는 것은 피한다.
- 불가피하게 간식을 먹을 경우 1~2개만 따로 덜어 먹는다.
- 음료는 물, 녹차, 블랙커피 등으로 대신하고 커피음료, 과즙음료, 청량음료, 스포츠 음료, 드링크 및 기타 가당음료를 피한다.
- 저열량 간식을 섭취한다.
- 자주 섭취하는 간식의 1회 제공량당 열량을 알고 간식 선택 시 적용한다.
- 눈에 띄는 곳에 간식을 두지 않는다.

외식을 통한 칼로리 섭취를 줄이기 위한 tip

- 외식섭취 빈도를 줄인다.
- 저열량음식 위주로 선택한다.
- 외식 주문 시 외식 메뉴 영양표시를 활용하여 열량이 높은 음식을 선택하지 않도록 한다.
- 자주 섭취하는 외식의 1회 제공량당 열량을 알고 외식 선택 시 적용한다.
- 1인 분량이 적은 음식 위주로 선택한다.
- 소량만 주문한다.
- 세트 메뉴의 이용을 자제한다.
- 서비스로 제공되는 음식을 많이 먹지 않도록 한다.
- 뷔페를 이용할 때에는 미리 먹을 음식의 종류와 양을 계획하고 한 번에 많은 양을 담지 않도록 한다.
- 외식 전에 미리 굶지 않는다.
- 양이 많은 경우 미리 덜어내고 먹는다.

케이크 1조각
(330kcal)

도넛 1개
(220kcal)

미니 초콜릿 3개
(110kcal)

아이스크림 1컵
(160kcal)

콜라 1캔
(130kcal)

캐러멜 6개
(100kcal)

밀크쉐이크 1컵
(340kcal)

떡볶이 1인분
(480kcal)

그림 4-18 주요 간식의 1회 제공량당 열량

자료 : 1) 대한영양사회 · 삼성서울병원(1999). 사진으로 보는 음식의 눈대중량.
2) 손숙미 외(2004). 다이어트와 체형관리. 교문사.

- 채소류부터 먹기 시작한다.
- 에피타이저나 후식의 섭취를 줄이고 주 요리 위주로 먹는다.
- 음주량을 절제한다.

④ 체중감량을 위해 꼭 실천해야 할 신체활동습관 수정사항

- 컴퓨터 사용과 텔레비전 시청을 줄인다.
- 체조, 산책, 자전거 타기 등을 한다.
- 학교 또는 직장을 오갈 때 가능하면 걸어 다닌다.
- 잠자기 전후에 스트레칭을 한다.
- 엘리베이터나 에스컬레이터보다는 계단을 이용한다.
- 쉬는 시간이나 점심 시간에 앉아서 환담을 나누는 대신 걸으며 산책을 즐긴다.
- 끊임 없이 몸을 움직인다.

3) 체중감량 후의 요요현상 막기

체중감량이 끝났다고 방심하면 체중이 다시 원상태로 돌아가기 쉬운데, 이를 요요현상이라고 한다. 체중감량과 요요현상이 반복되면 체중조절 시도 전보다 체중이 더 증가될 수도 있으므로 유의해야 한다. 요요현상을 막기 위해서는 다음과 같은 점에 유의해야 한다.

(1) 체중감량과정이 과학적이어야 한다

체중감량 시 저열량균형식의 식사요법과 운동요법을 병행 적용해야 한다. 무리한 단식이나 원 푸드 다이어트요법 등을 적용해 체내 영양소 균형을 깨면 몸 안에 부족한 영양소를 무의식적으로 보충하려는 체내 방어반응이 일어나 체중감량 후에 식욕이 과도하게 항진되어 체중 재증량이 나타난다.

(2) 체중감량과정 중 발생하는 절약대사로 인해 체중 재증량이 되는 것을 막는다

인체는 체중감량과정에서 이에 대한 방어기전으로 기초대사량이 저하되어 에너지소비량이 감소하는 절약대사가 일어나게 된다. 이 결과 체중감량 후 에너지섭취량이 조금만 초과되어도 체중 재증량이 되기 쉬우므로, 체중감량을 위한 식사요법 적용이 끝난 후에도 감량된 체중을 유지할 수 있는 식사요법을 계속해서 적용해야 한다. 그리고 체중이 감량된 만큼 전보다 에너지소비량이 감소하므로, 최소한 한 달 이상의 시간을 두고 천천히 감량된 체중을 유지할 수 있는 정도로만 에너지섭취량을 늘려나가야 한다.

(3) 감량된 체중을 유지하기 위해서 열량만큼 질도 고려한 식사를 한다

같은 열량을 섭취해도 지방은 탄수화물보다 체지방으로의 전환율이 높다. 따라서 체중감량 후에도 꾸준히 영양균형식 섭취를 실천해야 한다.

(4) 감량된 체중을 유지하기 위해 체중감량 후에도 운동을 생활화한다

체중감량을 위한 운동요법이 끝난 후에도 체중감량에 따른 에너지소비량이 감소하는 것을 막기 위해, 유산소운동과 저항성 운동을 병행 실시하여 체지방량의 증가를 막고 근육량을 유지·증가시키도록 해야 한다.

4) 저체중인을 위한 체중증량

저체중은 에너지섭취량 부족, 소화 · 흡수 불량, 식이이용률 감소, 과도한 활동, 소모성 질환(암, 갑상선기능 항진증 등), 심리적 요인 등을 포함하는 다양한 요인에 의해 발생된다. 저체중 시 체중을 증량시키기 위해서는 저체중에 대한 원인을 규명해야 하며, 저체중을 가졌다 하더라도 건강하다면 굳이 체중증량을 위해 애쓸 필요는 없다. 저체중 시 체중증량을 위해서는 식사횟수를 늘리고 고열량 음식을 섭취하여 에너지섭취량을 늘리며, 저항성 운동을 병행하여 근육량을 증가시켜주는 것이 좋다.

저체중인이 에너지섭취량을 늘리기 위한 예로서 물 대신 우유나 주스를 마시거나, 고지방조리법에 의한 고열량음식의 섭취량을 늘리는 것을 들 수 있다.

4. 여성의 생애주기별 비만

여성에게는 일생을 통해 볼 때 체중이 증가하기 쉬운 특별한 시기들이 있다. 특히 여성은 생애주기에 따라 임신, 출산, 폐경기에 비만에 취약한 상황에 놓이게 되며, 생활환경이 바뀌는 여대생시기, 직장생활시기, 결혼생활시기에도 체중이 증가하기 쉽다. 따라서 여성들은 이 시기들을 표적화하여 미리 비만 예방을 위한 대비책을 마련해 둘 필요가 있다.

1) 여대생 비만

여대생 시기는 일반적으로 체중 변화가 거의 없는 시기이다. 그러나 여대생의 식사행동은 불량한 경향이 있고, 이는 대학 입학 후 여대생의 체중 증가에 대한 원인이 될 수 있다. 여대생의 식사행동이 불량하기 쉬운 구체적인 이유로 대학생활 시작과 함께 고등학교까지의 타율적인 생활로부터 독립적인 생활로 전환됨에 따른 부적응으로 식사가 흐트러지기 쉬운 점, 학업상 타지에서 혼자 식생활을 관리하는 경우가 많은 점, 개인의 식사시간을 고려하지 않은 무리한 수강신청이나, 과중한 학업 또는 아르바이트 수행 등으로 인해 식사시간을 자주 놓치는 점, 외식이나 인스턴트식품을 자주 섭취하는 점, 모임 등

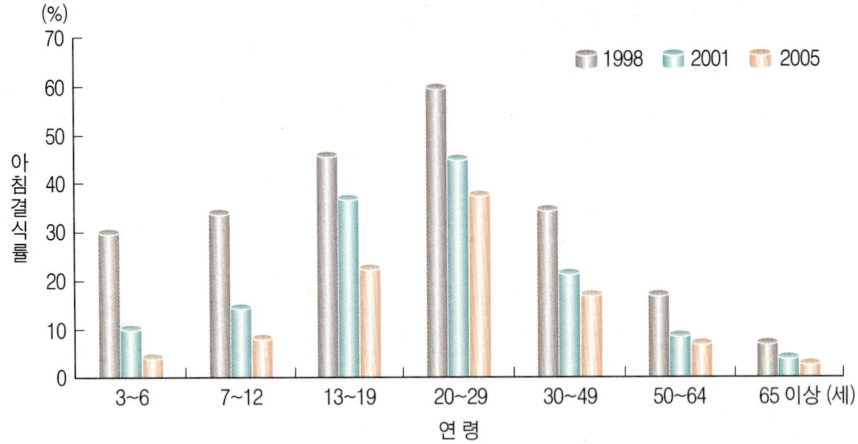

그림 4-19 우리나라 연령별 아침 결식률의 연차적 추이

자료 : 질병관리본부 · 한국보건산업진흥원(2007). 국민건강영양조사 제3기(2005) 심층분석 : 영양부문.

으로 야식과 음주 기회가 늘어나는 점, 외모에 대한 관심 고조에 따른 무리한 다이어트 실시 등을 들 수 있다. 이와 같은 불량한 식사행동이 반복됨에 따라 여대생은 대학 입학 후 자신도 모르는 사이에 체중이 증가할 수 있으며, 특히 대학생활에 아직 적응이 안 된 신입생 시기에 체중 증가 현상이 나타나기 쉬우므로, 여대생은 대학 입학 후에 맞게 되는 새로운 환경으로 인한 체중 변화에 유의해야 한다.

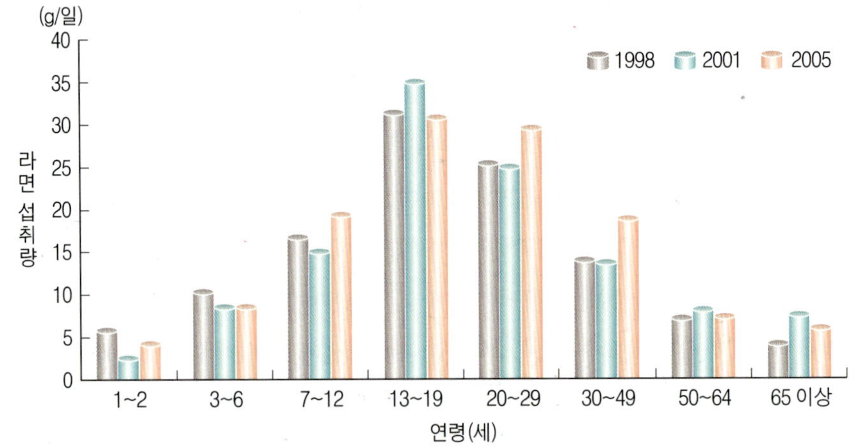

그림 4-20 우리나라 연령별 라면(용기면 포함)섭취량의 연차적 추이

자료 : 질병관리본부 · 한국보건산업진흥원(2007). 국민건강영양조사 제3기(2005) 심층분석 : 영양부문.

최근의 국민건강영양조사 결과, 20대의 아침 결식률, 라면섭취량, 탄산음료섭취량, 맥주와 소주의 섭취량은 전체 생애주기 중 상위권인 반면, 우유섭취량은 20대에 들어 이전 시기보다 급격히 낮아지는 양상으로 나타나, 전체 생애주기로 볼 때 20대의 식사행동이 바람직하지 않음과 함께 20대의 식사행동과 여대생 비만 간에 관련성이 있을 수 있음을 시사해 주었다(그림 4-19, 그림 4-20).

2) 직장여성 비만

직장여성은 시간 부족 등으로 식사를 소홀히 하기 쉽고 운동할 시간을 갖기 어려워 체중이 증가하기 쉽다. 이 점에서 사무직에 종사하는 여성의 에너지소비량은 타직종에 비해 낮아, 사무직 여성의 경우 비만 발생 위험도가 높다. 직장여성의 비만 원인이 되는 불량한 식사행동으로는 잦은 회식, 야식, 음주, 아침 결식, 스트레스성 과식 등을 지적할 수 있다(표 4-13). 또한 직장 업무 수행을 위한 잦은 국내 · 외 출장으로 식사시간과 식사내용이 평소와 다르게 변경될 수 있고, 출장 일정상 빠른 시간 내에 식사를 마쳐야 하는 점도 들 수 있다. 이 밖에도 직장여성은 바쁜 업무로 인해 총당류나 지방 함량이 높은 식품으로 식사를 대충하고 단 음료를 자주 섭취하는 경향이 있는데(표 4-14), 직장여성의 경우 테이크아웃 커피로부터 하루에 섭취하는 열량의 1/3~1/4 정도를 섭취하는 사례가 나타나고 있음도 지적할 수 있다(그림 4-21). 이와 같은 원인들에 의해 불량해진 직장여성의 식사행동이 장기화될 때, 직장여성 비만이 유발되게 된다.

직장여성이 비만할 경우 남성에 비해 사회적 편견과 차별을 더 많이 받아 원만한 사회

표 4-13 외식 메뉴 1인분당 열량

한 식		중 식		양 식	
된장찌개 + 밥	비빔밥	자장면	볶음밥 + 자장	돈가스정식	오므라이스

440kcal	485kcal	660kcal	720kcal	870kcal	520kcal

자료 : 손숙미 외(2004). 다이어트와 체형관리. 교문사.

알아보기

직장여성을 위한 비만 예방 tip

- **식사를 규칙적으로 한다** : 직장여성들이 끼니를 거르면 식사대용 식품, 테이크 아웃 식품 등을 이용하여 식사를 대체하는 경우가 많은데, 이 식품들의 영양조성에 대한 정확한 이해 없이 식품을 선택할 때 고열량섭취와 함께 영양불균형을 초래하기 쉽다.
- **불필요한 간식 또는 음료 섭취를 조절한다** : 직장여성의 경우 간식을 섭취하게 되는 경우가 많은데, 간식섭취 시 섭취량을 제대로 인지하지 못하는 경우가 많고 대개 한 번에 먹는 간식량이 많지 않아, 간식을 통한 열량섭취량을 간과하기 쉽다. 그러나 간식을 통한 열량섭취량이 상당량 되는 경우가 많으므로, 무분별한 간식섭취에 유의해야 한다.
- **외식 시 열량섭취가 많지 않고 영양소가 골고루 함유된 메뉴를 선택하도록 한다** : 외식의 종류에 따라 열량과 영양구성에 큰 차이가 있으므로, 가능하면 열량 밀도가 낮고 영양적으로 균형된 메뉴를 선택하는 것이 바람직하다.
- **음주를 주의한다** : 음주는 비만, 특히 복부비만의 위험요인이므로, 직장여성은 체중관리를 위해 음주에 대한 주의가 필요하다. 우리나라 음주문화 특성상 일단 술자리에 참석하게 되면 음주량을 조절하기 어려우므로, 술자리를 갖는 횟수를 줄이고 음주량과 함께 안주섭취량이 많지 않도록 주의해야 한다.
- **신선한 채소의 섭취를 의식적으로 늘린다** : 직장생활의 제약조건으로 인해 신선한 채소 섭취가 부족하기 쉽기 때문에 평소 식사에서 신선한 채소를 충분히 섭취하도록 의도적으로 노력한다.
- **평소에 저열량식품을 준비해 둔다** : 식사 때가 아니어도 무엇인가 먹고 싶은 충동을 느끼게 되는 때에 대비하여 평소에 저열량식품을 준비해두면 열량섭취가 많아지는 것을 방지할 수 있다.

자료 : 김은미(2008). 직장인을 위한 식사요법. 2008 대한비만학회 추계학술대회 및 제17차 추계연수강좌 자료집, 193-197.

적 관계를 형성하고 유지하는 데에 고충을 안게 되어 우울증 등의 심리장애를 겪는 경우가 있는 것으로 알려졌다. 따라서 직장여성은 시간과 여건상 체중관리에 소홀하기 쉬운 환경에 놓여 있음을 인지하고, 바쁜 생활 속에서도 자신의 체중관리를 위해 균형잡힌 식사를 하고 신체활동량을 늘릴 수 있는 방안을 찾아 실천하는 것이 필요하다고 하겠다.

표 4-14 주요 간식 중의 설탕 함량

식품		무게(g)	설탕 함량 (식품의 설탕 함유율 %, 무게비)	식품 중 설탕 함량 표시	
				병당 10g	각설탕 (개당 2.5g)
	초콜릿 쿠키 1개	19	8.3(43.6)		각설탕 $3\frac{1}{2}$개
	녹차케이크 1조각	56	10.0(17.8)		각설탕 4개
	컵 케이크 1개	69	22.2(32.2)	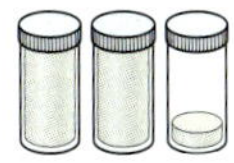	각설탕 9개
	카푸치노 1잔	150	10.0(6.6)		각설탕 4개
	메론주스 1잔(가당제품)	360	24.0(6.6)	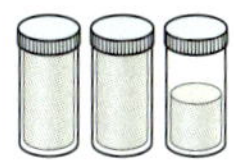	각설탕 $9\frac{3}{5}$개
	초콜릿 1조각	10	6.0(60.0)		각설탕 $2\frac{2}{5}$개

자료 : 김선효 외(2008). 대전시 청소년의 간식을 통한 첨가당 섭취량 조사 및 청소년의 올바른 설탕 섭취를 위한 영양교육자료 개발. 한국가정과학회지, 11(1) : 5-19.

화이트 초콜릿 모카 (340kcal)

아이스 카라멜 라떼 (310kcal)

카라멜 카페 라떼 (305kcal)

카라멜 마키아토 (300kcal)

아이스 카페 모카 (225kcal)

아이스 카페 라떼 (220kcal)

아아스 카푸치노 (120kcal)

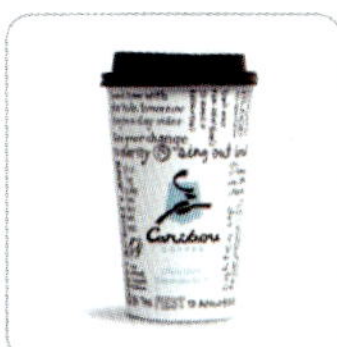
편의점 커피 (90kcal)

자판기 커피 (50kcal)

아메리카노 (10kcal)

그림 4-21 커피 종류별 1회 제공량당 열량

3) 기혼 여성 비만

결혼이 여성생활에 미치는 영향은 광범위하다. 결혼에 따른 여성의 식생활 변화를 보면, 결혼 전에 자기 중심적으로 이루어졌던 식생활이 결혼 후에 가족 중심으로 전환됨에 따라, 기혼 여성 자신의 식사횟수, 식사내용, 식사량 등이 달라질 수 있다. 더욱이 대부분의 기혼 여성은 가정의 식생활관리를 책임지고 있기 때문에 배우자를 포함한 가족 간에 식생활의 조화를 이루기 위해 자신의 결혼 전 식습관을 바꿔야 하는 경우가 종종 있다. 예를 들어 기혼 여성의 경우 결혼 전에 비해 가족의 영향으로 저녁 식사가 늦어지고, 야식을 먹으며, 식사내용도 고열량 음식 위주로 바뀐데다가, 가사활동과 육아 등으로 인해 신체활동량까지 감소되었다면, 기혼 여성의 체중이 증가될 수밖에 없다. 따라서 기혼 여성들 사이에서 결혼으로 인해 체중이 증가하는 사례가 종종 나타나고 있으므로, 기혼 여성의 체중관리를 위해 자신의 노력과 함께 가족의 협조가 필요하다고 하겠다.

4) 산후 여성 비만

임신 중 체중 증가는 임신기능을 정상적으로 수행하기 위해 이루어진다. 그러나 임신과 출산 후에 체중 관리를 어떻게 하는가는 산후 여성 비만의 중요한 원인이 되고 있으며, 또한 중년기 여성 비만에도 미치는 영향이 크다. 산후 여성 비만에 대한 위험 요인을 찾고자 한 연구에서, 출산한지 1년 후에 임신 전보다 4.5kg 이상의 체중 증가를 가져온 요인으로서, 임신 시 음식섭취가 과도하게 증가했을 때[OR(odds ratio)=3.48], 임신 전의 체중이 많을 때(OR=1.93), 임신부의 나이가 20세 이하일 때(OR=5.68), 임신기간 중에 실제 체중 증가량이 권유 체중 증가량보다 많을 때(OR=3.23) 등이 보고되었다. 이 밖에도 임신 횟수가 많은 경우, 초산 연령이 높은 경우, 모유 수유를 하지 않은 경우, 출산 후 산욕기에 고열량 보양식을 집중적으로 섭취한 경우, 산후 우울증이 발생한 경우 등에 산후 여성 비만 발생 위험도가 높아지는 것으로 나타났다.

산후 여성 비만문제는 분만 후 6개월~1년 안에 가급적 빨리 해결해야 한다. 산후 여성 비만을 방지하기 위해서는 적절한 식사관리, 활동량 증가, 걷기 등의 가벼운 운동 실시, 하루 2시간 미만의 TV 시청, 산후 우울증 관리, 빠른 직장 복귀 등이 필요하다. 또한

알아보기

산후 여성 비만 증례

내 용	첫 출산			두 번째 출산		
	임신 전	출산 전	산후 6개월경	산후 1년경	분만 전	현 재
체중(kg)	52	75	69	67	89	76
체중변화(kg)	기준	+23	+17	+15	+37	+24
BMI(kg/m²)	20.3	29.2	26.9	26.1	34.7	29.6

- **활동량** : 두 번째 출산 후 생긴 산후 우울증으로 무기력, 두통, 심한 피곤을 호소하고, 집안 일과 시장보기 이외에는 특별한 운동을 하지 않는다.
- **식사행동** : 식욕이 좋으며, 식사를 빨리 하는 편으로 하루에 세 끼를 먹는다. 주 2회 이상 폭식하는 경향이 있고 기름진 음식, 패스트푸드, 칼국수, 빵을 즐긴다. 또한 간식으로 냉커피, 탄산음료, 아이스크림, 과일 스낵 등을 먹는다.

자료 : 박은주(2003). 산후비만의 기전과 중요성 -우리나라 산후비만을 중심으로-. 2003 대한비만학회 제6회 연수강좌 자료집, 96-104.

출산 후 첫 6개월 동안 매월 약 0.5~1kg씩 체중을 감량하도록 하여 최종적으로 임신 전 체중을 유지하는 데에 목표를 두어야 한다.

표 4-15 IOM의 임신 전 체질량지수(BMI)에 따른 임신 중 체중 증가 권고지침

임신 전 BMI(kg/m²)	임신 중 체중 증가(kg)	임신 1기 체중 증가(kg)	임신 1기 이후 주당 체중 증가(kg)
< 19.8	12.7~18.1	2.3	0.49
19.8~26.0	11.3~15.9	1.6	0.41
26.1~29.0	6.8~11.3	0.9	0.30
≥ 29.1	6.8	—	—

주 : IOM(Institute of Medicine).

5) 폐경기 여성 비만

폐경(menopause)이란 난소기능부전으로 인하여 주기적인 생리가 사라지는 현상을 말한다. 여러 연구 보고에 의하면 폐경 무렵에 체중 및 체지방의 증가가 가속화되는데, 초기 폐경기 여성들을 36개월간 전향적으로 관찰한 결과, 이 기간 동안 평균 5kg의 체중 증가과 함께, 신체성분 중 체지방량이 유의적으로 증가하는 것이 관찰되었다. 이처럼 폐경에 의해 여성의 비만율이 급격히 높아지는 것은 2007 국민건강통계를 통해서도 알 수 있는데, 본 조사에서 우리나라 성인 남녀의 연령별 비만율 변화 양상은 20~40대까지는 남자가 여자보다 높다가, 여성의 폐경기에 해당하는 50대부터는 여자의 비만율 증가폭이 남자보다 커서 50대 이상에서는 여자가 남자보다 비만율이 높은 것으로 나타났다.

폐경기 여성에서 체중 증가는 폐경에 따른 난소기능부전으로 여성호르몬 분비량이 급격히 감소함에 대한 보상작용으로 체지방합성량이 증가함과 동시에, 노화에 따른 기초대사량 감소로 인해 에너지소비량이 감소하는 것에 기인한다. 뿐만 아니라, 폐경으로 인해 생리주기가 사라짐에 따라 생리주기 중 황체기에 에너지소비량이 8~16% 상승하는 효과가 없어져 에너지소비량이 감소하기 때문이기도 한다. 폐경기 여성 비만의 특징은 체지방량의 증가, 근육량 감소, 골질량 감소, 체지방 분포 변화에 따른 복부내장지방형 비만의 발생으로 정리할 수 있다. 이 결과 여성의 비만 형태는 폐경을 기점으로 달라져, 폐경전 서양배형 비만에서 폐경 후 사과형 비만으로 바뀌게 된다(그림 4-22). 이처럼 폐경에 따라 여성의 비만 형태가 달라지는 것은 폐경에 의해 체지방을 주로 둔부 쪽에 축적하도록 하는 에스트로겐 효과가 사라지기 때문이다. 폐경기 여성에서 복부내장지방형

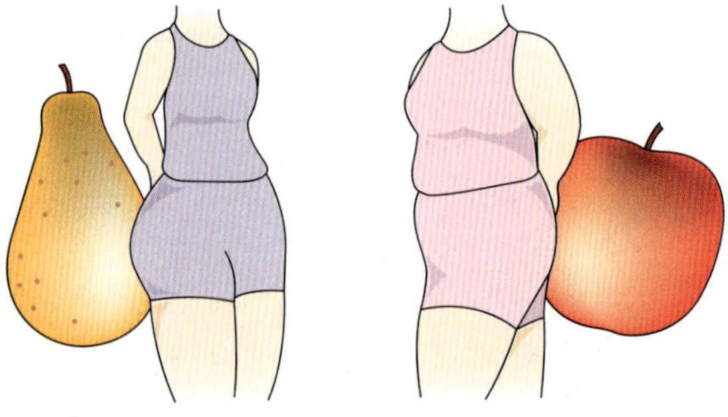

그림 4-22 여성의 폐경 전후의 비만 형태

비만의 증가는 고지혈증, 고혈압, 제2형 당뇨병 및 심혈관계 질환 발생과 독립적인 연관성이 있는 것으로 나타나, 폐경기 여성 비만은 여성의 건강과 밀접한 관계가 있다.

현재 우리나라 여성의 평균 수명은 80세 이상이며, 평균 폐경 연령이 50세인 점을 감안할 때, 우리나라 여성은 약 30년 동안 폐경상태로 지내게 된다. 따라서 여성의 삶 중 후반기를 건강하게 지내기 위해서는 폐경 전부터 식물성 식품 위주의 저열량균형식 섭취와 신체활동량 증가를 통해 폐경기 여성 비만 발생에 대비할 필요가 있다.

6) 노인기 여성 비만

노인 여성의 비만율이 높은 것은 폐경의 영향, 노화로 인한 생리적 변화 및 생활양식의 변화 등과 관련이 있다. 노인 여성의 경우 호르몬의 변화와 근육량의 감소로 인해 기초대사량이 감소함과 함께, 거동이 불편하거나 질병 등으로 앉거나 누워서 생활하는 시간이 많아짐에 따라 신체활동량이 감소하여 총 에너지소비량이 감소하므로, 비만이 유발되기 쉽다. 노인 여성 비만의 특징은 체지방률은 증가하고 근육률은 감소하는 비만 형태인 저근육형 비만(sarcopenic obesity)과 함께 복부내장지방형 비만이 발생하는 것이다. 노인 여성 비만 관리를 위해서는 다른 생애주기와 달리 식사내용을 무리하게 바꾸지 말고 정규적으로 이루어지는 정도로 개선하며, 운동은 낮은 강도로 실시하여 신체적 활력감을 느끼게 해주는 정도로 실시해야 한다.

Reference

참고문헌

강지현(2008). 폐경기 여성의 비만. 2008 대한비만학회 제16차 연수강좌 자료집, 223-237.

김선효 외(2007). 체중관리를 위한 영양과 운동. 파워북.

김선효 외(2008). 대전시 청소년의 간식을 통한 첨가당 섭취량 조사 및 청소년의 올바른 설탕 섭취를 위한 영양교육자료 개발. 한국가정과학회지, 11(1) : 5-19.

김영설 역(2005). 비만학 완전정복. 군자출판사.

김은미(2008). 직장인을 위한 식사요법. 2008 대한비만학회 추계학술대회 및 제17차 추계연수강좌 자료집, 193-197.

김종화(2009). Metabolic and cardiovascular disease of obesity. 2009 대한비만학회 춘계학술대회 및 제18회 연수강좌 자료집, 8-11.

김화영 외(2007). 영양 그리고 건강. 교문사.

대한비만학회 소아비만위원회(2006). 소아 · 청소년 비만관리지침서, 대한비만학회.

대한영양사회 · 삼성서울병원(1999). 사진으로 보는 음식의 눈대중량.

박은주(2003). 산후비만의 기전과 중요성-우리나라 산후비만을 중심으로-. 2003 대한비만학회 제6회 연수강좌 자료집, 96-104.

보건복지가족부 · 질병관리본부(2008). 2007 국민건강통계.

서상훈(2009). 신체활동-멋지고 활기찬 미래를 위한 선택. 2009 대한비만학회 춘계학술대회 및 제18회 연수강좌 자료집, 145-164.

손숙미 외(2004). 다이어트와 체형관리. 교문사.

이연숙 외(2007). 생애주기영양학. 교문사.

임경숙(2007). Low glycemic index diet-pros. 2007 대한비만학회 제15차 연수강좌 자료집, 193-197.

지선하(2009). Obesity and cancer risk. 2009 대한비만학회 춘계학술대회 및 제18회 연수강좌 자료집, 12-14.

질병관리본부. 2007 소아 및 청소년 표준 성장도표.

질병관리본부 · 한국보건산업진흥원(2007). 국민건강영양조사 제3기(2005) 심층분석: 영양부문.

채지숙 · 이종호(2008). Individual response to diet treatment for obesity. 2008 대한비만학회 추계학술대회 및 제17차 추계연수강좌 자료집, 63.

한국영양학회(2010). 한국인 영양섭취기준.

한상문(2009). 고도비만 수술센터의 경험과 환자관리. 2009 대한비만학회 춘계학술대회 및 제18회 연수강좌 자료집, 110-116.

Brown JE(1999). Nutrition Now. 2nd ed., Belmont : West/Wadsworth.

Donatelle RJ, Davis LG(2000). Access to Health. 6th ed., Boston : Allyn and Bacon.

DuPuy NA, Mermel VL(1995). Focus on Nutrtition. St. Louise : Mosby.

Friis-Hansen B(1965). Hydrometry of growth and aging. In Brozek J, editor. Human Body Composition. Oxford : Pergamon Press, 191.

웹 사이트

식품의약품안전청 영양평가과(http://nutrition.kfda.go.kr)

성인기에 막 들어선 10 · 20대 젊은 여성의 경우 생활 패턴에 의해 불규칙한 식사, 결식, 부적당한 간식, 인스턴트 식품과 탄산음료의 섭취, 외모에 대한 관심 등으로 바람직 하지 못한 식습관을 가질 수 있다. 그러므로 본 단원에서는 젊은 여성들의 식생활과 식생활로 부터 올 수 있는 영양문제를 파악하고, 건강을 유지하기 위한 실천 방안을 모색할 필요가 있다.

Chapter 5

10 · 20대 젊은 여성의 식생활, 영양문제

Chapter 5

10 · 20대 젊은 여성의 식생활, 영양문제

성인기에 막 들어선 10 · 20대 젊은 여성의 경우 생활 패턴에 의해 불규칙한 식사, 결식, 부적당한 간식, 인스턴트 식품과 탄산음료의 섭취, 외모에 대한 관심 등으로 바람직 하지 못한 식습관을 가질 수 있다. 그러므로 본 단원에서는 젊은 여성들의 식생활과 식생활로 부터 올 수 있는 영양문제에 대해서 알아보았다.

1. 불규칙한 식사

우리나라 국민들의 연령별 결식률을 살펴보면 표 5-1과 같다. 19~29세의 결식률이 가장 높아 아침식사 결식률은 42.5%이며, 점심식사와 저녁식사의 결식률은 각기 9.7%와 7.4%이었고, 성별로 보면 남성에 비해 여성의 결식률이 현저하게 높았다. 그리고 여대생의 식사습관에 대한 연구에서도 하루에 세 끼의 식사를 모두 하는 경우는 34.4%에 불과하고, 규칙적인 식사를 하는 경우는 24%에 불과하였다(정영미 등, 2005). 즉, 우리나라 국민 중에서 19~29세 여성의 결식률이 가장 높은 것으로 나타나 불규칙한 식사를 통한 여러 영양문제가 야기될 수 있으므로 이시기의 바람직한 식습관을 유지하는 많은 노력이 필요하다고 볼 수 있다.

또한 젊은 여성들은 영양섭취와 건강에도 많은 문제가 있는 것으로 나타나는데 표 5-2를 보면 우리나라 19~29세 여성의 경우 에너지섭취량이 필요추정량의 75% 미만이면서 칼슘, 철, 비타민 A, 리보플라빈의 섭취량이 평균필요량 미만으로 정의된 영양섭취 부족자의 비율의 32.4%로 가장 높게 나타났다. 반면 에너지섭취량이 필요추정량의

표 5-1 우리나라 남 · 녀 결식률

(단위 : %)

나이(세)	전 체			남 성			여 성		
	아침 식사	점심 식사	저녁 식사	아침 식사	점심 식사	저녁 식사	아침 식사	점심 식사	저녁 식사
1~2	8.3	3.6	2.1	8.6	4.2	2.8	7.9	2.9	1.1
3~5	11.1	3.8	3.1	10.3	3.2	1.6	11.9	4.4	4.5
6~11	11.4	2.1	1.2	10.4	3.1	0.6	12.4	1.1	1.7
12~18	30.2	4.4	3.7	26.4	4.3	2.7	35.1	4.5	4.9
19~29	42.5	9.7	7.4	39.8	9.8	4.7	45.3	9.7	10.1
30~49	22.7	5.3	4.0	24.7	4.4	1.9	20.5	6.2	6.3
50~64	10.2	7.2	3.7	6.6	6.8	0.9	13.8	7.7	6.4
65+	6.0	5.1	3.4	4.7	3.4	1.2	6.8	6.2	4.9

자료 : 보건복지부(2008). 2007년 국민건강영양조사 보고서.

표 5-2 우리나라 남 · 녀 영양섭취 부족자 분율

(단위 : %)

나이(세)	전 체	남 성	여 성
1~2	21.2	16.0	28.3
3~5	17.1	18.8	15.4
6~11	12.6	13.4	11.7
12~18	21.6	23.9	18.6
19~29	22.4	12.6	32.4
30~49	15.4	6.2	25.0
50~64	14.0	7.2	20.8
65+	28.5	25.6	30.5

주 : 에너지섭취량이 필요추정량의 75% 미만이면서 칼슘, 철, 비타민 A, 리보플라빈의 섭취량이 평균필요량 미만인 분율

자료 : 보건복지부(2008). 2007년 국민건강영양조사 보고서.

표 5-3 우리나라 남 · 녀 에너지/지방 과잉섭취자 분율

(단위 : %)

나이(세)	전 체	남 성	여 성
1~2	2.4	1.9	3.0
3~5	1.7	2.5	0.9
6~11	2.6	3.4	1.8
12~18	2.4	1.1	4.2
19~29	5.4	7.5	3.2
30~49	5.3	8.4	2.0
50~64	1.7	2.7	0.8
65+	1.1	1.0	1.0

주 : 에너지 섭취량이 필요추정량의 125%이상이면서 지방섭취량이 에너지 적정 비율을 초과한 분율
자료 : 보건복지부(2008). 2007년 국민건강영양조사 보고서.

125% 이상이면서 지방섭취량이 에너지 적정 비율을 초과로 정의된 에너지/지방 과잉섭취자의 경우도 12~18세 4.2%, 19~29세 3.2%로 나타났다(표 5-3).

그리고 우리나라 성인의 최근 한 달간 질병이나 손상으로 하루 종일 누워 보낸 사람의 분율로 나타낸 최근 월간 와병율의 경우 19~29세 여성이 노인층보다 높아 가장 높은 11.0%로 보고되었다(그림 5-1). 그러므로 우리나라 젊은 여성의 경우 불규칙한 식습관, 영양섭취의 불균형, 질병 등 건강과 관련된 행동들이 바람직하지 않으므로 이에 대한 교육과 인식이 필요한 것으로 생각된다.

2. 빈 혈

빈혈이란 혈액 안의 적혈구 수나 헤모글로빈 양이 조직 내 산소요구량을 충족시키기에 부족한 상태를 말한다. 세계보건기구에 의하면 성인남성은 헤모글로빈양이 혈액 100mL당 13g 이하, 성인여성은 100mL당 12g 이하인 경우를 빈혈이라고 정의하고 있다. 빈혈은 적혈구가 파괴되거나 손실된 경우와 골수에서 적혈구의 생산이 적절하지 않아서 생

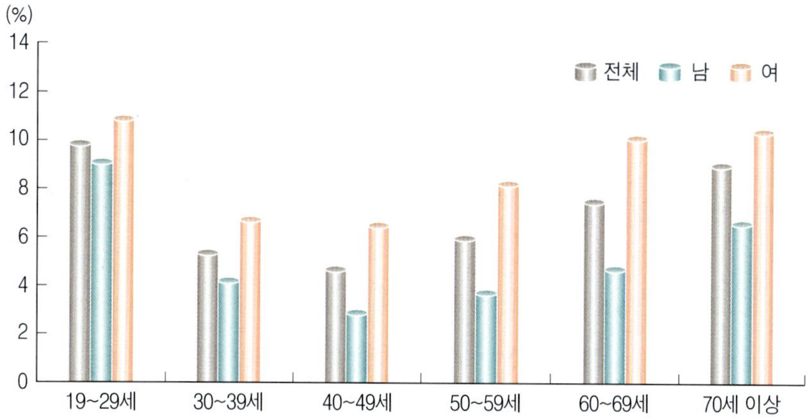

그림 5-1 우리나라 성인 남 · 녀의 월간 와병률

주 : 최근 한 달간 질병이나 손상으로 하루 종일 누워 보낸 사람의 분율
자료 : 보건복지부(2008). 2007년 국민건강영양조사 보고서.

기는 빈혈로 나눌 수 있으며, 적혈구 생산이 안 되는 경우는 적혈구 생산에 필요한 철분과 여러 영양소가 결핍되어 생기는 영양성 빈혈과 유전적 원인, 다른 질환에 의한 빈혈 등이 있다.

1) 우리나라 여성의 빈혈률

2007년도 국민건강영양조사자료에 의하면 우리나라 10세 이상 여성의 경우 빈혈 유병률은 9.5%이고 20~39세 여성의 경우는 9.5~12.1%로 다른 연령에 비해 빈혈 유병률이 매우 높은 실정이다. 그리고 여대생의 헤모글로빈 농도는 13.5g/100mL(현태선 등, 2003), 12.2g/100mL(정숙현 등, 2007) 등으로 보고되었다.

2) 영양성 빈혈

(1) 철결핍성 빈혈

영양성 빈혈 중에서도 철결핍성 빈혈은 세계적으로 가장 흔하며, 철결핍성 빈혈의 원인으로는 철섭취 부족, 생리적 요구량 증가, 철손실 증가 등이 있다(표 5-4). 특히 가임기

표 5-4 철결핍성 빈혈의 원인

철흡수 감소	철손실 증가
• 섭취 부족 • 흡수장애 - 무위산증 - 위절제 - 소아지방변증 - 이식증	• 위장관 출혈 - 악성 종양 - 위(십이지장 궤양) - 탈장 - 소염진통제 등의 약제에 의한 위염 - 게실증 - 궤양성 대장염 - 구충 - 멕켈씨 게실 - 치질 • 월경과다 • 지나치게 자주하는 헌혈 • 반복되는 임신 • 만성 혈관 내 용혈에 의한 헤모글로빈뇨 • 유전성 출혈성 모세혈관 활장증 • 특발성 폐 헤모시데린증 • 지혈이상

자료 : 대한영양의학회(2002). 영양의학. 고려의학.

여성의 경우는 철섭취량이 부족한 반면 월경으로 인한 철손실량이 크므로 철결핍의 위험이 매우 높다.

한국인의 철 영양섭취기준은 표 5-5와 같은데, 2007년 국민건강영양조사 자료에 의하면 철을 한국인 영양섭취기준(평균필요량) 미만으로 섭취하는 사람의 비율이 여성 12~18세에서 61.54%, 19~29세에서 68.7%로 다른 연령대에 비해 높아 철섭취가 부족한 것으로 보인다(그림 5-2).

전체적인 영양불량이나 철섭취 부족으로 인한 빈혈의 경우는 균형잡힌 식사를 통하여 예방과 치료가 가능하다. 철결핍성 빈혈의 경우 단백질과 철이 많이 함유되어 있는 동물성 육류나 두부, 달걀노른자 등을 포함하는 균형잡힌 식사를 하는 것이 권장된다.

표 5-5 한국인의 철 영양섭취기준

(단위 : mg/일)

구 분		평균필요량	권장섭취량	충분섭취량	상한섭취량
영 아	0~5개월			0.3	40
	6~11개월	5	6		40
유 아	1~2세	4.8	6		40
	3~5세	5.4	7		40
남 자	6~8세	6.3	8		40
	9~11세	8.5	11		40
	12~14세	11.0	14		40
	15~19세	11.8	15		45
	20~29세	7.4	10		45
	30~49세	7.4	10		45
	50~64세	7.1	9		45
	65~74세	6.9	9		45
	75세 이상	6.9	9		45
여 자	6~8세	6.3	8		40
	9~11세	8.0	10		40
	12~14세	10.0	13		40
	15~19세	12.9	17		45
	20~29세	10.8	14		45
	30~49세	10.5	14		45
	50~64세	6.1	8		45
	65~74세	5.8	8		45
	75세 이상	5.8	8		45
	임신부	+7.8	+10		45
	수유부	+0	+0		45

자료 : 한국영양학회(2010). 한국인 영양섭취기준.

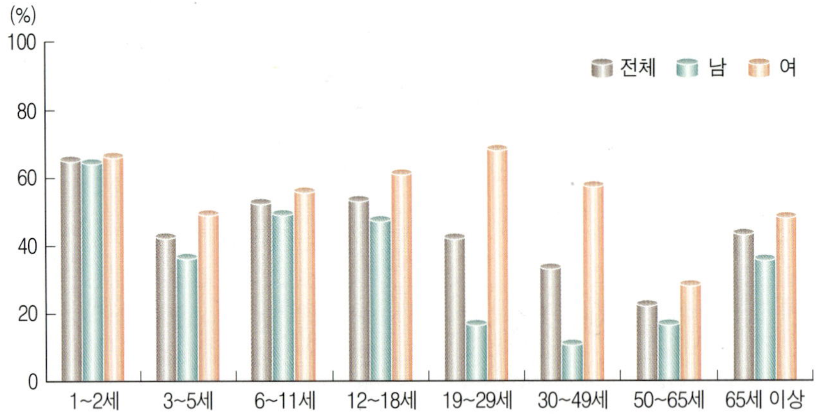

그림 5-2 우리나라 남 · 녀의 철의 영양섭취기준(평균필요량) 미만 섭취자 비율

자료 : 보건복지부(2008). 2007년 국민건강영양조사 보고서.

(2) 엽산과 비타민 B_{12} 결핍성 빈혈

엽산과 비타민 B_{12}는 DNA 합성에 중요한 역할을 하는 영양소이므로 엽산과 비타민 B_{12} 섭취가 부족하면 DNA 합성장애로 조혈전구세포의 세포분열은 늦어지는 반면 세포질은 정상적으로 발달하여 미성숙한 세포의 거대화가 일어난다. 그러므로 엽산과 비타민 B_{12}의 결핍으로 일어나는 빈혈은 '거대적 아구성 빈혈'이라고 하며, 다양한 원인에 의해 일어난다(표 5-6).

엽산 결핍인 경우에는 엽산을 매일 1mg 경구 투여하면 1~2개월 내에 치료가 되는데 용혈성 빈혈, 흡수장애, 만성 영양실조가 있는 경우에는 장기적으로 투여해야 한다. 다량의 엽산은 신경증상이 없는 비타민 B_{12} 결핍에 의한 빈혈도 치료할 수 있으나 비타민 B_{12} 결핍에 의한 신경증상이 악화될 수 있으므로 비타민 B_{12} 결핍 여부를 확인한 후에 엽산 투여를 시행해야 한다.

비타민 B_{12} 결핍에 의한 빈혈이 생기는 경우에는 비타민 B_{12}를 섭취하는 것이 도움이 되지만 흡수장애에 의해 빈혈이 발생한 경우에는 비경구적으로 비타민 B_{12}를 투여하여야 한다.

표 5-6 거대적 아구성 빈혈을 일으키는 원인

엽산 결핍	비타민 B_{12} 결핍
• 불충분한 섭취 - 식사의 불균형 - 알코올중독자 - 청소년, 영아 • 생리적 요구 증가 - 임신 - 영아기 - 악성 종양 - 혈구생성 증가(만성 용혈성 빈혈) - 만성 탈피성 피부질환 - 혈액 투석 • 흡수장애 - 열대성 스푸루우(tropical sprue) - 비열대성 스푸루우(nontropical sprue) - 약제 : 페니토닌, 바루비투르산염 - 알코올 • 대사장애 - 알코올	• 불충분한 섭취 - 채식주의자 • 흡수장애 - 내인성 인자의 불충분한 생성 : 악성 빈혈, 위절제술, 선천적 결핍 - 회장말단부의 질환 : 열대성 스푸루우(tropical sprue), 비열대성 스푸루우(nontropical sprue), 국한성 장염, 장결핵 - 비타민 B_{12}에 대한 경쟁이 있는 경우 : 어조충(fish tapeworm), 세균증식 - 약제 : 파라-아미노살리실산, 콜히친, 네오마이신

자료 : 대한영양의학회(2002). 영양의학. 고려의학.

3. 변 비

변비는 변이 굳어, 배변 시 고통을 주며, 악화되면 하복부의 불쾌감, 팽만감, 복통, 구역질, 구토 등을 동반한다. 변비는 불규칙한 식습관과 생활습관에 의해 생기는데, 남성에 비해 여성에서 3~4배 정도 높게 나타나는 것으로 보고되고 있다. 우리나라 여대생 중 17.4%가 변비를 경험하였고, 8%는 항상 변비로 인해 불편을 격는다고 조사되었다(김정호, 2003). 변비의 원인은 다양하지만 불규칙한 식사와 생활습관, 식이섬유와 물의 섭취량 부족, 스트레스가 관련성이 높은 것으로 보고 있다.

1) 변비증이란?

변비증은 대장운동의 전체적인 저하로 인한 서행성 변비(slow transit constipation)와 골

표 5-7 병태생리에 의한 변비의 분류 및 증상

분 류	증 상
변비형 과민성 장 증후군	복통, 불쾌감, 불완전 배변감
서행형 변비	골반저 기능은 정상이며, 대장 통과시간이 느림
직장 출구폐쇄증	항문경/항문조임근 협동장애-이완부전, 근실조
서행성 변비와 직장 출구폐쇄증이 복합된 변비	과민성 장증후군이 동반될 수 있음
기질성 변비	대장암, 협착, 직장류(rectocele), 항문열창 등
2차성 변비	약제나 전신적 질환

반적 근육기능이상(pelvis floor dysfunction), 직장 및 항문질환으로 인한 폐쇄성 변비(obstructive constipation)로 대별되며, 분류 및 증상은 표 5-7과 같다.

변비는 증상에 의해 진단하는데 1998년 로마기준에서는 지속적으로 대변 보기가 힘이 들고 배변 횟수가 적거나 대변을 불안전하게 보는 것과 같은 증상이 나타나는 일련의 기능성 장애로 변비를 정의하고 있다.

알아보기

기능성 변비의 로마진단 기준

지난 12개월 중 연속일 필요는 없으나 적어도 12주 이상 다음 중 두 가지 이상에 해당하는 경우를 경험하면 변비로 본다.

- 배변 시 과도한 힘주기가 전체 배변횟수의 1/4을 초과
- 덩어리지거나 단단한 대변이 전체 배변횟수의 1/4을 초과
- 배변 후 잔변감이 전체 배변횟수의 1/4을 초과
- 배변 시 항문폐쇄감이 전체 배변횟수의 1/4을 초과
- 배변을 돕기 위한 수조작이 필요한 경우가 전체 배변횟수의 1/4을 초과[대변을 손가락으로 파내거나 골반저(pelvic floor)를 지지하는 조작 등]
- 주당 3회 미만의 배변

주 : 단, 묽은/무른 변이 없고, 과민성 장증후군의 진단 기준에는 부적합해야 함.

자료 : Drossman DA, Corraziari E, Talley NJ, Thomson WG, Whitehead WE(Eds)(2002). The functional gastrointestinal disorders. 2nd ed. McLean: Degnon Associates.

2) 변비의 원인

(1) 여성과 변비

변비를 일으키거나 악화시킬 수 있는 조건은 여러 가지가 있으며, 남성에 비해 여성이 변비에 잘 걸리는 것으로 알려져 있다.

여성이 변비에 잘 걸리는 이유 중의 하나는 장 통과시간이 남성보다 길다는 것이다. 우리나라 사람을 대상으로 한 연구에서 장 통과시간은 남성 22.3시간, 여성 30.1시간으로 여성의 장 통과시간이 길었으며, 특히 좌측 대장통과시간은 유의적으로 여성이 길었다고 보고하고 있다. 여성의 장 통과시간이 긴 것에 대해 여성호르몬 중의 하나인 프로게스테론(progesterone)과의 관련성이 논의되고 있다. 프로게스테론은 장 평활근의 수축을 억제하는 작용이 있으며, 그 이유로는 세포막을 통해 이동하는 칼슘이나 세포 내 칼슘을 조절하거나 장운동을 자극하는 호르몬인 모틸린(motilin)을 억제하기 때문이라고 한다. 생리주기에 따른 장 통과시간을 실험한 연구에서 프로게스테론 분비량이 많은 황체기에는 장 통과시간이 40.9시간인데 반해 프로게스테론 분비가 없는 여포기에는 20.6시간으로 장 통과시간이 다른 결과가 보고되었다(정혜경 등, 2002).

알아보기

변비를 악화시킬 수 있는 여러 가지 조건

- 고령, 여성, 교육 정도
- 일반적인 건강상태
- 제한된 신체적 활동
- **약제 복용 여부** : 마약성 진통제, 향정신성 약물, 항경련제, 칼슘차단제, 부교감신경길항제 등
- **정신과적 상황** : 우울증 등
- **식이적 요인** : 저섬유식, 고칼슘식
- **기계적 협착** : 대장암, 협착, 직장류, 큰 곧창자증(megarectum), 항문열창
- **전신질환** : 당뇨병, 갑상선기능저하증, 고칼슘혈증, 포르피리아, 아미로이도시스, 중금속중독, 가성장관폐색, 공피증 등

자료 : 최명규(2005). 변비의 진단 가이드라인. 대한소화관운동학회, 11(3), 44-50.

(2) 식이섬유와 변비

식이섬유섭취가 많은 채식을 주로 하는 사람들은 잡식을 하는 사람들에 비해 장 통과시간이 빠르며, 만성 변비환자에게 식이섬유를 섭취시키면 장 통과시간이 단축된다.

(3) 식습관과 변비

고등학생을 대상으로 한 조사에서 여학생이 남학생에 비해 변비를 가진 비율이 높았고, 변비가 생긴 이유는 스트레스, 운동부족, 잘못된 식습관 순으로 나타났다. 변비를 가지고 있는 여학생의 경우 정상군에 비해 수면시간이 짧았으며, 체중조절 경험이 많았고, 아침결식률이 높았다. 또한 변비군은 정상군에 비해 면류, 당류, 커피류의 섭취가 높았고, 정상군은 쌀밥, 두부류, 돼지고기, 어패류, 유유 및 유제품, 김치류, 채소류, 버섯류, 해조류의 섭취가 높아 식품섭취가 변비에 영향을 주는 것을 보여주었다(이경아 등, 2009).

여대생의 연구에서도 변비증세가 심할수록 식사횟수가 적고, 아침결식률이 높게 나타났으며, 외식빈도가 높은 경향을 보였다. 식품섭취에 있어서는 변비증세가 심할수록 육류와 어류의 선호도가 높았고, 채소 및 과일류의 선호도가 낮았으며 커피와 녹차, 홍차의 섭취도 높게 나타났다(신정란 · 이선영, 2003).

3) 변비치료

변비치료의 기본 원칙은 생활습관의 변화와 규칙적인 식습관을 유지하고, 적절한 수분섭취량(1~2L/일)과 운동량을 증가시키는 것이다. 또한 외식 특히 패스트푸드의 섭취를 감소하며, 채소와 과일음료의 섭취를 늘이고, 커피와 녹차 등 카페인음료의 섭취를 줄일 것을 권장하고 있다.

(1) 배변습관과 생활습관의 변화

변을 지속적으로 참으면 항문 직장 반응 회로에서 근신경반사를 억제하고 감각능의 역치를 높임으로써 변비가 악화된다. 일반적으로 장운동의 최적 시간은 아침식사 후나 걷고 난 후 2시간이므로 식후 위대장반사를 이용하여 아침식사 후나 저녁식사 후, 걷고 난

표 5-8 고식이섬유 식단의 예

아 침	점 심	저 녁
현미밥	잡곡밥	강낭콩밥
쇠고기미역국	시금치된장국	버섯탕
굴비구이	불고기	닭조림
깻잎찜	연근조림	부추해물전
채소샐러드	미나리나물	도라지 생체
사 과	감	우 유

주 : 2,200kcal, 식이섬유 35g 기준임.
자료 : 김혜영 외 역(2008). 식이요법(Nutirtion and Diet Therapy). 지구문화사.

후에 배변을 보는 습관을 가지도록 한다.

(2) 고식이섬유 식이와 수분섭취

정상인의 경우 식이섬유섭취는 대변양을 증가시키는 것으로 알려져 있으며 한국인 영양섭취기준에서 열량 1,000kcal 섭취당 12g의 식이섬유섭취를 권장하고 있다. 식이섬유의 섭취는 모든 변비에 효과가 있는 것은 아니고, 서행형 변비에는 효과가 있으나 골반적 근육기능이상을 가지는 경우에는 고식이섬유 식이를 하여도 증상개선이 뚜렷하지 않는 경우도 있다. 그러나 일반적인 경우 식이섬유를 섭취하면 주당 평균 1.4회의 배변횟수를 증가시키는 것으로 보고되고 있다. 표 5-8은 고식이섬유 식단의 예이다.

(3) 약물치료

변비치료 시 가장 중요하고 바람직한 방법은 식사와 운동을 하는 것이지만, 증상의 호전이 없는 경우에는 약물치료를 고려할 수 있다. 이때 중요한 것은 장의 기능을 정상으로 돌릴 수 있고, 안전한 약재를 선택해야 한다는 것이다. 약제는 작용기전에 따라 대변양을 늘여 주는 부피 형성 완하제, 고삼투압을 형성하여 장운동을 자극하는 삼투성 완하제, 장내 수분와 전해질 흡수를 억제하고, 장운동을 촉진시키는 자극성 완화제, 기타 완화제가 있다(표 5-9).

표 5-9 변비치료에 사용하는 약물 성분 예

구 분	부피 형성 완하제	삼투성 완하제	자극성 완하제
성 분	• 현 미 • 밀기울 • 차전자 씨 • 해 초 • 한 천 • 카라야(karaya) • 메틸셀룰로우스 유도체 • 폴리카보필	• 고삼투성 완하제 - 락툴로우스(lactulose) - 락티톨(lactitol) - 솔비톨 • 염류성 완하제 - 수산화마그네슘 - 구연산마그네슘 - 황산 마그네슘	• 계면활성제 - 피마자기름 - 도큐세이트(docusate) • 안트로라퀴논 제제 - 알로에 - 카스카라(cascara) • 폴리페놀 제제 - 페놀프탈레인

자료 : 박영수 · 이동호(2005). 변비의 치료 가이드라인. 대한소화관운동학회, 11(3), 51-57.

4. 위 염

건강보험심사평가원 자료에 의하면 최근 5년간 '위염 및 십이지장염'으로 진료를 받은 사람 수가 연평균 6.6%씩 증가하고 있으며, 진료인원은 여성이 남성보다 매년 1.6배 정도 많은 것으로 나타났고, 특히 20~29세 여성은 남성에 비해 2.1배나 높게 나타났다(그림 5-3).

위염은 위점막의 염증을 말하며 감염, 위 내피세포를 손상시키는 질환으로 여러 가지 요인에 의해 발생한다(표 5-10). 위점막의 출혈이나 궤양이 나타나는 경우는 급성적 위염이라고 하고 만성적이고, 조직의 파괴가 일어나는 위염은 위축성 위염이라고 한다. 만성적 위염은 조직손상으로 위액분비가 중단될 수 있는데 염산분비가 비정상적으로 적거나 아예 분비되지 않으면, 비헴철과 비타민 B_{12}의 흡수가 안 되어 철과 비타민 B_{12}의 결핍증이 나타날 수 있다. 그러므로 위세포가 파괴되어 내재인자(intrinsic factor) 부족으로 비타민 B_{12} 흡수가 안 되어 발생하는 악성 빈혈은 위염의 합병증 중의 하나이다.

위염은 자각증상이 없는 경우에는 식사조절이 필요하지 않으나 통증이나 불쾌감이 있으면 자극적인 음식과 음료를 피해야 한다. 특히 알코올, 커피, 차, 콜라와 매운 음식 및 지방이 많은 음식을 피해야 한다. 식품을 섭취한 후에 통증이 증가되거나 메스꺼움과 구토가 생기면 24~48시간 동안 금식한다.

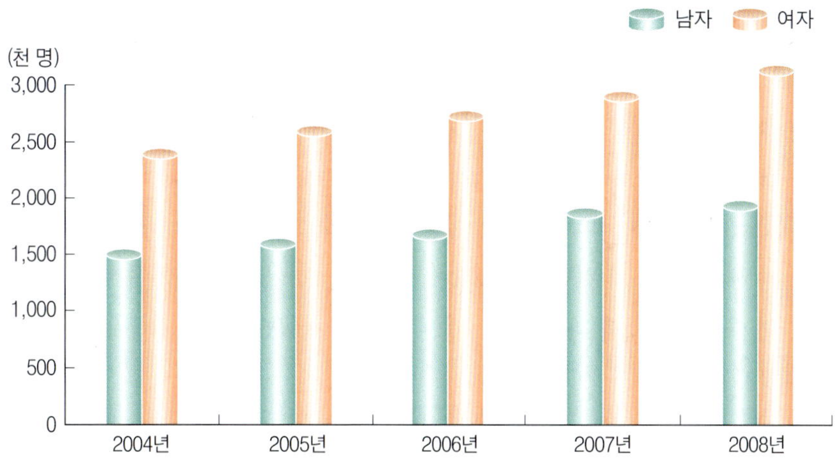

그림 5-3 최근 5년간 위염 및 십이지장염 진료인원

자료 : 건강보험심사평가원(2009).

젊은 여성의 경우 불규칙한 식습관, 정신적 스트레스, 다이어트 등이 위장에 염증을 유발하는 가장 큰 원인으로 볼 수 있으므로 젊은 여성의 경우 자신의 체형과 식생활에 대한 올바른 인식을 가지는 것이 매우 중요한 것으로 생각된다.

표 5-10 위염의 잠재적인 원인

감 염	내부(신체상)의 원인	화학물질	기 타
• 진균류 박테리아성 : 헬리코박터 파일로리 • 진균류 : 칸디다 알비칸스 • 기생충 : 크립토스포리디움증, 선충병 • 바이러스 : 사이토메갈로바이러스	• 자가면역 • 담즙역류 • 스트레스 • 전신질환/패혈증	• 알코올 • 코카인 • 약물(특히 아스피린) • 부식성 물질의 소화불량	• 고염섭취 • 식품알러지 • 이물질 • 방사선 처리

자료 : 김혜영 외 역(2008). 식이요법(Nutirtion and Diet Therapy), 지구문화사.

5. 채 식

최근에 포화지방산을 포함하는 동물성 지방과 단백질의 과잉섭취가 여러 질병의 위험인자로 논의되면서 동물성 식품보다는 식물성 식품에 대한 선호가 증가하고 있으며, 이에 채식 식사에 대한 관심이 높아지고 있다. 미국의 암연구소(American Institute for Cancer Research)와 세계암연구기금(World Cancer Research Fund)은 붉은색 육류의 섭취를 제한하는 반면 다양한 채소와 과일, 콩류, 정제가 덜 된 복합탄수화물 식품을 위주로 하는 식사를 권장하고 있다.

1) 채식 식사의 분류

채식 식사는 섭취하는 식품의 종류에 따라 분류할 수 있다. 식물성 식품만을 섭취하는 경우를 엄격한 채식주의(vegan)라고 하며, 동물성 식품 중 가금류만 섭취하는 경우는 폴리오(polio) 채식주의, 유유 및 유제품만을 섭취하는 락토(lacto) 채식주의, 달걀을 섭취하는 오보(ovo) 채식주의, 우유 및 유제품과 달걀을 섭취하는 락토-오보(lacto-ovo) 채식주의, 쇠고기와 같은 육류만을 섭취하지 않는 세미(semi) 채식주의, 과일을 위주로 견과류, 굴, 식물성 기름을 섭취하는 과일식(furitarian) 채식주의가 있다.

2) 채식 식사의 장 · 단점

채식 식사는 복합탄수화물과 식이섬유, β-카로틴 등 항산화제를 다량 포함하고 있으며, 콜레스테롤과 포화지방산의 함량이 낮은 것을 특징으로 하고 있다.

여성 채식자의 경우 지방섭취량, 지방으로부터의 에너지섭취비율, 포화지방산, 단일불포화지방산, 콜레스테롤 섭취가 비채식자에 비해 유의적으로 낮은 반면 조섬유, 비타민 C 섭취량과 지방의 P/S 비율은 유의적으로 높게 나타났다. 또한 혈청 지방성분을 보면 총 콜레스테롤과 LDL-콜레스테롤 함량은 유의적으로 낮았으며, HDL-콜레스테롤 함량은 유의적으로 높았다(차복경, 2001).

채식자들은 비채식자들에 비해 근력은 낮으나 심폐지구력은 우수하다는 연구결과가 있으며, 채식섭취는 운동 후 젖산과 운동수행능력의 제한 인자로 인식되고 있는 암모니아 생성을 낮추어 주는 효과가 있는 것으로 보고되었다(김재철 등, 2002).

그러나 채식 식사는 양질의 단백질과 비타민 B_{12}의 섭취부족이 나타날 수 있는 단점을 지니고 있다. 우리나라의 연구에서 남자 대학생의 골밀도는 채식자와 비채식자 사이에 차이가 없었으나 여성의 골밀도는 채식자가 비채식자에 비해 낮았다(정남용 · 최순남, 2006). 또한 채식을 하는 청소년의 경우는 성장에 필요한 칼슘과 철의 섭취가 적절하지 않았으며, 여대생의 경우에는 단백질과 철의 섭취가 충분하지 않은 반면 아연은 과잉 공급되는 것으로 보고되었다(손금희 · 조여원, 2006).

6. 음 주

술은 오랜 역사를 가지고 있는 기호식품이며, 여러 가지 사회적 의미를 가진다. 최근에는 술이 가지는 사교의 의미가 부각되고 있으며, 판매되는 술의 알코올 농도가 낮아지는 것이 여성의 음주를 증가시키는 원인으로 작용하고 있다. 그러나 음주는 신체적 · 정신적인 건강에 해로운 영향을 줄 수 있다. 특히 음주가 여성에 미치는 영향은 남성과 다르며, 남성에 비해 신체적으로 더 위험하다는 보고들이 있다.

1) 여성의 음주율

우리나라 20대 여성의 음주율을 보면 1999년 76.2%에서 2003년 77.1%, 2006년 85.8%로 증가하고 있다(통계청, 2007). 2008년 조사에 의하면 여대생 88.7%, 여성 직장인 79.1%, 주부 60.8%가 음주를 하고 있으며, 고학력층 젊은 여성들이 새로운 음주 인구로 부상하고 있다. 2007년 국민건강영양조사 자료를 보면, 우리나라 19~20세 음주빈도는 남 · 녀간에 큰 차이가 없는 것으로 나타났다(표 5-11, 그림 5-4).

여대생을 대상으로 한 조사를 보면 2005년에는 음주빈도 월 1회 미만이 47%로 가장 많았으나 2008년 조사에서는 월 1회 미만인 33.9%로 감소한 반면, 월 2~4회가 50.9%로 가장 높았으며, 주 2~3회 술을 마신다는 경우도 12.7%, 주 4회 이상은 2.4%로 음주 횟

표 5-11 우리나라 남 · 녀 19~20세의 음주빈도

(단위 : %)

구 분	전 체	남 자	여 자
전혀 없음	9.6	6.6	12.7
한 달에 한 번 미만	17.4	16.0	18.9
한 달에 한 번 정도	16.5	13.5	19.8
한 달에 2~4회	39.0	40.8	37.0
일주일에 2~3회	13.0	18.0	7.6
일주일에 4번 이상	4.6	5.1	4.0

자료 : 보건복지부(2008), 2007년 국민건강영양조사 보고서.

수도 많이 증가하였다. 여성음주자 중에 음주문제가 있는 여대생의 비율이 52.8%로, 여성 직장인 22.3%, 주부 17%보다 높았고 여대생의 30% 정도가 술을 마시고 기억이 없는 것을 경험하였다고 한다. 또한 여대생의 경우 음주로 인한 신체문제(47%), 학업문제(38%), 정신과적 문제(13%), 사회문제(10%), 가정문제(8%), 경제문제(7%) 등을 경험하는 것으로 나타나 여대생의 음주가 매우 큰 문제가 되고 있다(도은영, 2008).

음주에 영향을 주는 개인적 · 인지적 · 환경적 요인에 있어 남성과 여성은 차이가 있다

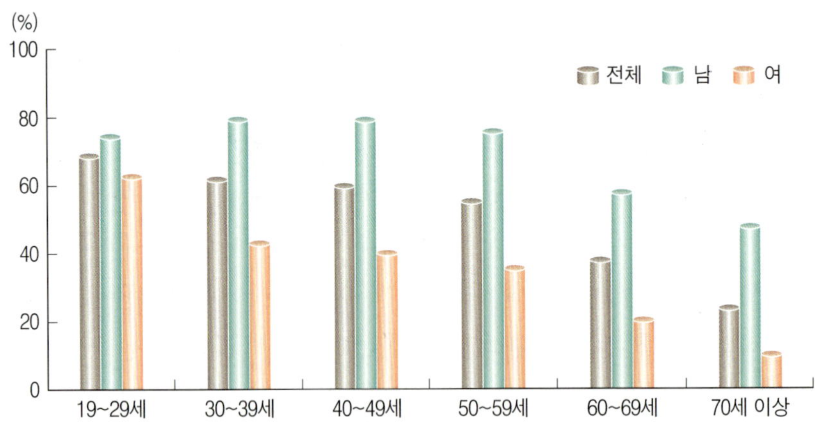

그림 5-4 우리나라 남 · 녀 월간 음주율

주 : 최근 1년 동안 한 달에 1회 이상 음주한 사람의 분율
자료 : 보건복지부(2008), 2007년 국민건강영양조사 보고서.

(정슬기, 2007). 개인적 요인으로 여성과 관련하여 주목 받는 요인은 스트레스, 과거경험, 우울증을 들 수 있다. 여성의 경우는 남성에 비해 과거 어린시절의 학대 경험이 음주와 많은 관련이 있는 것으로 나타났고, 남성 문제 음주자의 우울증이 일반 남성에 비해 2% 정도 높은 반면에 여성 문제 음주자는 일반 여성보다 우울증이 12% 높아 음주와 우울증이 연관 있는 것으로 보고 있다. 음주행동에 영향을 주는 인지요인으로는 음주에 대한 기대가 긍적적이냐, 부정적이냐인 음주결과 기대와 자기효능감이라고 할 수 있다. 남성은 음주로 인해 사교성이 향상된다고 기대하는 반면 여성은 기분이 향상되고, 통제감을 갖는다고 기대하고 있다. 환경적 요인은 다음과 같다.

첫째, 가족요인으로 가족 중 문제 음주자의 존재 여부, 가족의 음주에 대한 허용도, 가족의 정서적 지지 등이 음주와 관련이 있다고 한다.

둘째, 가까운 사람이나 교제하는 사람과의 관계가 음주행동에 영향을 미치는데 여성의 경우 교제하는 사람이나 배우자를 통해 음주를 시작하거나 음주형태를 유지하는 경우가 남성에 비해 많은 경향을 보이며, 친밀한 사람의 음주행동은 여성의 음주행동과 양에 상관관계를 보인다고 한다.

2) 알코올의 체내 대사

알코올을 섭취하면 섭취한 양의 20~30%는 위에서 흡수되며, 나머지는 소장과 대장에서 흡수된다. 흡수된 알코올은 간에서 90% 이상 대사되고, 나머지 10%는 폐를 거쳐 호흡을 통해 배출되거나 소변이나 땀으로 배설된다. 간에서의 알코올 1차 분해는 알코올 탈수소효소에 의해 알코올이 아세트알데히드와 이산화탄소, 물로 분해되는 과정이고, 2차 분해는 1차분해로 만들어진 아세트알데히드가 아세트알데히드 탈수소효소에 의해 아세트산과 이산화탄소, 물로 분해되는 과정이다(그림 5-5). 술을 마시고 얼굴이 붉어지거나 견디기 힘들어 하는 것은 알코올 탈수소효소 및 아세트알데히드 탈수소효소가 적거나 거의 없어서 아세트알데히드가 많이 생성되기 때문이며, 홍조와 메스꺼움, 구토 등의 증세가 나타난다. 과량의 알코올을 섭취하면 알코올은 미소체의 에탄올 산화시스템이라는 다른 경로로도 대사된다. 이것은 혈중 알코올 농도가 매우 높게 올라가는 것을 방지하기 위한 것으로 알코올에 내성이 생기는 것에 대한 이유이다. 높은 알코올 내 알코올 탈수소효소(ADH) 경로와 미소체의 에탄올 산화시스템(MEOS) 경로에 의해 알코올이 대사된다.

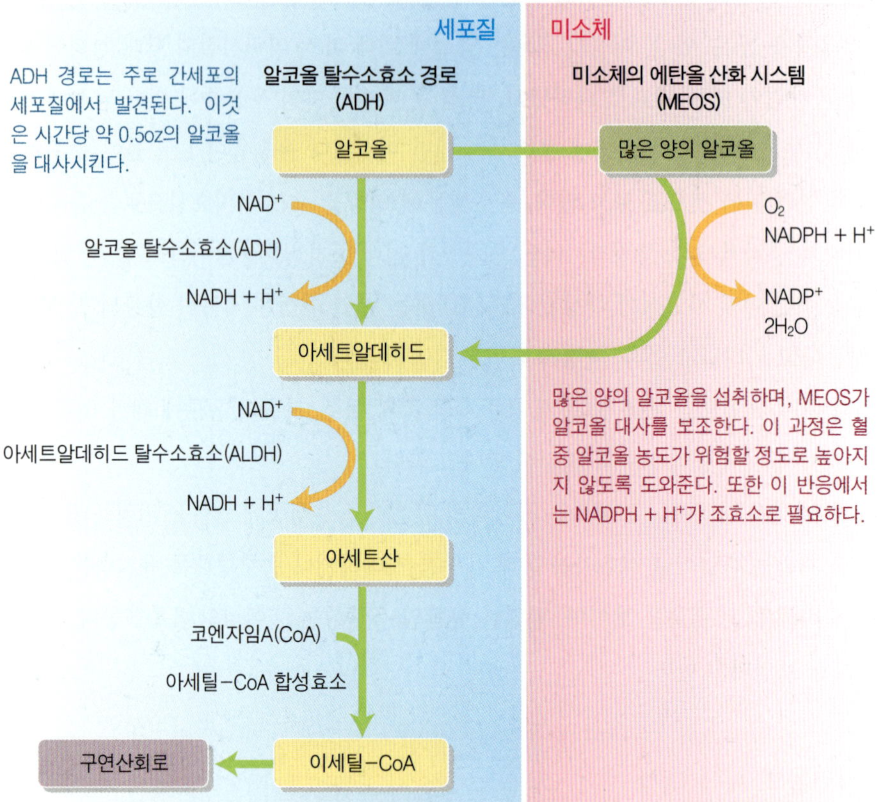

그림 5-5 알코올의 체내 대사

자료 : 이상선 외(2008). 영양과학. 지구문화사.

성을 가지고 있는 사람은 알코올을 빠르게 대사하여 취한다는 느낌이 들기 전에 과량의 알코올을 섭취할 수 있게 된다.

3) 알코올과 건강문제

알코올은 1g당 7.1kcal의 높은 에너지를 내므로 술을 섭취하면 많은 에너지를 섭취하게 되어 체중이 증가할 수 있다. 술은 에너지 이외에 다른 영양성분은 거의 가지고 있지 않으므로 술을 섭취하면 알코올로 인한 잉여에너지를 섭취하게 되어 결국에는 체중이 증가하게 된다. 그러나 알코올섭취량이 과도해지면 오히려 식사로 섭취하는 에너지를 대체하게 되고 영양실조가 초래되어 체중 감소가 일어난다. 음주가 비만에 미치는 영향은 식사량의 증가에도 원인이 있다. 식사와 함께 와인이나 맥주를 마시면 식사시간이 증가하고, 에너지섭취량도 20% 정도 증가하며, 포만감도 늦게 나타난다는 보고가 있다. 그 이유는 알코올이 당신생(gluconeogenesis)을 저해하여 혈당을 낮추게 되어 식욕을 자극하며, 심리적으로 풀어지고, 사회성이 증가되면서 식사시간이 늘어나기 때문이라고 한다. 그리고 알코올은 체내에서 지방으로는 거의 전환되지는 않으나, 에너지원으로 사용되어 비만을 악화시킨다. 예를 들어 24g의 알코올을 섭취하였을 때 5% 미만(약 1g)만이 지방산으로 전환하고, 70~80%는 아세트산으로 전환되어 말초로 이동하여 에너지원으로 산화되므로 체내 지방이 분해되어 이용되는 양이 줄어 들어 비만을 초래하게 된다. 비만 이외에 알코올 섭취가 건강에 미치는 영향은 다음과 같다.

- 장기간으로 술을 마시는 경우 결국 혈압이 증가하게 되는데 습관적 음주는 교감신경과 RAAS(Rennin-Angiotensin-Aldosterone System)을 활성화시키거나 알코올 자체가 직접적으로 혈압 상승효과를 가진다는 것이다.
- 술을 마시면 혈당이 상승되어 당뇨병의 위험을 증가시킨다고 하는데 술을 섭취하면, 근육이나 심장에서 글리코겐 형성을 저하시키고, 인슐린저항성을 증가시키는 것으로 알려져 있다(Xu 등, 1998).
- 적당량의 음주는 혈액내 HDL-콜레스테롤을 상승시키는 효과가 있다고 하나, 하루에 30g을 초과해서 알코올을 섭취하면 혈액 내 중성 지방의 농도를 증가시킨다.
- 국내의 연구에서 하루 15g 미만의 소량의 음주는 대사증후군의 위험을 낮추지만 섭취량이 많아지면, 용량-반응관계를 보이며 대사증후군의 위험이 높아진다고 한다. 술을 마시면, 혈액 내 HDL-콜레스테롤 양은 증가하지만, 복부비만, 혈압상승, 고중성 지방혈증, 혈당을 상승시켜 대사증후군의 위험 또한 증가한다(오상우, 2009).

4) 알코올과 영양

알코올은 영양소의 흡수와 대사에 영향을 주는데, 표 5-12에는 알코올이 영양상태에 미치는 영향이 정리되어 있다.

표 5-12 알코올과 영양소 대사

영양소 흡수에 미치는 영향	영양소 대사에 미치는 영향
• 위산분비 억제 • 식욕부진 • 췌장액 분비를 억제하여 지방과 단백질 소화 억제 • 지방과 비타민 $B_1 \cdot B_2 \cdot B_{12}$, 엽산의 흡수 억제	• 간에서 지방 축적 • 혈액 내 중성 지방량 증가 • 비타민 B_6와 비타민 D 대사과정을 방해하여 골절과 골다공증 위험 증가 • 비타민 B_1 결핍에 의한 신경질환 • 아연배설 증가에 의한 상처치유 지연 • 칼륨배설 증가로 근육 위축 • 마그네슘 배설 증가로 신장의 전기전도이상

5) 여성과 음주

음주는 여러 가지 건강문제를 일으키는데 특히 여성은 남성에 비해 생리적으로 술에 약한 것으로 알려져 있으므로 알코올섭취에 더욱 주의해야 한다. 여성이 남성에 비해 술에 약한 이유는 다음과 같다. 먼저 체조성을 보면, 여성은 남성에 비해 신체 지방의 비율은 높고, 수분 비율이 낮으므로 같은 양의 알코올을 섭취하여도, 여성의 경우 혈중 알코올 농도가 높게 나타난다. 또한 여성은 남성에 비해 위점막의 알코올 분해효소의 양이 1/3 정도이므로 많은 양의 알코올이 체내로 흡수된다. 그리고 월경 전 약 10일 동안 에스트로겐의 분비가 많아지는데 에스트로겐에 의해 알코올 분해효소의 분비가 잘 안 되어 알코올 대사기능이 약화된다. 그러므로 생리기간 전 · 후로 술을 마실 경우에는 취해 있는 시간이 길고, 숙취감도 길게 나타난다. 간단히 말해 남성의 경우 1일 소주 한 병이 해롭다면 여성은 그 양의 반을 섭취해도 더 많은 위험을 초래할 수 있다. 즉, 신체적인 질병의 위험을 보면 같은 양의 알코올을 섭취한 경우, 여성이 남성에 비해 간염과 간경화와 같은 간질환 발생확률이 더 높으며, 유방암의 발생가능성을 증가시킨다고 한다. 특히 젊은 여성의 경우 더욱 위험한데 15세 이전에 음주를 시작하는 여성들은 성인이 되었을 때 음주를 시작하는 사람들에 비해 알코올 중독이나 남용이 될 확률이 40%가 높다.

그림 5-6에는 남 · 녀별 음주량에 따른 혈중 알코올 농도가 제시되어 있고, 표 5-13에는 혈액 농도별 알코올중독의 단계가 제시되어 있다.

남성

체중(파운드) \ 시간당 섭취하는 술잔 수	1	2	3	4	5	6	7	8	9
100	.04	.08	.11	.15	.19	.23	.26	.30	.34
120	.03	.06	.09	.12	.16	.19	.22	.25	.26
140	.03	.05	.08	.11	.13	.16	.19	.21	.24
160	.02	.05	.07	.09	.12	.14	.16	.19	.21
180	.02	.04	.06	.08	.11	.13	.15	.17	.19
200	.02	.04	.06	.08	.09	.11	.13	.15	.17
220	.02	.03	.05	.07	.09	.10	.12	.14	.15
240	.02	.03	.05	.06	.08	.09	.11	.13	.14

여성

체중(파운드) \ 시간당 섭취하는 술잔 수	1	2	3	4	5	6	7	8	9
100	.05	.09	.14	.18	.23	.27	.32	.36	.41
120	.03	.08	.11	.15	.19	.23	.27	.30	.34
140	.03	.07	.10	.13	.16	.19	.23	.26	.29
160	.03	.06	.09	.11	.14	.17	.20	.23	.26
180	.03	.05	.08	.10	.13	.15	.18	.20	.23
200	.02	.05	.07	.09	.11	.14	.16	.18	.20
220	.02	.04	.06	.08	.10	.12	.14	.17	.19
240	.02	.04	.06	.08	.09	.11	.13	.15	.17

■ 운전능력이 손상된다. □ 법적인 음주운전기준(미국) 1잔 = 독한 술 약 450mL ; 와인 150mL ; 맥주 360mL

그림 5-6 남 · 녀별 음주량에 따른 혈중 알코올 농도

주 : 1) 혈중 알코올 농도의 추정은 알코올섭취량, 체중(파운드), 성별을 기초로 한다.
2) 1파운드=453g

자료 : 이상선 외 역(2008). 영양과학. 지구문화사.

특히 임신과 수유 중에 술을 마시면 기형아를 낳거나 태아나 영아의 성장 발육과 지적 능력에 지장을 주게 된다. 임신 중 술을 섭취하면 태아알코올증후군(fetal alcohol syndrome)을 가진 기형아의 출생 위험이 증가한다. 태아알코올증후군의 경우 얼굴모양이 기형적이고 간질, 저체중, 심장기형 등 여러 가지 신체증상이 나타나며 기억력, 언어 이해력 등의 학습장애가 많고 과잉행동, 집중력 저하, 충동이나 불안장애 등이 나타날 수 있다(이종섭, 2009). 순수 알코올을 매일 90mL 이상 섭취하는 임신부의 1/2~1/3 정도가 기형아를 낳을 가능성이 있으나 알코올을 대사하는 능력은 개인마다 다르기 때문에 어느 정도의 알코올섭취가 안전한지는 알 수 없다. 그러므로 임신을 계획하고 있는 여성은 알코올섭취를 금해야 하며, 특히 태아 발달이 급속하게 진행되는 임신 초기에는 술을 반드시 금해야 한다.

표 5-13 혈중 알코올 농도에 따른 행동

혈중 알코올 농도 (g/100mL)	단 계	관찰할 수 있는 행동
0.01~0.03	무증상(subclinical)	• 일상적인 관찰에 의해 행동이 거의 정상적임 • 말이 많아지고, 자신감이 증가함 • 억제 감소, 주의력 감소, 판단력 변화
0.03~0.09	다행증(euphoria)	• 감각-운동 손상 : 미세수행시험에서 능률 상실 • 감정적 불안전 : 중요한 판단력 상실 • 지각능력 손상 : 기억력, 이해력 손상 • 감각반응 감소 : 반응시간 지연
0.09~0.25	흥분(exitement)	• 예민한 시력 감소 • 감각-운동 손상 : 평형감각 손상 • 졸 음 • 방향감각 상실 : 전신적 혼동, 어지러움 • 감정이 과장된 상태 • 시력장애, 형태, 움직임과 크기 인지장애
0.25~0.30	의식장애(confusion)	• 통증역치 증가 • 근육조화의 감소 : 비틀거리는 걸음, 분명하지 않은 언어 • 무감정, 기면 • 일반적인 무력증 : 운동기능 상실 • 자극에 대한 반응의 심각한 상실
0.30~0.40	혼미(stupor)	• 근육조화 부족 : 서있거나 걷지 못함 • 구토 : (대소변의) 실금 • 의식손상 : 수면 또는 혼미 • 완전한 의식불명 • 반사(reflex) 감소 및 손실
0.40~0.45	혼수상태(coma)	• 체온 저하 • 혈액순환과 호흡 손상 • 사망할 수 있음
0.45 이상	죽음(death)	• 호흡 정지로 인한 죽음

자료 : Mason MF, Dubowski KM. Alcohol, traffic and chemical testing in the United States: A resume and some remaining problem. Clinical Chemistry, 197(20), 126–140.

알아 보기

알코올리즘

세계보건기구는 알코올리즘을 '개인의 건강과 사회적응기능에 손상을 초래할 정도로 사회가 허용하는 범위 이상의 술을 마시는 병적 상태'라고 정의하고 있다. 한국형 알코올리즘 간이선별검사는 다음과 같고, 점수가 20~23점이면 잠재적 알코올리즘, 24점 이상이면 알코올리즘이라고 분류한다.

한국형 알코올리즘 간이선별검사(AUDIT-K)

질 문	0점	1점	2점	3점	4점
얼마나 자주 술을 마십니까?	안 마심	월 1회 미만	월 2~4회	주 2~3회	주 4회 이상
술을 마시면 한 번에 몇 잔 정도 마십니까?	1~2잔	3~4잔	5~6잔	7~9잔	10잔 이상
한 번에 소주 1병 또는 맥주 4병 이상 마시는 경우는 얼마나 자주 있습니까?	없음	월 1회 미만	월 1회	주 1회	거의 매일
지난 1년간 한 번 술을 마시기 시작하면 멈출 수 없었던 때가 얼마나 자주 있었습니까?	없음	월 1회 미만	월 1회	주 1회	거의 매일
지난 1년간 평소 할 수 있었던 일을 음주 때문에 실패한 적이 얼마나 자주 있었습니까?	없음	월 1회 미만	월 1회	주 1회	거의 매일
지난 1년간 술을 마신 다음날 출근을 위해 해장술이 필요했던 경우는 얼마나 자주 있었습니까?	없음	월 1회 미만	월 1회	주 1회	거의 매일
지난 1년간 음주 후에 죄책감이 들거나 후회를 한 적이 얼마나 자주 있었습니까?	없음	월 1회 미만	월 1회	주 1회	거의 매일
지난 1년간 음주 때문에 전날 밤에 있었던 일이 기억나지 않았던 경우가 얼마 자주 있었습니까?	없음	월 1회 미만	월 1회	주 1회	거의 매일
음주로 인해 자신이나 다른 사람이 다친 적이 있습니까?	없음	—	있지만 지난 1년간에는 없었다	—	지난 1년간 있었다
친적이나 친구, 의사가 당신이 술을 마시는 것을 걱정하거나 끊기를 권유한 적이 있습니까?	없음	—	있지만 지난 1년간에는 없었다	—	지난 1년간 있었다

7. 흡 연

1) 우리나라 여성의 흡연율

우리나라 여성의 흡연율은 2003년 WHO 발표자료에 의하면 5.5%로 미국(21.0%), 영국(26.0%), 노르웨이(32.0%), 일본(11.5%)에 비해 낮은 것으로 나타났고, 2007년 자료에 의하면 우리나라 20대 흡연율이 3.7%로 보고되고 있다(그림 5-7). 그러나 여고생의 흡연율이 13.3~21.4%라는 조사보고가 있어(이선혜 · 서경현, 2006), 우리나라에서 여성 흡연율이 증가하고 있음을 알 수 있으며, 시작 연령도 낮아지고 있어 우려의 목소리가 커지고 있다(그림 5-8). 보건복지가족부는 여성의 흡연율을 2010년 2.5%로 조사하였다.

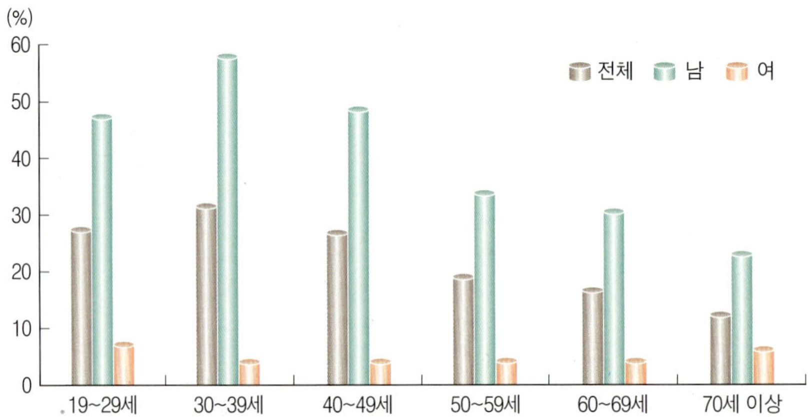

그림 5-7 우리나라 남 · 녀 현재 흡연율

주 : 현재 흡연율은 평생 담배 다섯 갑 이상을 피웠고, 현재 담배를 피우는 사람의 분율을 의미함
자료 : 보건복지부(2008). 2007년 국민건강영양조사 보고서.

2) 흡연과 건강

흡연은 10대 주요 사망원인인 심혈관질환, 암 등에 가장 영향력을 미치는 위험요인으로 밝혀져 있다. 흡연은 암으로 인한 사망의 32%, 심혈관질환으로 인한 사망의 13%, 만성 폐쇄성 폐질환으로 인한 사망의 88%에 기여하는 것으로 보고하고 있는데(양숙자, 2008),

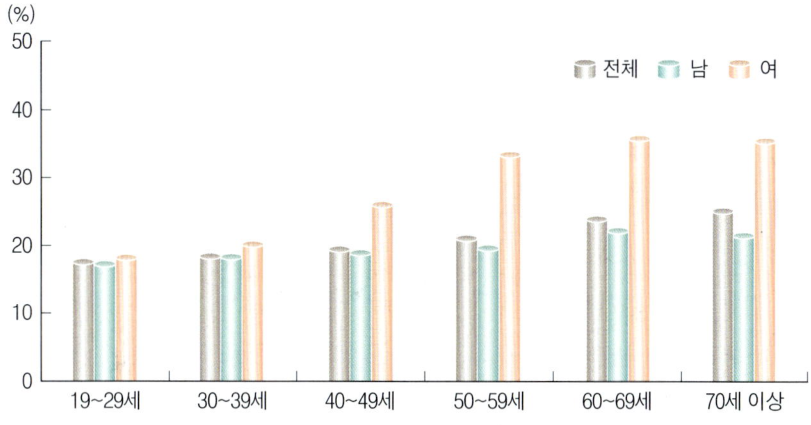

그림 5-8 우리나라 남 · 녀 흡연시작 연령

주 : 처음으로 담배 한 대를 완전히 피운 평균 나이(만)
자료 : 보건복지부(2008). 2007년 국민건강영양조사 보고서.

여성이 흡연할 경우 남성과 같이 폐암, 후두암, 구강암, 식도암, 심장질환의 위험이 증가하지만 남성에 비해 폐암과 심장병의 위험이 상대적으로 더 높다고 한다(서경현, 2007).

흡연으로 인해 흡입된 니코틴은 카테콜아민의 분비를 증가시키고, 증가된 카테콜아민은 말초혈관을 수축시켜 혈압을 상승시키며, 내피세포의 지질 투과성을 증가시켜 동맥경화의 예방인자로 작용하는 HDL-콜레스테롤을 감소시키고 총 콜레스테롤, 중성 지방 및 지질과산화물을 증가시킨다. 또한 니코틴은 혈중 유리지방산과 중성 지방을 증가시켜 담배 한 개비 흡연당 0.35mg/dL의 총 콜레스테롤이 증가된다. 그러므로 흡연자는 관상동맥질환의 유병율 및 사망률이 비흡연자에 비해 70% 정도 높고, 심근경색증 또한 세 배 정도 높으며, 혈중 LDL-콜레스테롤은 청소년 흡연자가 비흡연자에 비해 4% 높은 반면, HDL-콜레스테롤은 흡연자가 비흡연자에 비해 9% 낮은 것으로 보고되었다.

흡연자는 비흡연자에 비해 혈액 내 비타민 C, β-카로틴 등 항산화 영양소 농도가 낮은데 이는 흡연에 의한 연기에 노출되면 비타민 C나 α-토코페롤, β-카로틴의 분해가 빠르게 일어나기 때문이다. 그러므로 흡연자에게는 동맥경화증 증가나 지질과산화 등의 건강문제가 증가할 수 있다.

3) 흡연과 여성

남성들의 경우에는 자신들의 이미지를 강화하거나 쾌락을 위해 흡연을 하는 반면 여성은 흡연을 불안, 불만 등의 감정을 해소하는 방법으로 생각하고 있다. 여성의 흡연은 임신과 수유와 관련하여 많은 영향을 주게 된다.

임신부가 흡연으로 인해 일산화탄소와 니코틴에 노출되면, 일산화탄소는 태반을 통해 태아에게 전달되면서 태아의 정상적인 산소공급을 방해하고, 니코틴은 임신부와 태아를 연결시키는 혈관을 수축시켜 태아로의 산소공급과 영양공급을 감소시킨다. 또한 흡연으로 인해 임산부의 단백질, 아미노산, 비타민 B_{12} · C, 포도당, 지방산의 대사가 변화하여 태아의 뇌 발육과 신체 발육에 영향을 주어 저체중아, 조산아, 기형아, 사산아의 출산 위험이 크다. 임신 초기의 흡연은 급작스런 유아 사망의 원인이 되기도 하며, 아이들에게서 만성 기관지질환이 나타난다. 수유부가 흡연을 하면 모유를 통해 담배의 유해한 성분들이 유아에게 전달되므로 수유기간에는 금연을 하는 것이 좋다.

흡연은 니코틴성 콜린 수용체에 작용하여 교감신경을 항진시켜 식욕부진 및 열을 발생하기 때문에 체중 및 체질량 지수가 낮아지는 것으로 보고되고 있어 여성의 경우 체중감소를 위해 흡연을 하는 경우가 있다. 그러나 흡연자의 체질량 지수가 비흡연자보다 높다는 보고가 있어(변영순 · 이혜순, 2007), 흡연이 체중 감소에 미치는 영향에 대해서는 아직 논란이 있다. 그러므로 식욕 저하나 체중 감소를 목적으로 흡연을 하는 경우에는 다시 생각해 보아야 할 것이다.

흡연은 여성 생리에 영향을 주어 자궁암 발생을 증가시키고, 난소에 낭포를 형성하며, 난소의 기능을 약화시켜 불임증, 조기 폐경, 폐경기 이후 골다공증 등의 원인이 된다.

흡연으로 인한 산소공급 부족은 피부의 조기노화를 초래하여 주름살이 지게하고, 두피 내 담배연기 침착물로 인해 쉽게 손상되게 하며, 치아색 변색과 잇몸 및 목소리 손상을 초래한다. 또한 흡연자가 경구피임약을 사용하는 경우에는 심혈관계 질병의 위험을 더욱 증가시킨다고 한다.

8. 경구피임약

우리나라에서 출산율은 최근 심각한 사회문제로 대두되고 있다. 2009년 유엔 인구기금의 발표자료에 의하면 전 세계의 출산율은 2.54명, 선진국은 1.64명, 우리나라는 1.22명으로 185개국 중 184위로 낮았다. 반면, 의도되지 않는 임신으로 인한 인공 유산율이 아직도 높은 편이므로 인공 유산율을 낮추는 노력도 요구되고 있다.

1960년대에 우리나라에 경구피임약이 처음 소개된 이래 피임효과가 입증되면서 경구피임약은 현재 가장 대중적으로 사용되는 피임방법의 하나이다. 그러나 경구피임약의 부작용 등에 대한 구체적인 정보는 매우 부족하므로 경구피임약에 대한 올바른 이해가 필요하다.

1) 경구피임약의 종류

경구피임약은 생리주기와 관련된 호르몬을 투여하는 것으로 목적에 따라 일반피임약(사전 피임약)과 응급피임약(사후 피임약)으로 나뉠 수 있다.

일반 경구피임약은 배란을 억제하여 수정이 되지 않도록 하는 것이 목적으로 프로게스테론의 작용을 가진 스테로이드 호르몬을 주 성분으로 하고 부작용을 적게 하기 위해 소량의 에스트로겐을 첨가한다.

반면, 응급피임약은 기존의 피임법의 실패나 예기치 않은 경우에 임신위험을 줄이기 위한 방법으로 배란, 수정 및 착상을 억제하는 작용을 하므로 수정란이 자궁내막에 착상되는 시점을 기준으로 그 이전에 복용하여야만 임신을 예방할 수 있기 때문에 임신이 확인된 경우에는 사용을 제한해야 한다. 또한 사후피임법이므로 일상적인 피임법의 하나로 인식하여 복용하거나, 피임효과가 높은 것으로 오인하여 사전피임법을 대체하는 경우에는 문제가 발생할 수 있다. 그러므로 바른 사용법, 작용기전, 안전성에 대한 정보를 아는 것이 매우 중요하다(박상화 · 한정호, 2002).

2) 경구피임약과 부작용

경구피임약을 섭취하면 체내 대사가 변화하고 부작용이 나타날 수 있다. 일반적인 증상으로는 체중 증가, 체액 증가, 구토, 감정변화, 안면 홍조, 탈모, 두통 등이 있으며, 심한 경우에는 고혈압, 혈전색전증, 심근경색, 당뇨병과 같은 대사장애 등이 나타날 수 있다. 혈전색전증, 관상동맥질환, 유방암, 비정상적인 자궁출혈 등이 있는 사람은 경구피임약의 사용을 금해야 한다(표 5-14).

표 5-14 경구피임약 복용 시 부작용의 예

위협수준	부작용
생명을 위협하는 수준의 부작용들	• 다리, 골반, 폐, 심장, 뇌에 혈전 형성 • 두 통 • 시력이 희미해짐, 시력 상실, 섬광 • 다리에 심한 통증 • 흉통 또는 호흡곤란
중대한 부작용들	• 상부복통, 담낭질한의 심화, 소화불량 • 담석 진행
경미한 부작용들	• 구 토 • 체중증가, 혈량증가, 유방확대 • 긴 장 • 약한 두통 • 월경 주기 사이의 질출혈 • 월경혈량 감소 • 무월경 • 질소양증 • 우울증, 기분 변화, 피로 • 성욕 감소 • 여드름 • 갈색반

자료 : Hatcher RA et al(1984). Contraceptive technology 1984~1985, ed 12. Irvington.

3) 경구피임약과 영양소 대사

경구피임약을 복용하면 영양소 대사가 변화하는데 일반적으로 혈액 중 철분, 구리, 비타민 A 농도가 증가하고 비타민 B군, 비타민 C, 아연의 농도는 감소한다. 수용성 비타민의 경우는 비타민 $B_1 \cdot B_2 \cdot B_6 \cdot B_{12}$, 엽산의 혈액 내 농도가 감소한다(표 5-15). 그러므로 경구피임약을 복용하는 경우에는 대사변화에 따른 지방이나 미량 영양소의 섭취에 주의해야 한다.

표 5-15 경구피임약이 영양대사에 미치는 영향

영양소	영양상태의 변화
지 질	• 혈중 중성 지방 상승 • 혈중 VLDL, LDL 상승 • 혈중 HDL 감소 • type Ⅱ 고지혈증 여성에서 혈장 콜레스테롤 상승
단백질과 아미노산	• 혈중 알부민 감소 • 혈중 α-글로불린, β-글로불린 상승 • 혈중 피브리노겐, 코티솔-결합 글로불린, 타이로이드-결합 글로불린, 레틴올-결합 단백질, 트랜스페린, 세룰로플라즈민 상승 • 트립토판이 니아신으로 전환되는 정도 상승
탄수화물	• 혈당과 인슐린이 약간 증가 : 당내성 곡선이 상향 조정되지만 곡선모양의 변화는 없음
비타민	• 혈중 비타민 A 상승 • 혈중 카로틴, 비타민 $E \cdot B_{12} \cdot B_6 \cdot C$ 농도 감소 • 실험실조건에서 적혈구의 비타민 B_1-의존성 트렌스케톨라제, 비타민 B_2-의존성 글루타티온 환원효소, 비타민 B_6-의존성 아미노기 전이효소 자극 • 일부 여성에서 비타민 B_6 결핍증세 발현(뇨중 파리독신산 배설량 감소, 혈장 파리독살 인산염 농도 감소, 적혈구 아미노기 전이효소 감소) : 종종 우울증 수반
무기질	• 혈중 철분, 구리 상승 • 혈중 칼슘, 마그네슘, 인, 아연 감소

자료 : 1) Masse PG(1996). Oral contraception and nutrition, in Nutritional concerns of women, by CRC press, INC, Nutrition in pregnancy and lactation.
2) Worthington-Roberts BS(1993). Nutrition, fertility, and family planning, In: Nutrition in Pregnancy and lactation. 5th ed, Missouri, Mosby.

9. 운동과 여성 영양

최근 들어 바쁘고 복잡한 생활로 인한 스트레스 증가와 기계화 · 자동화로 인한 노동시간의 단축은 사람들의 신체활동 기회를 감소시켜, 건강에 대한 위험요소를 증가시키고 있다. 신체활동 및 운동 부족은 골다공증, 당뇨, 비만, 고혈압 등의 질환 위험을 증가시킨다. 그러므로 신체활동과 운동의 이점을 살펴보고, 건강을 위해 운동을 하는 습관을 갖는 노력이 필요하다.

1) 운동과 건강

우리나라 국민의 신체활동 실천율은 표 5-16과 같고, 여성의 경우 남성에 비해 격렬한 운동보다는 걷기와 같은 운동을 많이 하는 것으로 나타났다.

운동은 일상적인 신체활동과는 달리 계획적인 형태의 신체활동으로 간주하며, 규칙적으로 적당량의 운동을 하는 것은 신체적으로 많은 이점을 준다. 운동은 인슐린에 의한

표 5-16 우리나라 신체활동 실천율

(단위 : %)

나이(세)	전 체			남 성			여 성		
	격렬한 운동[1]	중등도[2]	걷 기[3]	격렬한 운동	중등도	걷 기	격렬한 운동	중등도	걷 기
19~20	15.7	10.8	50.9	20.6	13.8	56.0	40.5	7.8	45.6
30~39	12.2	7.5	39.6	16.1	9.6	40.0	8.2	5.3	39.1
40~49	17.9	10.3	43.1	18.9	7.9	39.6	16.9	12.7	46.6
50~59	13.1	12.9	48.6	13.0	11.5	53.2	13.3	14.3	44.0
60~69	12.4	12.0	50.9	18.2	12.2	54.8	7.3	11.7	47.4
70+	5.1	5.5	45.5	7.9	9.3	49.3	3.3	3.2	43.2

주 : 1) 최근 일주일 동안 평소보다 몸이 매우 힘들거나 숨이 많이 가쁜 격렬한 신체활동을 1회 20분 이상, 주 3일 실천한 사람의 분율

2) 최근 일주일 동안 평소보다 몸이 조금 힘들거나 숨이 약간 가쁜 격렬한 신체활동을 1회 30분 이상, 주 5일 실천한 사람의 분율

3) 최근 1주일 동안 걷기를 1회 30분 이상, 주 5일 이상 실천한 사람의 분율

자료 : 보건복지부(2008), 2007년 국민건강영양조사.

표 5-17 운동의 이점

생리적 변화	건강 이점
혈류량 증가	산소 운반능력 개선
심장 근육 강화	심장 기능이 더 효율적임
휴식 시 심박동수 감소	휴식 시에 힘이 덜 듬
일회 박출량 증가	덜 노력하고도 심장에서 박출되는 혈류량 증가
최대 산소섭취량 증가	운동수행능력과 지구력 개선
순환개선	조직에서는 더 많은 산소와 영양소를 받게 됨
에너지소비 증가	체중 감소에 도움 되고 건강한 체중 유지 가능
스트레스 감소	수면 개선
정신건강 개선	우울증 예방 및 개선
면역체계 강화	몇 가지 형태의 암 위험 감소
심혈관계 건강 개선	혈압 감소
체중 감소	관절 부담 감소, 많은 만성 질환의 위험 감소
골밀도 증가	골다공증 위험 감소
혈중지질 수준 개선	심장 발작과 뇌졸중 위험 감소
혈당 수준 감소	제2형 당뇨 위험 감소, 제2형 당뇨치료를 위한 투약 필요성 감소

자료 : 이상선 외 역(2008). 영양과학. 지구문화사.

근육 등의 말초조직에서의 포도당 이용율을 증가시켜 인슐린의 감수성을 높여 주며, 심폐기능을 향상시킨다. 심폐기능의 개선을 목적으로 규칙적인 운동을 하면 행동체력인 근력, 순발력, 민첩성, 지속성, 평형성, 협응력, 유연성 등이 향상된다. 또한 정신적 스트레스에 대한 저항력과 적응성, 체온조절 및 면역기능을 높여 주고, 정신적 요소들과 판단, 의욕 등을 높여 준다(표 5-17).

2) 운동과 에너지원

운동을 하는 동안의 에너지체계의 변화를 보면, 운동 초기에는 산소 없이도 ATP를 생산

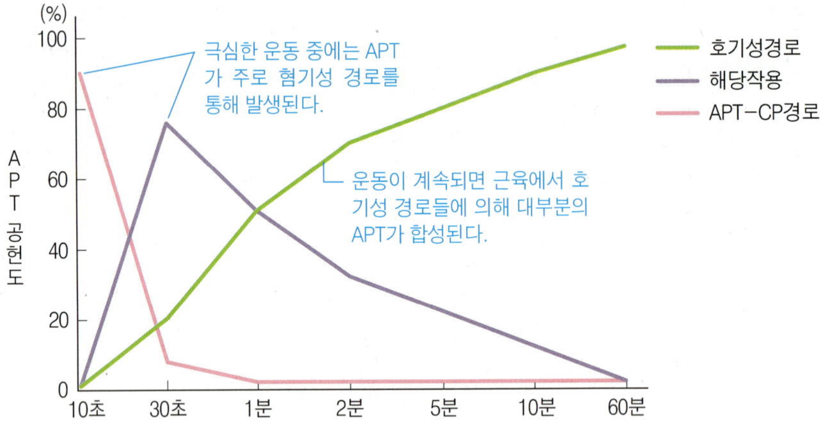

그림 5-9 운동하는 동안의 에너지 체계와 총에너지 지출에 대한 상대적 공헌도

자료 : 이상선 외 역(2008). 영양과학. 지구문화사.

할 수 있는 혐기성 경로인 ATP 크레이틴 인산(ATP-CP 경로) 경로와 해당작용이 작용한다. 혐기성 대사는 호기성 대사에 비해 간단하므로 ATP 생산은 매우 빠르게 진행되나 오랫동안 ATP 생산을 유지할 수 없으므로 신체는 잠시 동안만 혐기성 대사를 사용할 수 있다. 신체활동이 오랫동안 계속되면 근육은 ATP 생성을 위해 호기성 경로(시트르산회로, β-산화, 전자전달 사슬)를 많이 사용하게 된다(그림 5-9).

호기성 경로는 ATP 합성을 위해 포도당, 지방산과 소량의 아미노산을 사용한다. 호기성 경로는 상대적으로 혐기성 경로에 비해 ATP 생성 속도는 느리지만 발생하는 에너지

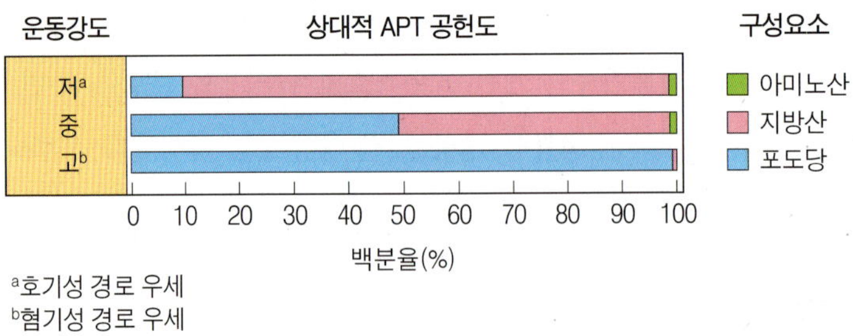

그림 5-10 저 · 중 · 고강도 운동 중 에너지 급원의 상대적 공헌도

주 : 저 · 중 · 고강도 운동 시에 호기성 대사 경로의 에너지 급원은 주로 포도당과 지방산이며 아미노산은 적게 사용된다. 고강도 운동 시에 혐기성 대사 경로에서의 에너지는 오로지 포도당만을 사용한다.

자료 : 이상선 외 역(2008). 영양과학. 지구문화사.

양은 풍부하며, 운동의 강도에 따라 사용되는 에너지 급원이 다르다(그림 5-10).

2) 건강을 위한 운동지침

최근 들어 건강 관련 체력(health related fitness)이란 말이 많이 사용되고 있는데 이는 호흡, 순환계에 의해 운동 시 전신의 근육이 필요로 하는 산소를 이용하는 최대 산소섭취능력, 즉 유산소능력을 의미한다. 최대 산소섭취량은 신체가 가지고 있는 활동능력의 수준을 나타내는 가장 적절한 지표로 사용된다. 최대 산소섭취량은 연령에 따라 차이를 보이는데 남자는 17세, 여자는 13세까지 증가하며 그 이후에는 많이 증가하지 않는다. 표 5-18에는 연령별로 최대 산소섭취량의 한계 도달 목표치가 제시되어 있는데 이것은 질병을 예방하기 위해 20대 여자는 최저 35mL/kg · min을 유지해야 한다는 것이다.

또한 신체적으로 건강하기 위해서는 심폐기능, 저항력, 유연성 등이 있어야 하는데 일반인을 위한 운동처방의 예는 다음 표 5-19와 같다.

표 5-18 최대 산소섭취량(mL/kg · min)의 최저 한계 도달 목표치

연 령	남 자	여 자
20대	41	35
30대	40	34
40대	39	33
50대	38	32
60대	37	31

자료 : 대한영양의학회 편저(2002). 영양의학. 고려의학.

표 5-19 일반인의 운동지침

구 분	심폐기능	저항력	유연성
활동의 종류	큰 근육을 사용하는 유산소운동	근력운동	스트레칭운동
빈 도	3~5회/주	2~3회/주	2~7회/주
강 도	최대 심박수의 55~90%	근력을 증진시키고, 신체 조성을 개선할 수 있는 충분한 정도	완전하게 동작을 할 수 있고 유지할 수 있는 정도
지속 시간	20~60분	최소한 8~10가지 의 각기 다른 운동을 각각 8~12회	근육당 15~30초간을 2~4회 반복
종 류	달리기, 자전거타기, 수영, 인라인스케이팅, 노젓기, 파워워킹, 크로스컨트리 스키, 킥복싱, 줄넘기, 스포츠경기(농구, 축구, 라켓볼, 배구등)	발굽혀펴기, 턱걸이, 역도, 필라테스	요가

자료 : 김혜영 외 역(2008). 식이요법. 지구문화사.

Reference

참고문헌

김병성(2009). 음주와 알코올리즘. 월간경영계, 363, 60-61.

김재철 · 김경태 · 김창근(2002). 채식인의 BCAAs 섭취 후 지구성 운동 시 나타나는 혈중 에너지 대사 물질의 변화. 한국체육학회지, 41(5), 619-628.

김정호(2003). 여대생들의 배변관련 증상과 심리적 요인의 관계. 한국심리학회, 8(2), 375-397.

김진선 · 조혜경 · 승정자(1997). 채식주의 고3 남학생들에 있어서 스트레스와 Na 및 K 섭취수준이 혈압, 뇨 중 Na과 K의 배설량에 미치는 영향. 대한 영양사협회, 3(2), 159-168.

김혜영 외(2008). 식이요법(Nutirtion and Diet Therapy). 지구문화사.

노승옥 · 이재은 · 양경숙(2007). 발 반사마사지가 여대생의 변비완화에 미치는 효과. 여성건강간호학회지, 13(3), 184-191.

대한영양의학회 편저(2002). 영양의학. 고려의학.

도은영(2009). 고학력, 젊은 여성 새로운 음주 인구. 건강생활, 64, 12-14.

박봉섭(2008). 걷기와 근력운동이 비만 여성 참가자의 신체구성, 체력 및 혈청지질에 미치는 영향. 한국사회체육학회지, 32, 847-858.

박상화 · 한정호(2002). 응급피임약의 효율성과 안전성. 대한보건협회학술지, 28(2), 121-126.

박영수 · 이동호(2005). 변비의 치료 가이드라인. 대한소화관운동학회, 11(3), 51-57.

변영순 · 이혜순(2007). 청소년의 흡연과 혈답, 지질 및 체질량 지수와의 관계. 대한 간호학회지, 37(6), 1020-1026.

변영순(2002). 여대생의 식습관과 배설양상. 간호과학, 14(1), 18-25.

서경현(2007). 한국여성의 흡연과 금연에 대한 최신지견. 한국심리학회지, 12(4), 695-713.

손금희 · 조여원(2006). 채식선호자와 육식선호자의 식사의 질 및 비타민 K 섭취비교 연구. 한국영양학회지, 39(6), 529-538.

신정란 · 이선영(2003), 여대생 변비와 관련된 식습관 및 생활습관 요인. 대한지역사회영양학회지. 8(5), 675-688.

심성욱 · 이진우 · 손영곤(2009). 여대생 절주 캠페인 전략수립을 위한 음주 행동 영향요인 분석: 계획된 행동이론을 적용한 여대생 음주 행동 이해. 한국광고홍보학보, 11(1), 204-247.

양숙자(2008). 흡연 · 금연 관련 연구동향 분석-국민건강증진기금 연구를 중심으로-. 한국보건간호학회지, 22(2), 256-265.

오상우(2009). 음주가 비만 및 대사증후군에 미치는 영향. 대한 비만학회지, 18(1), 1-7.

이경아 · 김현정 · 윤현숙(2009). 김해지역 고등학생의 변비실태 및 변비에 영향을 미치는 식생활 요인 조사. 대한영양사협회 학술지, 15(4), 419-432.

이상선 외 역(2008). 영양과학. 지구문화사.

이선혜 · 서경현(2006). 성별에 따른 고등학생의 흡연에 대한 지식, 태도 및 자아개념. 한국보건교육건강증진학회, 23(2), 29-45.

이종섭(2009). 여성음주, 왜 나쁜가?. 건강생활, 64, 6-8.

정남용 · 최순남(2006). 서울지역 채식 · 비채식 대학생의 골밀도에 미치는 영향 요인에 관한 연구. 한국식생활문화학회지, 2191, 89-98.

정숙현 외(2007). 빈혈 자각 증상이 있는 여대생에서 영양상담이 식사의 질, 철분 영양상태 및 혈액학적 지표에 미치는 영향. 대한지역사회영양학회지, 12(1), 68-79.

정슬기(2007). 여자대학생의 문제음주 영향요인 분석-남자대학생과의 비교. 정신보건과 사회사업, 27(12), 176-198.

정영미 · 정길수 · 이성은(2005). 비만도에 따른 여대생의 건강습관, 체성분 및 신체상 비교. 한국보건교육건강증진학회. 22(1), 87-102.

정혜경 · 김도영 · 문일환(2002). 건강 성인에서 남녀별 및 생리주기에 따른 대장통과시간의 차이. 대한 내화학회지, 63(2), 151-157.

차복경(2001). 채식을 하는 성인 여성의 지질관련 영양소 섭취실태 및 섬유소 섭취량과 혈중 지질수준, 혈당, 혈압과의 관련성에 관한 연구. 한국영양학회지, 34(3), 313-321.

최명규. 변비의 진단 가이드라인. 대한소화관운동학회, 11(3), 44-50.

현태선 외(2003). 식사의 철분밀도에 따른 식품섭취 패턴 및 철분 영양상태의 차이. 대한영양사협회 학술지, 9(1), 71-80.

경인일보. 2010. 01. 26일자.

ACSN. Guildelines for exercise testing and prescription(6th ed.) liponcott Williams Wiliins : Philadelphia

Drossman DA, Corraziari E, Talley NJ, Thomson WG, Whitehead WE(Eds)(2002). The functional gastrointestinal disorders. 2nd ed. McLean: Degnon Associates.

Hatcher RA et al; Contraceptive technology 1984-1985, ed 12, New York, 1984, Irvington

Mason MF, Dubowski KM(1974). Alcohol, traffic and chemical testing in the United States: A resume and some remaining problem. Clinical Chemistry, 197(20), 126-140.

Masse PG. Oral contraception and nutrition, in Nutritional concerns of women, by CRC press, INC, 1996 Nutrition in pregnancy and lactation.

Position of the American Dietetic Association and Dieticians of Canada(2003): Vegetarian diet. J Am Diet Assoc 103: 748-765.

Suter PM(2005). Is alcohol consumption a risk factor for weight gain and obesity? Crit Rev Ckin Lab Sci, 42, 197-227.

Worthington-Roberts BS(1993). Nutrition, fertility, and family planning, In : Nutrition in Pregnancy and lactation. 5th ed, Missouri.

Xu D, Dhillon AS, Abelmann A, Croft K, Peters TJ, Palmer TN(1998). Alcohol-related diols cause acute insulin resistant in vivo. Metabolism, 47, 4480–1186.

생식(reproduction)이란 자기와 닮은 생명체를 만들어 종족을 보존하는 특성을 말한다. 여성의 생식능력은 매우 정교하고 복잡한 과정으로 영양상태는 여성의 생식능력을 유지함에 매우 중요하다. 여성의 생리주기부터 가임기의 건강상태에 대해 알아보고, 임신부 여성의 영양관리 및 태아의 발달과정에 대해 제시한다.

Chapter 6

가임기와 임신부 영양

Chapter 6

가임기와 임신부 영양

1. 영양과 생식능력

생식(reproduction)이란 자기와 닮은 생명체를 만들어 종족을 보존하는 특성을 말한다. 여성의 생식능력은 매우 정교하고 복잡한 과정으로 영양상태는 여성의 생식능력을 유지함에 매우 중요하다. 반대로 피임제나 피임기구로 생식능력을 조절하면 영양소 대사가 교란될 수 있다. 수정란이 착상되기 전부터 시작하여 전 임신기간을 거치는 동안 여성은 특별한 영양필요량을 갖게 된다.

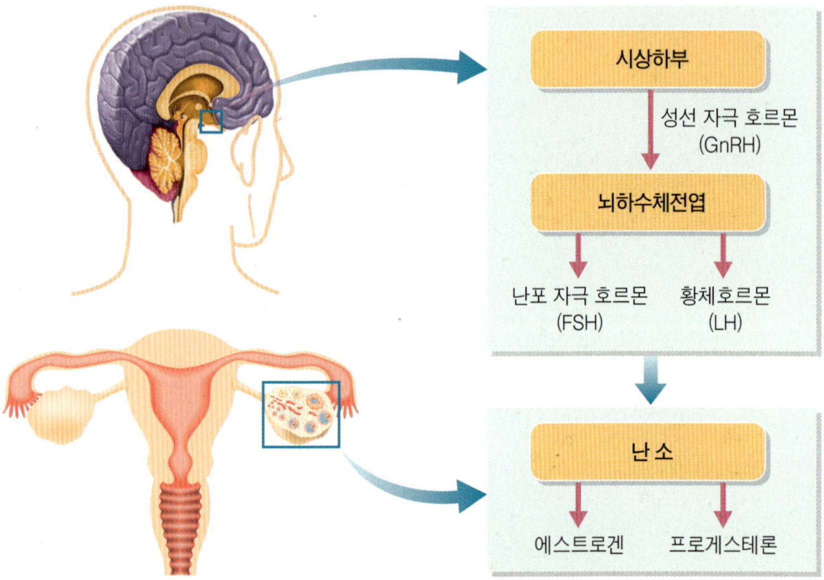

그림 6-1 난소호르몬의 분비

1) 여성의 생리주기

(1) 호르몬과 생리주기

여성 생식기관의 기능은 난소에서 분비되는 에스트로겐과 프로게스테론 호르몬에 의해 조절된다. 그러나 실제로 에스트로겐과 프로게스테론의 분비는 뇌하수체에서 분비되는 난포 자극 호르몬(FSH)과 황체 형성 호르몬(LH)이 전달하는 신호에 의해 조절되며, 다시 FSH와 LH는 시상하부의 명령을 받아 분비되는 체계를 갖추고 있다(그림 6-1).

아동기에는 FSH과 LH의 생성이 미약하지만, 사춘기가 되면서 생성이 활발해진다. 이에 따라 난소호르몬의 생성이 자극되면 성적 성숙을 상징하는 생리주기가 시작된다. 규칙적으로 반복되는 생리주기로 매월 한 개의 성숙된 난자가 배란될 수 있으며, 수정이 이루어진 경우에는 수정란을 보호하고 임신이 유지될 수 있도록 자궁 내 환경이 조절된다. 생리주기는 보통 28일 간격으로 난포기, 황체기 및 월경기의 3단계로 구분된다(그림 6-2).

난포기 : FSH와 LH의 영향으로 난자가 발달하고 성숙해진다. 14일경 난포가 파열

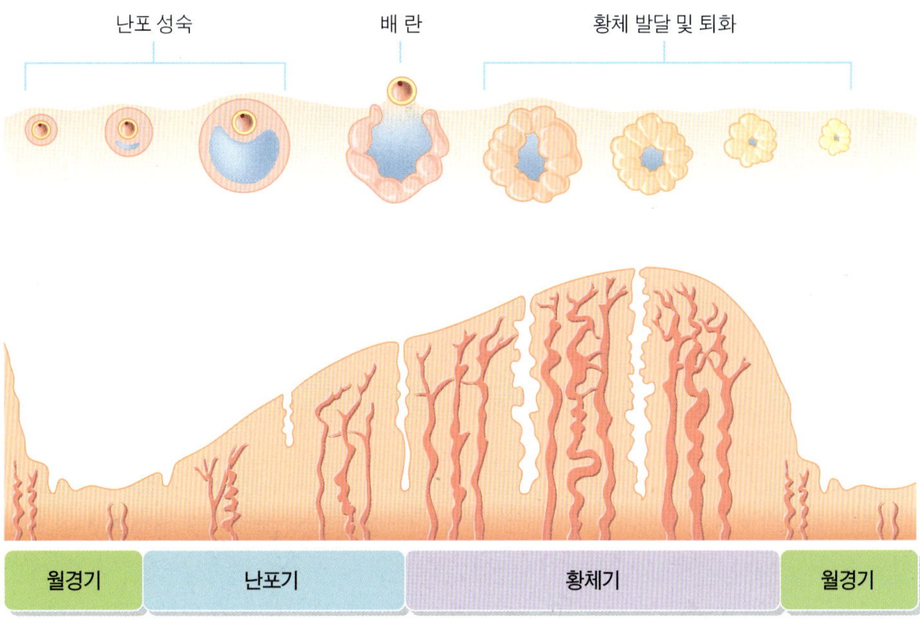

그림 6-2 여성의 생리주기

되면 성숙된 난자가 난관의 팽대부, 소위 나팔관으로 이동한다. 한편 난소에서 에스트로겐이 분비되어 자궁 상피조직의 분화와 성장을 자극한다.

- **황체기** : 난자가 빠져나온 후(배란), 난포는 황체로 발달된다. 황체는 다량의 프로게스테론을 분비하여 자궁내막의 분화를 촉진하고 수정된 난자를 보호하여 성장을 도와준다.
- **월경기** : 수정이 이루어지지 않았다면 제23일 경부터 에스트로겐과 프로게스테론 수준이 급격히 저하되며 자궁내막과 자궁근이 수축되므로 탈락된 상피조직들이 체외로 분비된다(월경출혈). 월경출혈은 보통 5일간 지속된다.

(2) 영양과 생리주기

일정한 체중 또는 체지방 비율에 도달했을 때 사춘기의 출현이 유도된다고 알려져 왔다. 즉, 체중이 47kg에 이르렀거나 체지방 비율이 17~22% 정도 되었을 때 사춘기가 시작된다는 것이다. 식사내용이 개선되고 성장기 아동의 체중과 체지방이 증가되면서 초경 연령은 50년 전에 비해 2년 정도 빨라졌다.

난소뿐 아니라 체지방세포도 에스트로겐 생성과 대사에 중요하다. 정상적인 여성의 체지방량은 24~26% 정도인데, 과도한 다이어트로 체지방량이 급격히 낮아지면 에스트로겐 생성이 저하되어 초경이 지연되거나 배란장애, 무월경의 원인이 된다. 예를 들어, 체지방량이 8~12%로 매우 낮은 육상선수나 발레리나는 초경이 늦어지거나 무월경 등을 경험한다.

(3) 생리주기와 식욕

생리주기 중 호르몬이 변화되면 에너지필요량이나 식욕이 변화된다. 황체기 동안에는 기초대사율과 식욕이 증가한다는 보고가 있으며, 생리 직전에는 체내 나트륨이나 수분의 축적이 유도되므로 체중이 증가하는 경향을 보인다. 이와 같은 생리적 변화가 과도하게 나타나는 여성들은 월경증후군(PMS : Premenstrual Syndrome)이나 생리통을 경험하기도 한다.

2) 임신 전 체중관리

임신 전 체중은 태아의 성장과 출산결과에 중요한 영향을 미친다. 따라서 가임기 여성이 적정 체중을 유지하는 것은 중요하다.

① 저체중

임신 전 영양상태가 불량하면 생식능력이 저하된다. 예로써, 식량공급이 심각하게 제한되었던 제2차 세계대전 중에 네덜란드에서는 여성의 50% 정도가 무월경을 경험하였고 임신율도 53%로 감소하였다. 또한 체중이 정상보다 낮은 상태에서 임신이 되면, 임신기간 중 체중이 많이 증가하더라도 저체중아 출산 또는 조산의 위험이 크며, 빈혈 등의 임산부 합병증도 많이 나타난다.

② 과체중

과도한 체지방 축적도 무월경이나 불임을 야기할 수 있다. 지방세포는 에스트로겐을 생성하므로 비만한 여성은 에스트로겐 분비량의 증가로 정상적인 내분비기전에 방해를 받을 수 있다. 즉, 뇌하수체와 난소 사이의 신호전달체계에 이상이 생겨 LH이나 FSH의 분비에 문제가 나타나고 배란장애나 월경중단이 일어날 수 있다. 정상보다 14% 이상 체중이 초과한 경우 당뇨, 고혈압 등의 임신부 합병증이 나타나서 좋지 못한 임신결과를 가져올 수 있다. 그러나 비만인 경우라도 임신기간 중 다이어트를 시도해서는 안 된다.

3) 임신 전 영양의 중요성

임신 전 그리고 임신 초 몇 주간의 영양상태는 성공적으로 임신을 유지하는 데 무엇보다 중요한 요소가 된다. 계획 없이 임신을 하는 경우 영양의 중요성은 더욱 부각된다. 가임기 여성은 질 좋은 식사를 섭취하고 정상체중을 유지하여 임신을 준비해야 하는데 특별히 강조되는 영양소는 철, 엽산, 칼슘이다(표 6-1).

- **철** : 생리기간 중 손실되는 철을 보상하기 위해, 여성은 남성보다 10mg/일만큼의 철이 더 많이 필요하다. 월경 중에는 하루 0.5~1mg 정도의 철이 손실되고, 임신이 되면 철의 필요량이 급격히 상승하므로, 임신 전 충분하게 철을 저장하여야 한다.

표 6-1 가임기 여성에게 강조되는 영양소의 권장섭취량

성 별 / 연 령	철 (mg/일)	엽 산 (㎍ DFE/일)	칼 슘 (mg/일)
15~18세	17	400	800
19~29세	14	400	650
30~49세	14	400	650

자료 : 한국영양학회(2010). 한국인 영양섭취기준.

- **엽산** : 엽산은 가임기 여성에게 특별히 중요한 영양소이다. 태아의 척추와 신경계는 수정 후 21일 이내에 발달이 완료되는데, 이때 엽산이 매우 중요한 작용을 하기 때문이다. 따라서 임신 초기에 엽산 영양이 불량하면 신경관 손상(NTDs : Neural Tube Defects)이라는 선천성 결함을 초래하게 된다. 또한 엽산은 생리기간 중 손실되는 혈액을 보강하고 골수에서 세포분화가 일어나는 동안 핵산생성에 중요한 역할을 한다.
- **칼슘** : 생리주기와 무관하게 칼슘은 여성에게 중요한 영양소이다. 임신, 수유, 그리고 훗날의 폐경기를 거치면서 여성은 남성보다 뼈의 칼슘 손실이 더 많다. 따라서 골다공증의 위험이 더 크다.

4) 임신을 위한 영양계획

일반적으로 임신기 모체영양에 대해서는 많은 관심을 가지고 있지만, 건강한 임신결과를 얻기 위해 무엇보다 중요한 것은 임신하기 전 양호한 영양상태를 유지하는 것이다. 이 외에 흡연, 과도한 음주와 약물남용, 감염, 연령, 잦은 임신, 만성 질환 등은 여성의 영양상태에 나쁜 영향을 주므로, 이를 최소화할 수 있도록 노력해야 한다.

임신 전에는 체내 영양소 저장분을 충분히 확보하는 것이 좋다. 그러나 비타민과 무기질의 과잉섭취는 해로울 수 있으므로 유의한다. 임신을 계획할 때에는 우선 체중을 점검한다. 저체중인 여성은 영양밀도가 높은 식품을 선택하면서 식생활의 균형을 유지한다. 과체중인 여성은 과식 또는 영양밀도가 낮은 식품(에너지는 공급하지만 단백질, 비타민,

무기질이 결핍된 식품)의 섭취를 줄이고 규칙적인 운동으로 체중을 조절한다. 그러나 체중은 점진적으로 증가 또는 감소시켜야 함에 유의하여야 한다. 가임기 여성의 열량필요량에 맞추어 식사를 계획할 때에는 다양한 식품군을 사용하여야 한다.

가임기 여성의 식사계획에 필요한 사항은 아래와 같이 요약된다.

- 건강한 체중을 유지한다.
- 체중을 조절할 때에는 점진적으로 실행한다. 일주일에 0.5~1.0kg 정도의 감량이 적당하다.
- 음주습관을 점검하고 가능하면 술이나 알코올 함유 음료를 섭취하지 않는다.
- 의사가 처방한 의약품 이외에는 복용하지 않는다.
- 영양보충제를 과하게 섭취하지 않는다.
- 흡연을 삼간다.

2. 임신생리

1) 태아발달

(1) 수정과 착상

임신은 한 개의 난자와 정자가 결합하는 수정으로 시작된다. 여성은 약 700만 개의 난자를 가지고 출생한다. 월경을 시작하면서부터 매월 하나씩 총 400~500개의 난자가 두 개의 난소에서 번갈아 가며 배란된다. 배란 후 난자는 나팔관으로 이동하여 수정되며 수정란은 자궁 쪽으로 이동하며 분할을 시작하고, 약 6일이 지나면 자궁내막 벽에 착상한다. 착상된 수정란은 크게 두 부분으로 나뉘어, 자궁 안쪽을 향하는 부분은 태아로 성장하며, 자궁벽 쪽은 태반을 형성한다(그림 6-3).

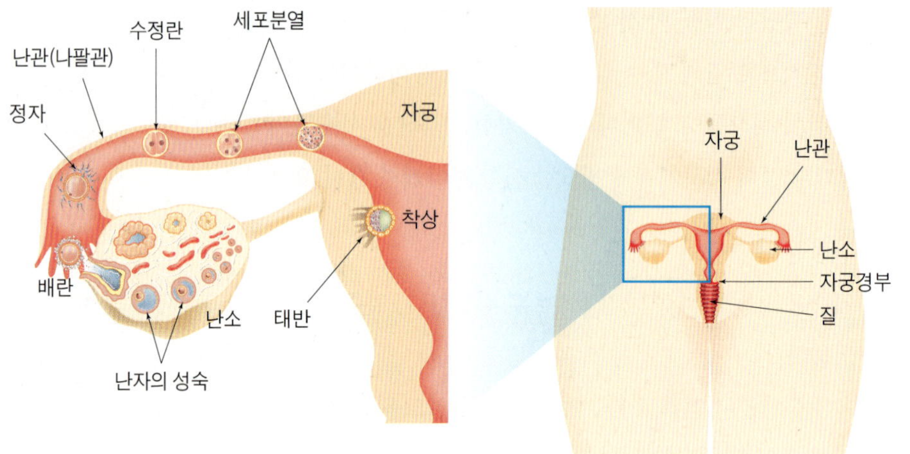

그림 6-3 수정과 착상

(2) 태 반

태반은 모체와 태아의 조직이 합하여 만들어진 원반모양의 기관이다(그림 6-4). 그러나 혈액은 모체와 태아 간에 섞이지 않도록 얇은 태반막으로 둘러싸여 있다. 태아는 자궁에 위치하면서 태반과 연결된 제대혈(탯줄)을 통해 전적으로 모체로부터 영양소와 산소를 공급받아 성장한다. 태반으로 순환되는 혈액량은 모체 심박출량의 7% 정도로, 이는 매 시간당 30L에 해당된다.

태반조직에서는 여러 가지 물질이 선택적으로 이동된다. 즉, 영양소와 산소는 태아 쪽으로, 그리고 태아의 대사산물과 노폐물은 모체 쪽으로 이동된다. 특별히 영양소는 모체 혈액과 제대혈액에 분포하는 농도에 따라 다른 기전으로 운반된다. 모체혈액에서 농도가 높은 경우에는 단순확산(simple diffusion) 또는 촉진확산(facilitated diffusion)의 방법으로 영양소가 제대혈액으로 이동한다. 촉진확산의 경우에는 운반체가 사용되므로 이동속도가 더 빠르다. 반대로 모체혈액에서 농도가 낮은 경우에는 능동적 수송(active transport)의 방법으로 제대혈액으로 이동된다. 이때에는 운반체뿐 아니라 에너지도 필요하다.

- **당질** : 포도당은 촉진확산의 방법으로 상당한 양이 이동된다.

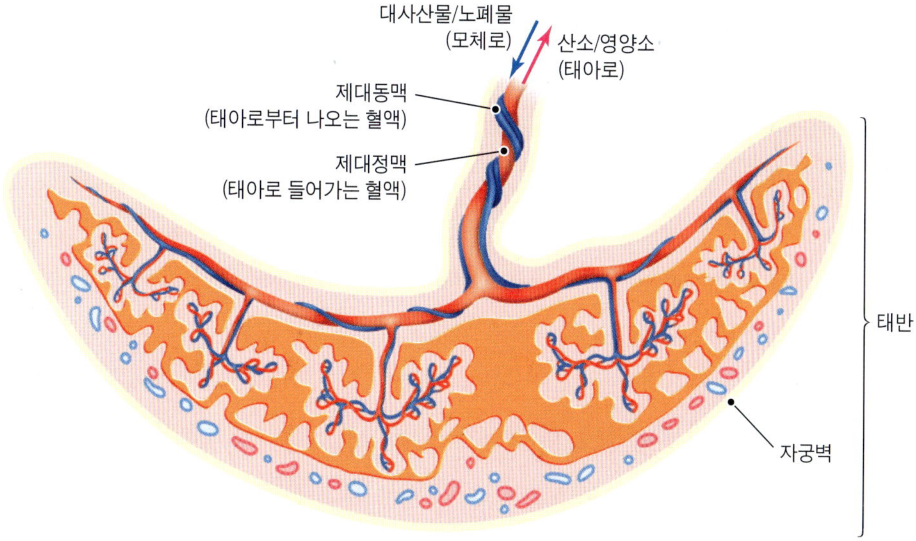

그림 6-4 태반

- **지질** : 콜레스테롤과 유리지방산은 단순확산으로 태반을 통과하는데, 콜레스테롤은 쉽게 태반을 통과하는 반면 유리지방산은 이동속도가 느리다.
- **아미노산 및 단백질** : 중성 아미노산은 대부분 능동적 기전으로 이동하지만, 다른 아미노산은 확산을 통해 느리게 이동된다. 단백질은 태반막을 통과할 수 없으므로, 태아는 모체로부터 이동된 아미노산을 사용하여 스스로 단백질을 합성해야 한다. 그러나 알부민, 피브리노겐은 예외로 음세포작용(endocytosis)으로 태반을 통과할 수 있다. 또한 모체의 면역글로블린은 빠르고 효과적으로 이동되어 감염으로부터 태아를 보호하는 역할을 담당한다.
- **비타민** : 지용성 비타민은 단순확산 또는 촉진확산의 방법으로 이동된다. 반면 수용성 비타민은 능동적 수송의 방법으로 운반된다. 다만, 비타민 B_{12}는 예외로 능동적 수송으로 태반을 통과한다.
- **무기질** : 철과 칼슘은 결합단백질을 사용하여 태반을 통과한다. 이 외의 무기질에 대해서는 잘 밝혀지지 않고 있다.

임신 후반기로 갈수록 영양소의 이동은 활발해진다. 이는 출생을 준비하기 위해 태아

조직의 저장량과 태아 혈액 내 농도가 증가하기 때문이다. 예를 들어 칼슘은 임신 마지막 달에 최고치에 도달하여 매일 300mg의 칼슘이 모체로부터 태아에게 전달된다. 미숙아나 조산아는 이렇게 중요한 시기에 자궁 내에 머물지 못하면 만삭아에서 보다 이들 영양소의 수준이 낮다. 또한 철 저장량도 적기 때문에 철 결핍성 빈혈이 나타나기 쉽다.

태반의 무게도 점차 증가하는데, 보통 분만 시 태반의 무게는 0.5~1kg 정도이다. 태반의 크기가 작으면 영양소 이동이 적으므로 태아발달이 방해될 수 있는데, 임신기 모체의 영양이 불량하면 태반의 크기가 작아질 수 있다.

태아는 끊임없이 많은 산소를 요구하는데, 모체의 영양상태에 따라 태아의 산소공급이 달라질 수 있다. 임신 중 철과 엽산이 부족하면 모체 혈액의 산소운반능력이 제한되고, 심한 경우에는 태아성장에도 좋지 못 한 영향을 준다. 또한 임신기 빈혈은 조산이나 기타 합병증의 유발을 증가시킬 수 있다.

태아조직에서 생성된 대사물질은 태반을 통해 모체 쪽으로 이동된다. 임신기에 호흡속도가 상승하고 모체 혈액의 이산화탄소 농도가 낮은 것은 태아 혈액으로부터 탄산가스를 모체 쪽으로 확산 이동하여 폐를 통해 밖으로 배출하기 위한 현상이다. 요소나 크레아틴 등도 태반을 통해 모체혈액으로 이동된 후 모체의 신장과 간조직을 통해 배설된다.

태반은 10여 가지 주요 호르몬을 분비하는 중요한 내분비기관이기도 하다. 태반에서 분비되는 프로게스테론과 에스트로겐은 태아발달에 필수적이며, 모체의 영양과 대사에도 많은 변화를 야기한다.

(3) 태아발달

출생 전 발달은 임신 첫 8주 동안의 배아기(embryonic phase)와 그 이후 태아기(fetal phase)로 구분한다(그림 6-5).

① 배아기

배아는 수정 후 3주 정도부터 세포분열을 통해 각 신체기관을 형성하기 시작한다. 세포의 외부층에서 뇌, 신경계, 피부가 형성되며, 가운데 부위에서 심장순환계, 신장, 근육 및 골격계통이 형성되기 시작한다. 내부층에서는 소화기, 호흡기 및 선조직이 형성된다. 임신 9~10주경의 태아의 무게는 6g에 불과하지만 심장이 박동하며 움직일 수 있다. 따

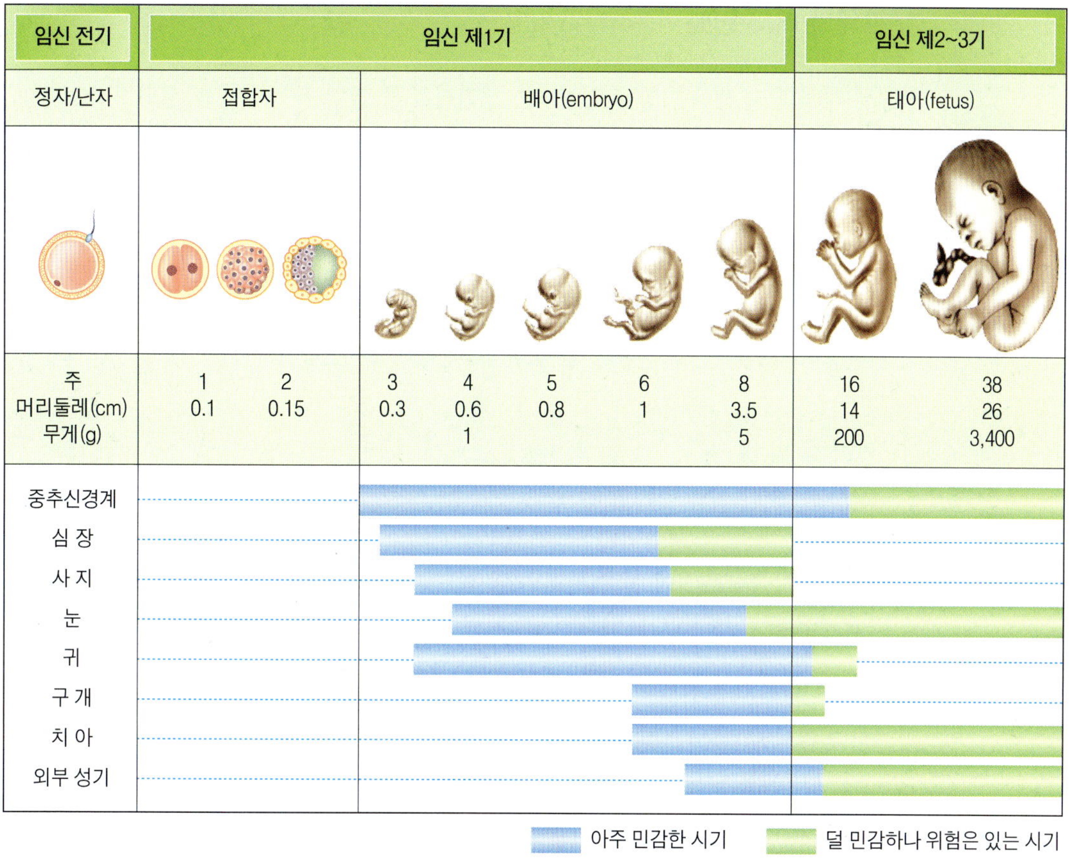

그림 6-5 태아의 발달과정

자료 : C Byrd-Bredbenner 등(2009). Perspectives in Nutrition, 8th ed., McGraw-Hill.

라서 배아기에 영양소가 균형 되고 충분하게 공급되지 못하면 태아의 발달과 성장에 장애가 올 수 있고 선천적인 기형이 나타날 수도 있다.

② 태아기

태아기는 일생 중 성장속도가 가장 빠른 시기이다. 따라서 이 시기의 영양결핍은 특정 세포나 기관이 아닌 태아의 전반적인 성장에 영향을 준다. 특별히 임신 30주 이후부터는 많은 양의 지방이 저장되기 시작한다. 건강한 아기는 대략 15% 정도의 체지방을 가지고 출생하는데, 이는 출생 후 몇 달 동안 에너지를 제공한다는 면에서 중요하다. 칼슘, 마그네슘, 철 등도 임신 후반기에 저장량이 증가하는 영양소이다.

2) 모체의 대사 변화

임신은 여성의 전 생애를 통해 일어나는 생리현상 중 가장 독특하며 큰 생리적 스트레스이다. 임신기간 동안 모체와 태아는 분리할 수 없는 직접적인 관계를 형성한다. 모체는 태아의 성장발육에 적합한 환경을 만들고 분만과 수유를 대비하기 위해 생리적으로 변화된다. 자궁용적의 증가, 유선의 비대, 지방조직의 증가, 혈액 및 조직액의 증가 등 해부학적 변화도 수반된다. 전반적으로 흡수는 증가하고 배출은 감소하는 방향으로 대사 적응 현상이 나타나는데, 이는 주로 태반호르몬을 통해 조절된다.

(1) 생리적 변화

① 심혈관계

임신부의 심박출량은 비임신 여성에 비해 30~50% 증가한다. 이는 태반과 모체의 신장으로 혈류량을 증가시켜 태아에게 영양소와 산소를 공급하고, 대사산물을 배출하기 위함이다. 그러나 점차 적혈구의 증가가 혈장의 증가를 따르지 못하여 혈액이 희석되므로 임신성 빈혈이 초래된다(혈장은 40~50% 정도 증가되지만, 적혈구의 증가는 15~20%에 불과함). 헤마토크리트치는 정상치인 35%에서 30% 정도까지 떨어지고, 헤모글로빈수치도 10~11g/dL만큼 떨어진다(그림 6-6).

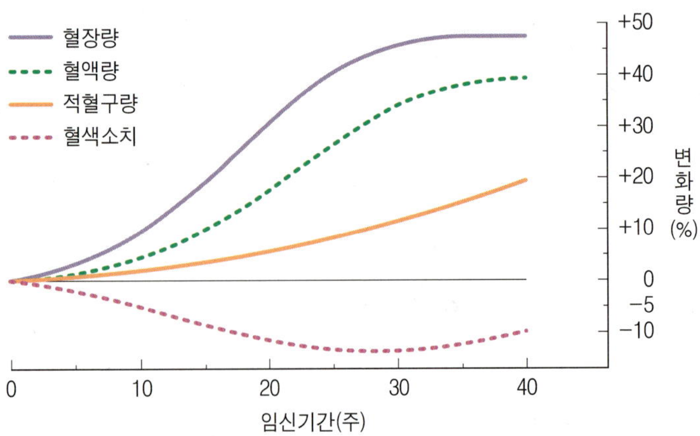

그림 6-6 임신 전반기 및 후반기의 혈액 변화

자료 : Kretcher, N., & Zimmerman, M(1997). Developmental Nutrition.

혈장의 양이 증가되면 혈액의 비타민, 무기질 등 영양소도 희석된다. 즉, 건강한 임신부라도 생리적 변화 때문에 혈액의 영양소 수준이 유의적으로 낮아질 수 있으며, 이는 섭취량의 부족 때문이 아님에 유의하여야 한다.

② 신 장

임신기에는 신장의 레닌-알도스테론계(renin-aldosteron system) 활성이 매우 증가하여 물(7L)과 나트륨(17g)의 보유력이 증가된다. 그러나 신장에서 여과되는 혈액의 양이 세뇨관의 영양소 재흡수능력을 초과하므로 소변을 통해 배설되는 영양소의 수준이 높아진다. 출산이 가까울수록 영양소의 손실은 점차 커져서, 비임신 여성에 비해 포도당은 10배, 아미노산은 2~7배, 엽산은 2배 이상 많이 배설된다.

③ 소화관

임신으로 입맛이 까다롭게 변하여 특정 식품을 선호하거나 혐오하는 증상을 나타낸다. 프로게스테론의 증가는 소화관에서 평활근을 이완시키고 식도 끝 부분의 괄약근을 이완시켜 위산이 식도로 역류하므로 가슴 쓰림의 원인이 된다. 또한 평활근의 활동이 느려져 공복감은 지연되고, 소량의 식사에도 포만감을 느끼며, 변비의 원인이 된다. 한편 철, 칼슘, 비타민 B_{12}의 흡수는 증가된다.

(2) 영양소 대사의 변화

태아는 성장과 대사를 위해 끊임없이 영양소를 공급받아야 한다. 태아는 필요한 에너지의 80%를 포도당에서, 그리고 나머지는 아미노산으로부터 공급받는다. 모체는 영양소 대사를 변화하여 상당량의 포도당과 아미노산이 태아를 위해 사용될 수 있도록 한다.

① 임신 전반기

임신 1~20주까지로, 태아의 성장률은 10% 정도에 불과하므로 포도당의 필요가 아직은 적은 기간이다. 여분의 에너지는 글리코겐, 지방, 단백질의 형태로 전환되어 모체에 저장된다. 이를 위해 태반호르몬은 인슐린 분비를 촉진하고, 그 결과 모체의 대사는 동화적 상태(anabolic state)로 유지된다.

② 임신 후반기

임신 20주부터 출산 전까지의 기간으로, 태아 성장의 90%가 이 시기에 진행된다. 따라서 모체가 식사를 통해 얻은 포도당과 아미노산을 태아가 직접 사용할 수 있도록 대사가 변화된다. 아울러 모체에 저장되어 있는 지방, 글리코겐, 단백질도 분해되는 이화적 상태(catabolic state)로 대사가 변화된다. 이를 위해 태반은 인슐린 길항 호르몬을 분비하고, 인슐린작용을 둔감하게 하여 태아에게 포도당이 더 집중 제공하게 된다.

임신 후반기의 대사 변화는 장기간 굶주렸을 때의 적응현상과 비슷하다. 혈중 포도당과 아미노산 농도가 낮아지고, 인슐린 내성은 감소하며 유리지방산, 중성 지방, 케톤체 농도는 상승한다. 임신부가 하룻밤 굶었거나 하루종일 식사를 하지 않으면 빠르게 저혈당증과 케토혈증이 나타난다. 또한 케톤체는 즉시 태반으로 이동되어 태아의 성장에 좋지 않은 영향을 미치게 된다. 따라서 임신 여성은 규칙적으로 식사하여야 하고 임신기간 중 장시간의 단식은 피해야 한다.

3) 모체의 체중 증가

정상적인 체중 증가는 성공적인 임신의 특징이다. 임신 중에는 평균 10.5~12.5kg 가량

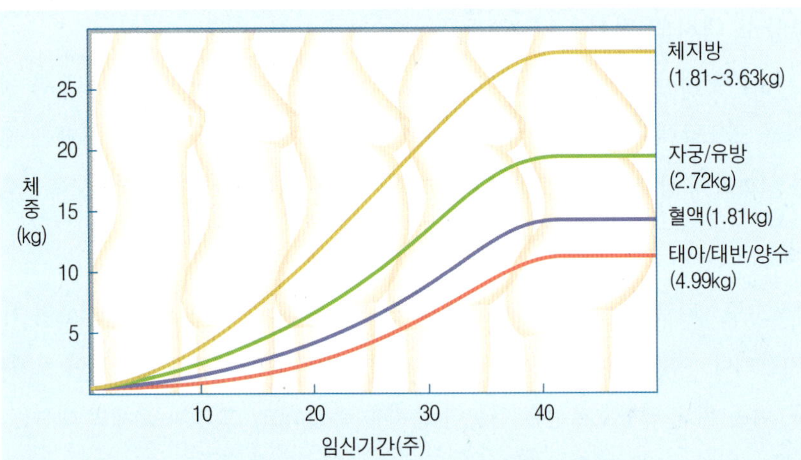

그림 6-7 임신 중 체중증가 요인

자료 : Kretcher, N., & Zimmerman, M(1997). Developmental Nutrition.

표 6-2 임신 전 BMI에 따른 임신부의 체중 증가 권장량

임신 전 체질량 지수	체중 증가(kg)
저체중(BMI < 19.8)	12.5~18
정상 체중(BMI 19.8~26.0)	11.5~16
과체중(BMI > 26.0~29.0)	11~11.5
비만(BMI > 29)	6

체중이 증가한다. 이중 약 30%는 임신 생성물(태아조직 25%, 태반 5%, 양수 6%)이며, 나머지는 모체조직과 체액의 증가량이다(그림 6-7). 임신 제1/3분기 중 체중 증가는 거의 새로운 모체조직이고, 임신 제2/3분기 중 체중 증가 역시 대부분 모체조직이며 적은 양의 태아조직이 포함된다. 그러나 임신 제3/3분기 중 체중 증가는 대부분 새로운 태아 조직이다. 모체조직의 축적은 임신 후반기에 태아의 빠른 성장에 이용된다.

임신 중 체중 증가는 개인차가 크다. 임신 전 말랐던 사람은 체중 증가량이 평균치보다 높을 수 있다(표 6-2). 권장범위보다 체중 증가가 적으면 저체중아를 출산하는 경향이 있다. 따라서 마른 여성은 체중 증가를 지속적으로 측정해야 한다. 반대로 권장범위보다 체중 증가가 많으면 과체중아를 출산할 위험이 커진다. 과체중아는 분만 시 어려움이 있어 모자사망률을 증가시킨다. 그렇다고 본래 비만한 사람이 임신 중에 체중 증가를 억제하는 것은 바람직하지 않다. 갑작스런 체중증가는 부종이나 임신중독증에 의한 것일 수 있으므로 유의하여야 한다.

4) 임신부의 영양관리

임신 중인 여성은 임신의 유지와 태아의 성장을 위해 특별한 영양권장량을 갖는다(표 6-3).

표 6-3 임신부의 영양권장량

구 분	연령(세)	에너지(kcal)	단백질(g)	식이섬유(g)	비타민A(ugRE)	비타민D(ug)	비타민E(mg)	비타민K(mg)	비타민C(mg)	비타민B_2(mg)	니아신(mgNE)	비타민B_6(mg)	엽산(ug)
비임신 여성	15~18	-	45	20	600	-	-	-	100	2.4	35	1.4	400
	19~29	-	50	20	650	-	-	-	100	2.4	35	1.4	400
	30~49	-	45	20	650	-	-	-	100	2.4	35	1.4	400
임신 여성		+340/+450	+15/+30	+5	+70	-	-	-	+10	+0.2	+4	+0.8	+200

자료 : 한국영양학회(2010). 한국인 영양섭취기준.

(1) 영양필요량

① 에너지

태아의 성장과 대사, 태반과 새로운 모체조직(적혈구세포, 유선조직, 지방) 그리고 임신 중 증가한 심혈관계, 호흡계, 배설계의 작용을 위해 분기별로 차츰 더 많은 에너지가 요구된다(표 6-4). 그러나 임신 중에는 신체활동이 줄어들어 증가된 에너지필요량을 부분적으로 충족시킬 수 있다. 에너지필요량은 임신을 3분기로 구분하여 초기에는 부가량이 없으며, 중기와 말기에는 각각 340kcal와 450kcal를 추가 섭취하도록 권장한다.

표 6-4 임신기의 에너지 필요추정량

임신 분기	에너지소비량(kcal/일)	에너지축적량(kcal/일)	부가량(kcal/일)
1분기	+0	+0	+0
2분기	+158	+180	+340
3분기	+269	+180	+450

자료 : 한국영양학회(2010), 한국인 영양섭취기준.

② 탄수화물

태아에게 포도당은 가장 중요한 에너지원이다. 그러나 임신기에 특별히 탄수화물의 섭취를 늘리도록 권장하지는 않는다. 모체의 혈당 농도가 증가하면 더 많은 양의 포도당이 태아에게 이동되어 인슐린 분비도 증가한다. 따라서 임신 중 모체가 고혈당 증세가 있으면 과체중이며 혈중 인슐린 농도가 높은 아기를 출산하기 쉽다.

③ 지 질

태아는 모체혈액을 통해 지방산을 공급받으며, 포도당과 아미노산을 이용하여 스스로 합성하기도 한다. 지방산은 일부 산화되어 열량원으로 이용되지만, 대부분 중성 지방으로 저장된다. 특별히 임신 35주 이후에는 태아조직에서 매우 빠른속도로 지방이 축적된다. 임신기에는 추가되는 에너지에 비례적으로 지방섭취량이 부가되는 결과를 가져온다. 따라서 지방의 추가 섭취량을 산정하지 않는다. 리놀레산이나 리놀렌산은 사람의 체내에서 합성될 수 없는 필수지방산이므로 반드시 식사를 통해 섭취되어야 한다. 또한 태아는 EPA나 DHA같은 오메가-3 지방산의 합성능력이 낮으므로 모체로부터 공급받는 것이 좋다.

④ 아미노산과 단백질

임신기에는 태아, 태반 및 모체조직의 생성과 유지를 위해 단백질의 섭취를 증가하여야 한다. 임신 분기별로 볼 때, 임신초기에는 체단백질의 축적이 거의 없으나, 중기와 말기에는 3.6g/일과 7.2g/일로 크게 증가한다. 식사단백질이 조직단백질로 전환되는 효율을 43%로 적용하면, 임신기 중 단백질 필요추정량은 중기 8.4g/일 그리고 말기 16.7g/일이 된다. 따라서 임신 중기와 말기에는 각각 15g과 30g의 단백질을 추가 섭취하도록 권장한다.

표 6-5 임신부의 단백질 필요추정량

임신 분기	체중증가 (kg)	단백질축적량 (g/일)	식이단백질필요량 (전환효율 43%)	부가량 (g/일)
2분기	4.88	3.6	8.4	+15
3분기	13.81	7.2	16.7	+30

자료 : 한국영양학회(2010). 한국인 영양섭취기준.

⑤ 미량 영양소

건강한 골격의 발달을 위해 칼슘과 비타민 D가 요구되며, 결체조직의 형성을 위해 비타민 C가 필요하다. 또한 태아와 모체조직의 새로운 세포형성을 위해 엽산, 비타민 B_{12}, 아연 및 철의 필요량이 증가되어야 한다.

- **칼슘** : 임신기에는 태아 조직과 골격, 태아 부속물의 성장발달 및 모체 조직의 증가를 위해 칼슘 필요량이 증가한다. 임신 후반기에는 태아의 골격과 치아를 형성하기 위해 칼슘이 필요하다. 이를 위해 모체는 에스트로겐과 혈중 비타민 D 농도를 높여 식품으로 섭취한 칼슘의 흡수율을 증가시킨다. 칼슘섭취 수준이 1,100mg 정도인 경우 임산부의 칼슘 흡수율은 30%에서 50%로 증가한다. 평상시 섭취 수준이 낮은 경우에는 70% 이상 흡수율을 나타내기도 한다. 그러나 식사를 통한 칼슘섭취만으로는 후반기의 필요량을 충족하기 어려우므로 모체는 전반기에 골격에 칼슘을 많이 축적하고, 후반기에 골격에 축적된 칼슘을 방출한다. 따라서 전 임신기간 동안 비임신 여성보다 매일 280mg의 칼슘을 더 많이 섭취하도록 권장한다. 이는 하루에 3~4컵의 우유를 마시는 것으로도 충족할 수 있다.
- **비타민 D** : 임산부는 칼슘 요구가 높아지므로 이를 위해 매일 5㎍ 정도의 비타민 D가 부가적으로 요구된다. 그러나 특별히 비타민 D 섭취량을 증가시키기보다는 규칙적으로 햇빛에 피부를 노출하여 콜레스테롤로부터 비타민 D가 합성되도록 하는 것이 좋다. 그러나 만일 햇빛 노출에 제한을 받는 경우라면 식품으로부터 비타민 D를 공급받아야 한다. 임산부의 비타민 D 영양상태는 태아와 신생아에게 큰 영향을 미치지 않는 것으로 알려져 있었으나, 최근 연구에 의하면 임산부의 비타민 D 영양은 태아와 신생아의 성장속도에 영향을 미친다고 하였다. 좋은 예로 겨울에 태어난 신생아의 골밀도와 제대혈 비타민 D 수준이 낮은 것을 들 수 있다. 또한 피부 노출을 금지하는 이슬람 국가에서 모유 수유아가 구루병 발생이 높다는 것도 동일한 이유로 간주된다.
- **비타민 C** : 비타민 C는 능동수송의 방법으로 태아에게 활발하게 전달된다. 또한 임신이 진행되면서 혈액의 양이 증가하므로 태아에게 충분한 비타민 C를 공급하기 위해 임신기에는 비임신 여성보다 매일 10mg 정도의 비타민 C를 더 많이 섭취하도록 권장한다. 이는 감귤류와 같은 식품을 통해 쉽게 섭취할 수 있다.
- **엽산** : 임신 중에는 태아의 성장, 자궁의 확대, 혈액 증가, 태반발달 등으로 엽산의 요구량이 증가한다. 엽산은 핵산 합성과 세포분열 등과 관련된 반응에 관여하기 때문이다. 특별히 임신 초기에는 세포분열이 빠르게 일어나므로 임신 전부터 적절한

엽산을 섭취하여 영양상태를 유지하는 것이 중요하다. 임신기 제대혈의 엽산 농도가 모체 혈액의 엽산 농도보다 높은 것을 볼 때, 모체로부터 태아로 엽산 이동이 활발하게 이루어짐을 알 수 있다. 임산부의 엽산 영양이 부적절하면 모체의 적혈구 엽산 농도가 저하되며 거대적아구성 빈혈이 나타나기 쉽고 유산, 태반박리, 저체중아 그리고 신경관 손상 등의 태아기형(그림 6-8)을 초래할 수 있다. 따라서 임신기간 중에는 비임신 여성보다 매일 200mg의 엽산을 더 섭취하도록 권장한다. 엽산은 오렌지주스, 녹색 채소, 내장육, 엽산을 강화시킨 시리얼 등에 풍부하다.

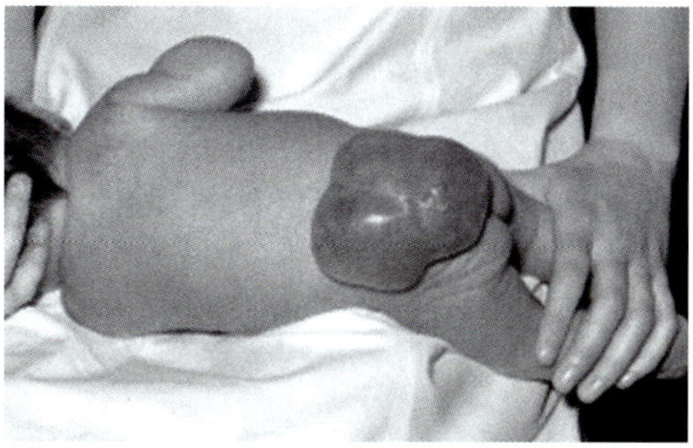

그림 6-8 신경관 손상증이 있는 신생아

- **비타민 B_{12}** : 임신기에는 내적인자 B_{12} 수용체와 흡수율이 증가한다. 그러나 혈중 비타민 B_{12} 농도는 임신 초기부터 감소하기 시작하여 중반기 무렵에는 임신 전의 절반 수준으로 감소된다. 이는 혈액량 증가에 따른 희석효과이다. 한편 신생아의 혈청 비타민 B_{12} 농도는 매우 높아, 임신기에 모체로부터 태아로 비타민 B_{12}가 이동되고 있음을 보여준다. 따라서 모체의 비타민 B_{12} 영양은 영아의 비타민 B_{12} 영양 상태를 결정하는 중요한 요인이다. 모체의 비타민 B_{12} 섭취가 부족하면 태아의 중추신경계에 손상을 줄 수 있으며, 초기 조산의 위험도 높아진다. 따라서 임신기간 중에는 비타민 B_{12}를 하루 0.2㎍만큼 더 섭취하도록 권장한다. 동물성 식품이 풍부한 식사를 하면 쉽게 충족할 수 있다. 채식 위주의 식사를 하는 경우에는 영양보충제를 섭취하는 것이 좋다.
- **아연** : 아연은 핵산 합성에 관여하고 그 기능을 조절하며 단백질 합성에도 관여하므로 성장과 발달에 매우 중요하다. 임신 중 아연이 결핍되면 태아기형과 저체중아 출산의 위험이 증가한다. 이때 철을 너무 많이 섭취하면 아연의 흡수에 방해가 된다. 임신 중에는 비임신 여성보다 매일 2.5mg의 아연을 더 많이 섭취하도록 권장한다.
- **철** : 임신기간 중에는 태아와 모체에서 헤모글로빈과 철 함유 단백질 합성이 증가하므로 철 필요량이 증가한다. 임신 중에는 철의 흡수율이 증가하고(그림 6-9), 월경중지로 철 손실이 감소하지만, 대체로 임신 전 철저장량이 부족한 상태가 흔하므

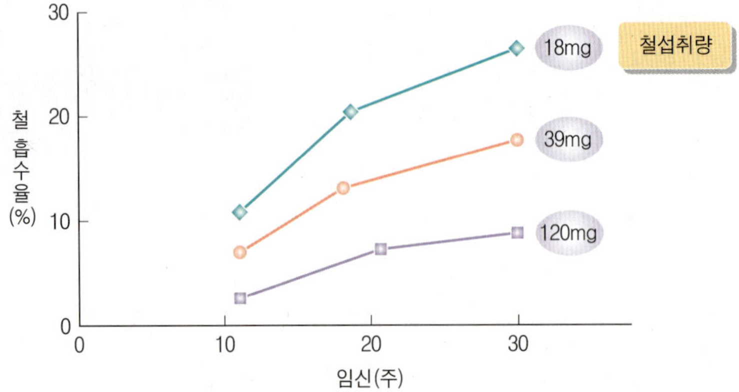

그림 6-9 임신기간 중 철 흡수율 증가

자료 : Kretcher, N., & Zimmerman, M(1997). Developmental Nutrition.

로 철 결핍이 빠르게 나타난다. 따라서 임신기간 중에는 비임신기에 비해 매일 10mg의 철을 부가적으로 섭취하도록 권장한다. 육류, 녹색 채소, 철이 강화된 시리얼은 철의 좋은 급원이다. 그러나 정상적인 식사로 충족하기 어려울 수 있으므로 보충제의 섭취를 권장하는 것이 보통이다. 철 흡수를 증가시키기 위해 감귤류나 육류를 섭취하는 것도 좋은 방법이다.

(2) 임신기의 식단

임신기 여성은 필요량을 충족시키기 위해 식품을 주의깊게 선택해야 한다. 많은 영양소의 필요량이 증가하지만, 에너지 필요량은 300~450kcal에 불과하게 증가한다. 따라서 에너지 필요량은 초과하지 않고 영양소필요량만 충족하는 영양밀도가 높은 식품을 선택하는 것이 중요하다. 특별히 유의하여야 할 식습관은 다음과 같다.

- 균형되고 영양밀도가 높은 식사를 위해 과일, 야채, 곡류, 유제품, 단백질 식품을 포함한다.
- 규칙적인 간격과 적당한 양의 식사를 유지하기 위해 식사는 소량으로 하고 영양가 있는 간식을 선택한다.
- 칼슘과 비타민 D의 섭취를 늘리기 위해 매일 유제품을 3회 이상 섭취한다. 열량 섭취를 조절하기 위해 저지방 유제품을 선택하는 것도 좋다. 유당불내성이 있는 경우

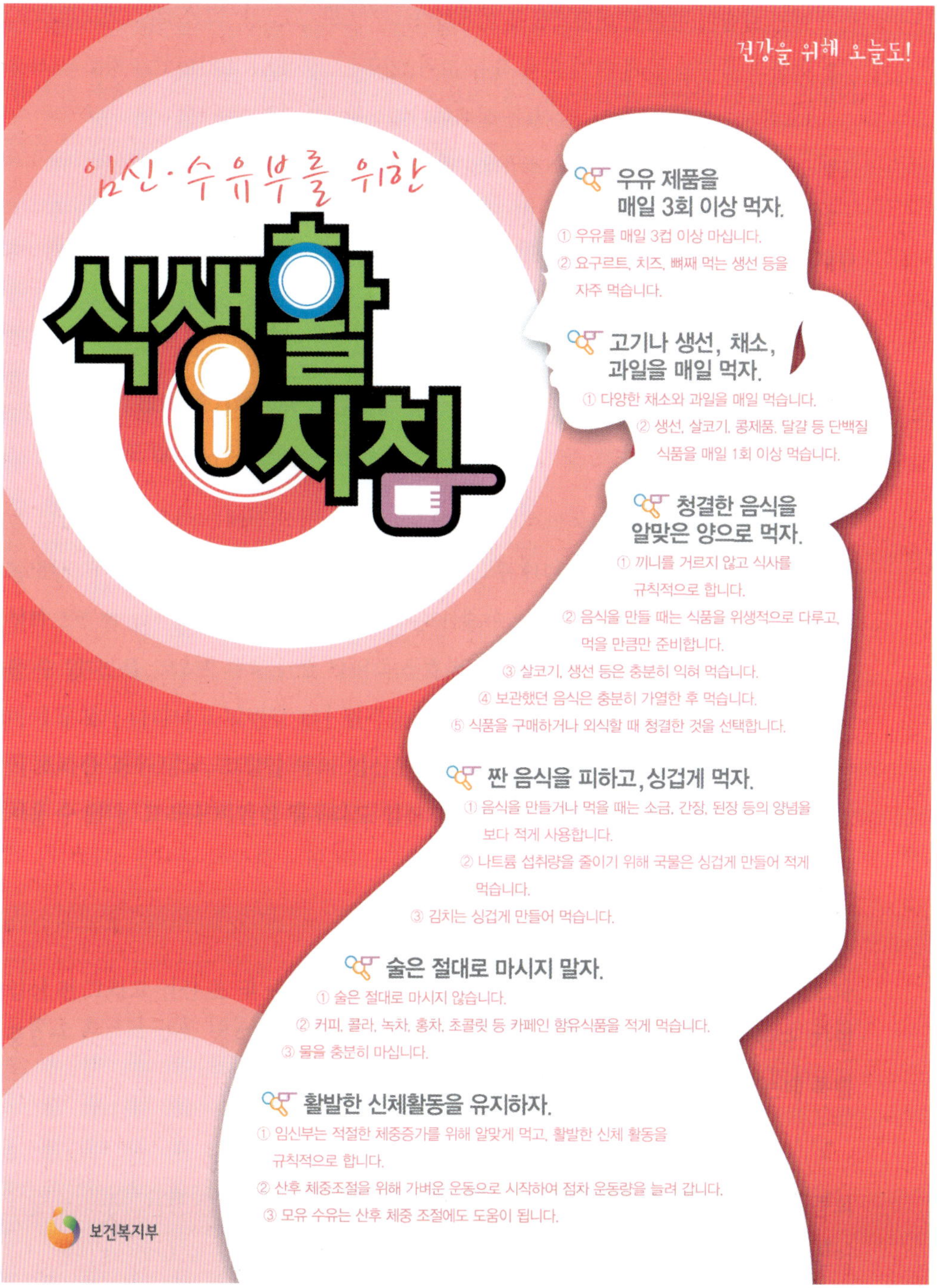

그림 6-10 임신·수유부를 위한 식생활지침

자료 : 보건복지부.

에는 칼슘이 강화된 대체식품을 이용한다.

- 철분의 흡수를 좋게 하기 위해 육류(고기, 가금류, 생선)나 비타민 C가 강화된 식품(오렌지주스, 브로콜리, 딸기)을 선택한다.
- 건강한 여성이라면 임신 중 소금섭취를 제한할 필요는 없다.
- 커피나 기타 카페인 음료는 일일 2회 이하로 제한한다.
- 알코올 음료는 피한다.

2009년 보건복지부에서 발표한 임신 중 건강한 식습관을 위한 식생활지침은 그림 6-10과 같다.

(3) 섭식 및 소화장애

대부분의 여성은 임신 중 식품선호도 변화를 나타낸다. 임신 전에는 선호하지 않았던 음식에 대해 충동적인 욕구를 나타내기도 하고, 임신 전 싫어하지 않았던 식품에 대해 강한 반감을 나타내기도 한다. 그러나 식품선호도 변화가 본능적으로 여성의 잘못된 식사를 고치거나 균형지게 하지는 않는다. 일반적으로 임신 중 선호와 혐오는 전반적인 식생활에 결정적인 영향을 미치지도 않는다.

건강한 임신상태에서도 소화장애는 나타난다. 임신 중에는 프로게스테론같은 호르몬 분비가 증가되어 소화관을 이루는 평활근이 이완되므로 속 쓰림, 변비, 메스꺼움과 구토 등이 발생할 수 있다. 그러나 적절하게 식사를 관리하면 소화장애 증상을 완화시킬 수 있다.

① 속 쓰림

위에 있던 음식물과 위산이 식도 하부로 역류하면 속쓰림의 증상이 나타난다. 속 쓰림을 예방하기 위한 방법은 다음과 같다.

- 식사량을 줄이고 식사횟수를 늘린다.
- 여분의 에너지와 영양공급을 위해 과일과 토스트같은 저지방 스낵을 먹는다.
- 음식과 함께 물을 섭취하여 음식의 부피를 줄인다.
- 자극적인 향신료를 줄인다.

- 식사 후, 1~2시간 동안에는 누운 자세를 피한다.

② 변 비

임신 시 호르몬 분비의 변화는 위장관을 이루는 평활근의 이완을 증가시킨다. 또한 확대된 자궁의 압력으로 임신 후반기에는 하복부 장의 활동이 다소 제한된다. 변비를 예방하기 위해서는 다음과 같은 방법이 요구된다.

- 수분(1L/일 이상)의 섭취와 식이섬유의 함량이 높은 전곡, 과일, 야채, 마른 과일 등의 섭취를 증가시킨다.
- 변비방지 약물 또는 설사제의 사용은 가급적 피하고, 부득이하게 필요한 경우에는 전문의의 판단하에 사용한다.
- 걷기, 수영과 같은 운동을 한다.

③ 메스꺼움과 구토

메스꺼움과 구토 증상은 대부분 임신 초기에 나타난다. 이런 증상을 '입덧'이라고 하는데, 주로 이른 새벽이나 아침에 일어난다고 하여 모닝 시크니스(morning sickness)라고도 한다. 그러나 임신 전 기간 동안 계속되는 경우도 있다. 입덧은 호르몬 분비의 변화에 따른 생리적 영향일 수 있으나, 임신으로 인한 긴장과 불안감에서 오는 심리적인 영향일 수도 있다. 메스꺼움과 구토를 예방하기 위해서는 다음과 같은 방법이 요구된다.

- 침대 근처에 크래커나 마른 곡류 식품을 두고 아침에 잠자리에서 일어나기 전에 먹는다.
- 식사는 자주하고 소량씩 한다.
- 적절하게 수분을 섭취한다(맑은 죽, 당이 함유된 음료).
- 커피나 차 그리고 감귤류의 음료는 피하고 음료는 주로 식간에 섭취한다.
- 매스껍게 느껴지는 냄새가 나는 요리는 피한다.
- 고지방 식사나 양념이 많은 음식은 피한다.

(4) 생활습관

임산부는 흡연, 음주를 절대적으로 피해야 한다. 의약품을 사용할 때에는 의사와 상담하여 복용하여야 한다. 규칙적으로 가벼운 운동에서 중간 정도의 운동을 하는 것은 유익하다.

(5) 영양보충제의 사용

채식주의자인 임신부는 비타민과 무기질 보충제를 식사와 함께 섭취하고, 충분한 양의 식물성 단백질, 유제품, 시리얼, 비타민 C가 강화된 과일과 야채를 보충하여 섭취해야 한다. 그러나 과량의 비타민, 비타민 A와 비타민 D는 태아에게 해로울 수 있다.

3. 선천성 이상아 출산 예방

1) 태아 알코올증후군

임신 중 알코올 섭취는 태아에게 뚜렷한 염색체 배열 이상을 유발하는데 이를 태아 알코올증후군(FAS : Fetal Alcohol Syndrome)이라 한다. FAS는 태어나기 전 그리고 태어난 후 성장지연, 신경계이상, 특징적인 안면의 기형의 세 가지 중요한 특성을 나타낸다. 정확한 기전은 알려지지 않았지만, 알코올과 주요 대사물질인 아세트알데히드가 태반을 통해 태아에 쉽게 전달되어 기형을 발생하는 것으로 추정된다.

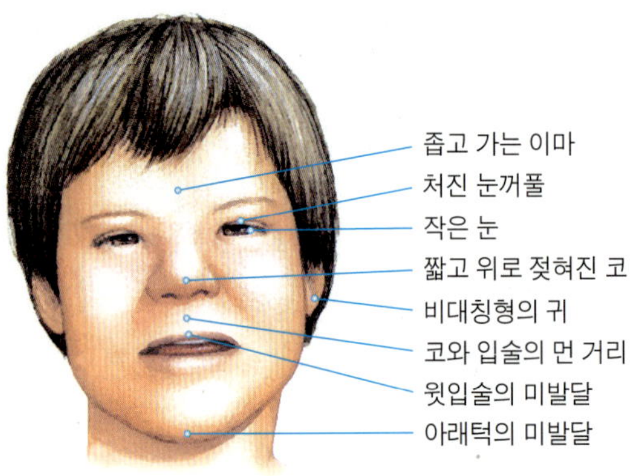

그림 6-11 알코올 증후군의 특징

FAS 신생아는 자궁 내 성장부진으로 체중, 신장, 머리둘레가 작은데 출생 후에도 회복되지 않는다. 또한 눈이 작고, 눈 주위에 주름이 많으며 코, 턱, 입술의 모양이 비정상적인 안면기형을 보여준다. 또한 신경기관의 발달장애로 행동과 지능도 정상이 아니다(그림 6-11).

2) 고단위 비타민 A

임신 중 과량의 비타민 A(권장량의 8~10배 이상)를 섭취하면 태아기형이 발생할 수 있다. 여드름을 치료하기 위해 비타민 A 유도체인 에큐탄(accutane)을 사용한 여성에게서 비타민 A 독성이 나타나 이 약물이 판매금지 된 바 있다. 지용성 비타민은 체내에 축적되므로 가임기 여성들도 과량의 비타민 A를 섭취하지 않도록 주의해야 한다. 비타민 A 독성은 태아의 머리와 얼굴, 심장 그리고 중추신경계에서 기형을 나타낸다.

3) 저(과)체중아

임신 제37주 이전에 태어난 아기를 조산아라고 한다. 조산아는 특별히 폐조직이 충분히 발달되지 못한 상태에서 출생하므로 환경에 잘 적응할 수 없다. 생리적인 미숙은 호흡기 질환 유발을 높이며 비정상적인 출혈, 감염 및 영아사망률을 높일 수 있다.

출생 시 체중은 향후 영유아기 건강을 예측하는 좋은 지표이다. 정상적으로 출생한 아기의 체중은 2.5kg 이상으로, 2.5kg 미만이면 저체중아로 분류된다. 조산(임신 제37주 이전에 출생)으로 인한 저체중아와 만기 분만이지만 체중이 낮은 저체중아의 경우(SGA : Small for Gestational Age)로 구분할 수 있다. 두 가지 경우 모두 질병 이환율과 영아사망률이 높다. 그러나 조기 분만아는 빠르게 성장하여 체중을 곧 만회하지만 SGA의 경우에는 출생 후 적당한 영양을 공급하여도 정상체중을 만회할 수 없을 만큼 충분히 성장하지 못하며 점차 만성적인 건강문제를 나타내는 경우가 많다. 이처럼 임신기 영양결핍은 태아에게 복구될 수 없는 장애를 가져올 수 있다.

4. 고위험 임신과 영양관리

임신을 유지하거나 태아의 발달이 어려운 경우를 '고위험 임신'이라고 한다. 고위험 임신부들은 특별한 영양관리가 요구된다.

1) 10대 임신

10대 임신은 모체 및 태아의 건강과 영양에 해로운 결과를 가질 수 있다. 생식기관이 충분히 발달하지 못하였으며 열악한 사회적 요인과 환경적 요인 등이 그 이유이다. 10대 임신부는 성인 여성이 임신했을 때보다 철 결핍성 빈혈이나 임신성 고혈압의 유발률이 높다. 그리고 출산 후 비만발생률도 높다. 특별히 15세 이하의 10대 임신은 저체중아 출산 비율을 두 배 가량 높이고, 분만 시 진통시간도 길어 난산의 위험이 더 크다. 또한 조산의 위험과 생후 첫 달 안에 사망하는 신생아 사망률도 높다.

10대 임신부와 태아의 건강을 결정하는 가장 중요한 요소는 영양상태이다. 성장하는 태아와 태반뿐 아니라, 여전히 성장하는 모체의 영양필요량도 증가하므로 극도로 높은 영양이 요구된다. 특별히 충분한 양의 에너지, 칼슘, 철, 아연, 비타민 C · B_6, 엽산의 섭취를 강조하여야 한다. 식사로 영양을 충분히 섭취할 수 없다면 매일 비타민과 무기질 보충제를 섭취하도록 권유한다.

2) 다태아 임신

단태 임신과 비교하여 다태아 임신은 저체중아의 출생률이 여덟 배 이상 높고, 조산의 위험이 다섯 배 이상 높다. 다태아 임신은 단태 임신과 비교하여 태반호르몬의 순환량이 증가하고, 혈액은 25% 증가하며, 태반과 신장의 혈액 유동량도 더 많아진다. 다태아 임신부는 초기에 체중이 증가되고 전체 체중 증가는 단태 임신부보다 더 높다. 따라서 쌍둥이 임신 시 영양필요량이 더 높아지나, 이를 충족하지 못하여 저체중 출산, 조산의 위험이 생긴다(임신기간 중 체중증가 목표는 18~20.3kg이다).

3) 임신성 당뇨

임신 시에는 에스트로겐, 프로게스테론, 태반의 락토젠(lactogen), 프로락틴(prolactin), 인슐린의 능력을 감소시키는 코티솔(cortisol)의 수준이 증가한다. 임산부는 대부분 포도당 대사를 정상으로 유지하기 위해 임신 전보다 더 많은 인슐린을 분비하는데, 일부 임신부(3~5%)는 인슐린작용이 저하되어 당뇨병으로 진행된다. 임신성 당뇨를 인식하지 못하여 혈당을 조절하지 않으면, 임신에 나쁜 영향을 미치게 되면서 출생 전 질병률과 사망률의 위험이 높아지게 된다. 당뇨병 증세를 지닌 모체에게서 태어난 신생아는 출생 체중이 매우 높은 경향이 있어 분만하는 동안 합병증 위험요인이 증가된다. 따라서 모든 임산부는 임신 24~28주에 당뇨병을 예방하여야 한다.

영양과 적당한 운동은 당뇨병을 치료하는 기초이다. 식사 단백질은 에너지의 10~20%가 되어야 하며, 포화지방의 공급은 에너지의 10% 미만으로 제한한다. 다가불포화지방으로부터 10% 이상 그리고 당질과 단순불포화지방으로부터 60~70%의 에너지를 얻도록 권장한다.

아침식사로 제공되는 당질을 제한하고, 식사를 소량씩 자주 섭취하면서 중간 정도의 운동을 병행하면 혈당조절이 원활해질 수 있다. 임신성 당뇨를 가졌던 여성은 분만 후에 거의 대부분 정상으로 돌아온다.

4) 임신성 고혈압

임신부의 10~15% 정도가 임신기간 중 고혈압 증세를 보인다. 대부분은 일시적인 혈압 상승만 경험하지만 부종, 고혈압, 단백뇨 증상을 나타내는 자간전증(preeclampsia)으로 발전되는 경우도 있다. 자간전증이 심해지면 경련과 혼수상태까지 초래할 수 있다.

임신성 고혈압은 모체사망의 주된 원인이며, 태아에게도 매우 해롭다. 임신성 고혈압이 있는 모체에서 태어난 태아는 저체중과 조산의 위험률이 더 높고, 사산아의 비율은 두 배 이상 높다. 이는 임신 전에 고혈압이 있는 여성이나 임신성 고혈압의 경험이 있는 여성에게 더 많이 나타난다.

임신 중기와 말기에 체중 증가가 클 경우 위험률은 더 상승한다. 그러나 부종과 체수분 증가는 자간전증의 보통 특징이기 때문에 임신성 고혈압으로 인한 체중 증가인지, 그것을 동반한 체중 증가인지 결정하기 어렵다. 임신성 고혈압의 위험성을 지닌 여성은 임신기간 동안 권장 범위 이상으로 체중이 증가되지 않도록 노력해야 한다.

임신성 고혈압은 임신기간 중 소금섭취량과는 무관한 것으로 보인다. 따라서 임신기간에 의식적으로 소금섭취를 제한할 필요는 없다. 한편 임신 중 칼슘 보충은 자간전증의 위험을 감소시킬 수 있다는 보고가 있다. 따라서 임신성 고혈압이 있는 여성은 적어도 권장량 수준의 칼슘을 섭취하도록 유의한다.

Reference

참고문헌

이연숙 외(2006). 생애주기 영양학, 교문사

임현숙(2000). 발달의 관점에서 본 생애주기 영양학. 교문사

한국영양학회(2010). 한국인 영양섭취기준.

Carol Byrd-Bredbenner, Gaile Moe, Donna Beshgetoor(2009). Jacqueline Berning. Wardlaw' s Perspectives in Nutrition. 8th ed. McGraw Hill Companies, Inc.

Lilian U Thompson, Wendy E, Ward(2008), Optimizing Women' s Health through Nutrition CRC press.

memo

수유기의 균형잡힌 식사는 수유부의 건강과 아기의 성장에 적합한 모유의 산출을 위해 매우 중요하다. 생후 6개월간은 전적으로 모유 수유를 하는 것이 권장되는데, 모유 수유는 모체와 아기의 신체 건강뿐 아니라 사회 경제적, 심리적인 안정에도 크게 기여한다.

Chapter 7

수유기 영양과 모유 수유

Chapter 7

수유기 영양과 모유 수유

1. 모유 수유의 좋은 점

아기를 출산한 후 모유 수유를 하면 아기에게 필요한 영양소의 공급과 더불어 모체와 아기의 건강에 많은 도움이 된다. 전 세계적으로 생후 6개월간은 전적으로 모유 수유를 할 것을 권장하고 있고, 이후에도 생후 1~2년은 다른 식품의 섭취와 함께 모유 수유를 지속할 것을 권장하고 있다.

1) 감염성 질병으로보터 아기를 보호한다

수유부가 출산을 하고나면 얼마 지나지 않아서 유방에서 초유(colostrum)가 만들어져서 아기에게 영양을 공급하게 된다. 초유에는 감염을 억제하는 성분이 함유되어 있어 아기를 감염질병으로부터 보호한다. 또한 초유는 아기가 자궁에서 성장하는 동안 쌓아두었던 검푸른 색의 태변을 몸 밖으로 배출하는 것을 돕는다.

초유를 분비한 지 1~2주일이 지나면 초유의 성분이 바뀌면서 이행유로 불리고, 그 후에 다시 2주일쯤 지나면 모체는 성숙유(mature milk)를 분비하게 된다. 성숙유에도 여러 가지 질병 예방에 도움이 되는 물질들이 들어 있다. 예를 들어 어떤 성분은 질병 유발 병원균의 성장을 억제하고 어떤 성분은 장 발달을 촉진시키는 역할을 한다.

모유를 먹는 영아는 조제유를 먹는 영아에 비해 소화관 감염 빈도가 현저히 낮다. 모유를 먹는 아기에게서 소화관 감염률이 낮은 것은 위생상태가 불량한 개발도상국뿐만 아니라 선진국에서도 나타나는 현상이다. 모유를 먹는 영아는 조제유를 먹는 영아보다 특히 호흡기 바이러스에 강해서 호흡기질환에 걸려도 더 가볍게 그리고 더 짧은 기간 동안 앓는다.

2) 알레르기로부터 아기를 보호한다

식품으로 섭취한 단백질은 소장에서 분해되어 작은 펩타이드나 아미노산 형태로 흡수된다. 소화되지 않은 단백질이나 크기가 큰 펩타이드가 장으로 흡수되면 인체의 면역체계가 이를 항원으로 인식해서 식품알레르기가 발생할 수 있다. 소장 상피세포와 Ig A는 장에서 단백질이 덩어리채 흡수되는 것을 막는 보호막 역할을 한다.

영아의 경우 소화관이 아직 발달 단계에 있어서 보호막이 불완전하기 때문에 큰 덩어리의 단백질이나 펩타이드가 그대로 흡수될 수 있다. 한편, 영아가 모유 수유를 하면 Ig A가 충분히 공급되므로 소화관이 성숙할 때까지 낯선 단백질이 침투하는 것을 늦출 수 있다. 모유에는 Ig A를 비롯해서 장 보호막을 성숙시키는 여러 가지 성장요소들이 들어 있다.

영아에게 자주 나타나는 아토피질환은 식품알레르기에 의해 생기기도 한다. 아토피질환에는 유전적인 요인이 많이 관여하는데, 아토피성 병력이 있는 가족을 연구했을 때 생후 6개월간 전적으로 모유 수유를 한 영아가 생후 3개월부터 이유보충식을 시작한 영아보다 습진과 알레르기 반응이 적었다고 보고하였다.

여러 가지 식품에서 알레르기가 발생할 수 있지만 우유는 영아가 가장 흔하게 접하는 원인물질이다. 락트알부민, 소의 혈청알부민, 카제인같은 우유단백질들이 알레르기 항원으로 작용할 수 있다. 조제유는 생산과정에서 단백질을 고온 처리해서 알레르기 가능성을 낮추었지만 조제유를 먹는 영아가 이들 우유단백질에 알레르기를 나타낼 수도 있다. 알레르기가 발생하면 심한 설사를 유발하기도 하고 아토피 습진, 피부 발진, 두드러기, 구토, 장 꼬임, 천식, 만성 비염 등의 증상이 나타날 수 있다.

3) 면역 관련 질환의 발병을 감소시킨다

모유는 영아의 면역체계를 성숙시키는 여러 요인을 함유하고 있어서 제1형 당뇨병, 아동기 림프종, 크론병 등의 면역성 질병 발생을 낮추는 효과가 있다. 예를 들어 영아기에 모유를 먹은 유아는 조제유를 먹은 유아에 비해 크론병 발생율이 1/3 수준으로 감소하였다. 모유섭취가 이후 암, 천식, 비만 등의 발생 가능성을 낮춘다는 연구 보고들도 있다.

4) 아기의 행동과 인지발달에 도움이 된다

모유를 먹기 위해서는 아기가 조제유를 먹을 때 보다 30~60배의 에너지가 필요하다. 아기가 젖꼭지를 빨기 위해 하는 운동들은 턱과 치아의 발육을 돕고, 입 주위 근육의 발육을 촉진시켜 발음이 정확해지는 데 도움이 된다.

정상아의 경우 모유나 조제유에 관계 없이 인지능력의 발달에 별 차이가 보이지 않지만, 미숙아의 경우 모유를 먹인 영아와 조제유를 먹인 영아 사이에는 인지능력에 큰 차이가 나타났다는 보고가 있다.

5) 모체에도 도움이 된다

출산 직후 모유 수유를 자극하면 자궁 수축 호르몬인 옥시토신의 분비가 증가되어 혈액 손실을 최소화하면서 자궁이 빨리 수축되어 임신 이전의 상태로 돌아갈 수 있다.

모유 수유를 하면 프롤락틴(prolactin) 호르몬의 분비도 증가해서 배란이 억제된다. 따라서 출산 후 무월경 기간이 늘어나므로 모체의 철 저장고를 다시 채우는 데에도 도움이 된다. 출산 후 무월경 기간은 사람에 따라 다르지만 모유 수유를 하지 않는 경우에는 6주 정도이고, 모유 수유를 하는 경우에는 6개월 정도로 알려져 있다. 한편, 수유부가 생리를 하지 않아도 몸 안에서 배란이 될 수 있으므로 출산 후 바로 아기를 낳을 계획이 없다면 피임을 하는 것이 권장된다.

영국의 연구에서는 모유 수유를 3개월까지 한 여성들이 모유 수유를 하지 않은 여성보다 유방암에 걸리는 비율이 낮았다고 보고하였다. 또한 모유 수유는 난소암의 발생 위험 감소와 골다공증 예방에도 도움이 되는 것으로 알려져 있다.

6) 사회 · 경제적, 심리적인 면에도 도움이 된다

모유 수유를 하면 별도의 조제유 구입 비용, 제조에 필요한 시간 투자, 남는 조제유의 폐기로 인한 낭비와 환경오염 등의 위험 등이 없어서 사회 · 경제적으로 도움이 된다.

또한 영아에게 모유를 먹이면 늘 일정한 온도의 따뜻한 모유를 제공할 수 있고, 아기를 품에 안고 모유를 먹임으로써 자연스러운 피부접촉과 포근한 환경을 제공해 아기가 심리적으로 안정되어 좋은 성격을 갖게 하는 바탕이 될 수 있다.

2. 모유 수유 실태

2008년도의 국민건강영양조사 결과 우리나라 영아의 생후 1개월 때 완전 모유 수유율은 59.9%이었고, 6개월과 12개월 시점에서는 각각 50.2%, 42.8%로 나타났다(그림 7-1). 수유부의 평균 모유 수유 기간은 10.4개월이었고, 조제분유 수유 경험자의 경우 '모유량이 부족하거나 안 나와서' 조제 분유를 수유했다고 응답한 비율이 60.7%로 가장 높았다. 이

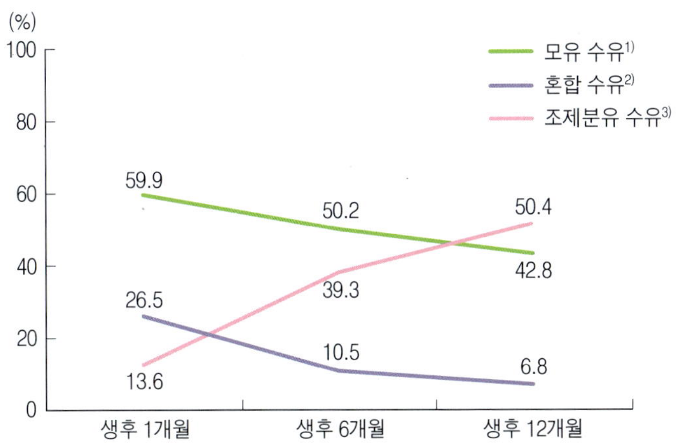

그림 7-1 월령별 수유 형태

주 : 1) 모유 수유 여부에 '예'로 응답한 대상 중 조제분유 수유 여부에 '아니오'로 응답한 분율
2) 모유 수유 여부 및 조제분유 수유 여부에 모두 '예'로 응답한 분율
3) 조제분유 수유 여부에 '예'로 응답한 대상 중 모유 수유 여부에 '아니오'로 응답한 분율
자료 : 질병관리본부(2010). 2008 국민건강영양조사 심층분석.

유보충식을 시작하는 월령은 6.6개월로 나타났으며, 시판 우유는 평균 15.2개월령에 섭취를 시작하는 것으로 조사되었다.

출생 이후 영유아기에 식이보충제를 복용한 비율은 45.8%이었고, 그 중에서는 비타민 및 무기질제(69.1%)가 가장 많았으며, 유산균 영양제 및 정장제, 초유영양제 등이 그 다음으로 많았다.

3. 수유 생리

1) 유 선

(1) 유방의 구조

인체의 유선은 소포(alveoli)들로 둘러싸인 15~20개의 유관(ducts)으로 구성되어 있다. 모유는 소포에서 만들어져서 유관(lactiferous duct)을 따라 이동해서 유륜(areola) 밑의 저장소인 유관 팽대부(lactiferous sinus)에 고이게 된다(그림 7-2).

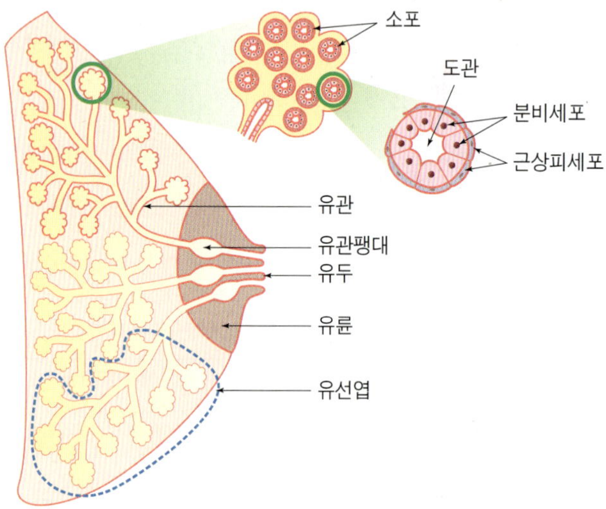

그림 7-2 유선의 해부도

(2) 유방의 성숙

유방은 사춘기에 발달하기 시작하는데, 이 과정은 에스트로겐에 의해 활성화된다. 임신 중에는 에스트로겐과 프로제스테론 호르몬이 유관과 소포의 증식을 자극한다. 임신기에 모유 생성이 시작되기는 하지만 태반에서 산출된 프롤락틴 억제 호르몬(prolactin inhibitory hormone)에 의해 그 작용이 제한된다. 출산을 하면 에스트로겐, 프로게스테론과 프롤락틴 억제 호르몬의 수준이 급격히 감소해서 수유가 시작된다.

(3) 모유의 산출

모유 산출은 모유 생산과 모유 방출이라는 두 가지 단계로 진행된다. 첫 번째 모유 생산 단계는 모유 성분이 합성되는 과정과 만들어진 모유가 소포강(alveolar lumen)으로 흘러가는 과정을 포함한다. 두 번째 단계인 유즙방출(let-down) 단계는 모유가 소포와 유관으로부터 밖으로 빠져나가는 것을 말한다. 이 두 과정은 모두 아기가 젖을 빨면서 자극된다.

2) 영아의 젖빨기

정상 분만아는 엄마 젖을 물고 효과적으로 젖을 빨 수 있는 반사작용을 가지고 태어난다. 영아의 뺨을 가볍게 문지르면 아기는 입을 열고 손이 닿은 쪽으로 고개를 돌린다. 엄마가 아기를 안으면 아기는 반사적으로 엄마의 유륜 부분을 입에 넣고 유륜 아래에 위치한 유

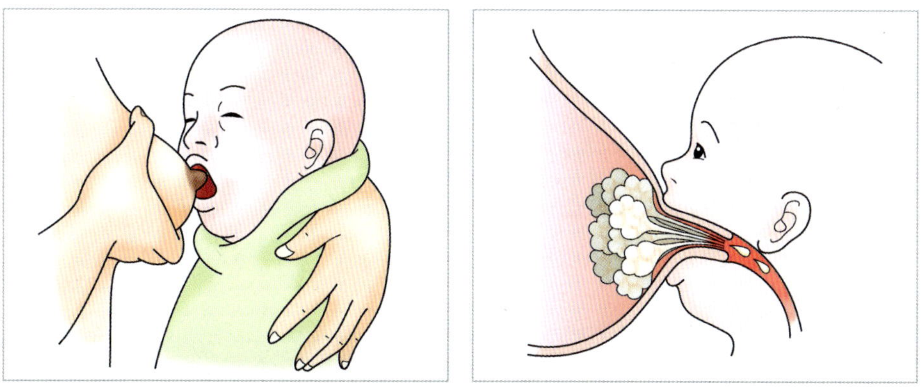

그림 7-3 아기가 젖을 빠는 방법

자료 : Rolfes et al(1998). Life span nutrition.

관팽대부에 압력을 가한다. 젖을 잘 문 경우에는 아기의 혀와 잇몸이 잘 작용해서 모유를 유관팽대부에서 유두 밖으로 빠져나오게 한다(그림 7-3). 빨고 삼키는 반사작용이 함께 작용하는데 혀와 턱이 동시에 작용해서 유방에서 모유를 빨아내면 삼키는 작용이 잇따른다.

3) 모유의 생산과 방출

아기가 엄마 젖을 빨면 프롤락틴과 옥시토신 호르몬이 모유 생산과 방출을 자극한다(그림 7-4). 프롤락틴 호르몬은 뇌하수체 전엽에서 분비되어 유선의 소포세포(alveolar cell)에 작용해서 모유 생산을 자극한다. 뇌하수체 후엽에서 분비되는 옥시토신은 분비반사(let-down) 호르몬으로 알려져 있어서 모유가 몸 밖으로 내뿜어지도록 돕는다. 옥시토신은 유방 소포 주변의 근상피세포가 수축되도록 해서 소포에서 모유를 유관으로 밀어내어 아기가 쉽게 모유를 섭취하도록 한다. 뇌하수체에서 분비되는 프롤락틴과 옥시토신은 생식기에도 영향을 미쳐 프롤락틴은 배란을 억제하고 옥시토신은 자궁수축을 촉

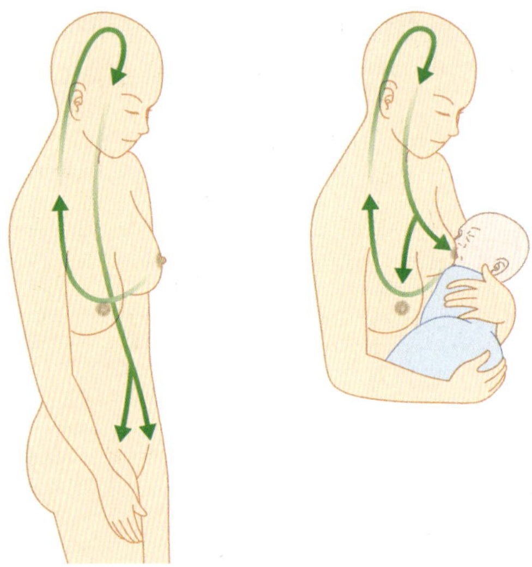

그림 7-4 모유 분비 반사

주 : 영아가 모유를 먹으면, 뇌하수체가 프롤락틴과 옥시토신 분비를 자극해서 유선에서는 모유 생산과 분비를 자극하고, 생식계에는 배란 억제와 자궁 수축 효과를 가진다.

자료 : Brown J(2005). Nutrition through the life cycle.

진하는 작용을 한다.

모유 사출이나 분비반사는 수유부의 정서적 상태에 민감하게 영향을 받는다. 예를 들어 수유부가 걱정이 있거나 스트레스를 받거나 피곤한 경우에는 모유 사출이 억제되고, 아기가 울거나 시선을 느낄 때는 조건반사적으로 모유 분비가 촉진된다.

4) 수유의 지속

엄마 몸에서 모유를 규칙적으로 빼내지 않고 1~2주가 지나면 프롤락틴의 분비가 멈추어져서 모유가 더 이상 만들어지지 않는다. 따라서 아기가 섭취하기에 충분한 모유의 양을 계속 유지하기 위해서는 규칙적으로 빠는 자극과 유방에 채워진 모유를 다시 비우는 것이 필요하다. 직장에 다니는 수유부의 경우 수동적 또는 유즙사출기를 이용해 모유를 규칙적으로 짜내면, 집에 돌아와서도 아기에게 계속 모유를 먹이는 것이 가능하다. 직장에서 짜낸 모유를 위생적으로 냉장고에 보관하면 다음 날 엄마가 없는 낮 시간에도 모유를 아기에게 제공할 수 있다.

5) 모유 분비량

수유부의 모유 분비량은 수유기간이 경과할수록 증가하여, 초유가 분비되는 첫 날에는 하루에 50mL 정도가 분비되나 분만 후 2주째에는 약 500mL의 모유를 분비하고, 1개월쯤 되면 하루 약 750mL의 모유를 분비하며, 이와 같은 성숙유의 형태로 6개월까지 모유의 분비량이 유지된다. 분비하는 모유의 양은 초산부보다 경산부에서 더 많다고 알려져 있다.

대부분의 건강한 수유부의 경우에는 영양소섭취량이 모유 분비량에 큰 영향을 미치지 않는다. 그러나 에너지나 단백질섭취 부족이 심각한 수유부의 경우에는 모유 생성에 장애가 초래되어 모유 분비량이 줄어들 수 있다. 모유의 지방 함량은 체지방량의 영향을 받아 체지방이 많은 여성은 체지방이 적은 여성보다 모유의 지방 함량이 높은 경향이 있다.

6) 수유기의 체중 감소

임신기에 약 12~13kg의 체중이 증가하는데, 분만하는 과정에서 태아, 태반 및 양수 등이 차지하던 5~6kg이 감소하고 출산 첫 주에 혈장과 체수분의 감소로 2~3kg의 체중이 더 감소한다. 출산 후 첫 6개월 동안은 매달 0.5~1kg의 체중이 감소하고, 이 이후에는 더 서서히 체중이 감소해서 원래 체중으로 되돌아간다.

수유부가 모유 수유를 하는 가가 체중 감소 속도에 큰 영향을 미치지는 않는다. 이보다는 수유부가 섭취하는 에너지와 소비하는 에너지의 균형에 따라 체중 감소 속도가 결정된다. 일반적으로 임신기에 체중 증가가 많았던 임신부는 출산 후 체중 감소에 더 많은 시간이 소요되고, 경산부의 경우 초산부보다 체중 감소가 느린 경향이 있다.

4. 모유의 성분

모유의 구성성분은 한 번 먹이는 과정에서도 변화하고, 또 아기의 월령에 따라 필요한 조성으로 계속 바뀐다. 모유에서 수 백 가지의 다양한 성분이 검출되었고 이 성분들의 기능은 계속 연구 중에 있다.

출산과 동시에 성숙된 모유가 나오는 것은 아니다. 출산 후 처음 며칠간은 모체에서 소량의 초유(colostrum)가 분비되고 첫 주가 끝날 무렵에는 모유의 조성과 양이 성숙유의 형태로 많이 전환된다. 성숙유의 경우 1회 수유하는 동안 지질 함량이 변화한다. 수유 시작 시에는 지질의 함량이 적은 모유가 나오다가 수유가 끝날 즈음에는 지질 함량이 높은 모유가 방출되어 아기가 포만감을 느끼게 된다.

1) 초 유

초유는 신생아의 출생 1~3일 이후에 만들어지는 노란색 액체이다. 신생아는 생후 첫 2~3일간은 초유분비량과 위장 크기가 작아서 한 번 먹을 때 약 2~10mL(1/2~2티스푼) 정도밖에 섭취하지 못한다. 초유는 100mL당 약 58~70kcal를 공급하고 성숙유보다 단백질 농도가 높으며, 탄수화물과 지질의 농도는 낮다. 분비성 면역 글로블린 A와 락토페린이 초유의 주된 단백질이고 면역작용을 하는 단핵세포도 초유에 많이 함유되어 있다. 또한 초유에는 성숙유보다 더 많은 무기질이 함유되어 있다.

2) 모유 수분

모유는 수유부의 혈장과 등장성 용액이다. 따라서 영아는 체내에 수분을 보충하기 위해 따로 물이나 다른 음료를 마실 필요가 없다. 수분은 모유에 가장 많이 함유되어 있는 성분으로 유당, 단백질, 면역물질, 무기질, 수용성 비타민 등이 골고루 분산되도록 돕는다.

3) 모유 지질

모유는 약 0.65kcal/mL의 에너지를 공급한다. 모유 내 지질은 지방구 막에 쌓여 유화되어 있는데 모유 에너지의 반 정도를 공급한다. 모유의 약 3~5%가 지질성분이며, 수유부에 따라 모유 내 지질 농도의 편차가 크다.

수유부의 식사에 따라 모유의 지방산 조성이 바뀐다. 불포화지방이 많이 든 식사를 하면 모유에 불포화지방산이 증가한다. 저지방 식사를 하지만 탄수화물과 단백질로부터 공급되는 에너지가 충분하면 중간 사슬 지방산이 많이 합성된다.

DHA는 뇌신경과 눈의 망막발달에 꼭 필요한데, 임신 말기에 많은 양이 축적된다. 따라서 임신 36~38주 이전에 태어난 미숙아들의 경우 충분한 DHA의 공급을 위해 모유를 섭취하는 것이 특히 중요하다.

모유에는 콜레스테롤이 10~20mg/dL 정도 들어 있는데, 콜레스테롤은 모든 세포막의 필수성분으로 세포의 성장과 복제에 필요하다. 모유 수유아는 콜레스테롤섭취량이 많아서 혈청 콜레스테롤 수치도 조제분유를 먹는 아기들보다 높다. 모유를 통해 일찍 콜레스테롤을 섭취한 것이 일생의 콜레스테롤 대사에 어떤 영향을 미치는 지는 아직 알려져 있지 않다.

4) 모유 단백질

성숙 모유의 단백질 함량은 0.8~1.0%로 다른 동물들의 젖에 비교해 볼 때 적은 편이다. 유방에서 합성되는 단백질 농도는 모체 혈장의 단백질 농도보다 영아의 발달 연령의 영향을 더 많이 받는다. 출생 후 시간이 지남에 따라 분비되는 호르몬의 변화로 인해 단백질의 유전자 발현이 조절되어 유방에서 합성되는 단백질의 조성도 달라진다. 모유 단백질은 단백질의 농도는 적지만 영양공급과 더불어 다양한 항바이러스와 항미생물 작용을 한다.

모유에는 응유단백질인 카제인과 유청단백질인 락트알부민이 60 : 40으로 들어 있다. 카제인과 칼슘인산 및 다른 이온들이 응집된 형태가 모유의 흰색을 띠게 한다. 유청단백질에는 혈청단백질, 효소, 면역글로부린, 락토페린 등이 들어 있다.

모유에서 단백질을 구성하지 않는 비단백질소가 모유질소의 약 20~25%를 차지하는데 그 성분으로는 요소, 핵산 등이 포함된다. 이들 질소들은 비필수아미노산을 합성하거나 생물학적 활성을 가진 호르몬, 성장인자, 자유아미노산, 핵산, 카르니틴을 만들 때 사용되기도 한다. 각종 핵산들은 아기의 성장과 면역에 도움을 주는 것으로 생각되고 있다.

5) 모유 탄수화물

모유에는 유당이 약 7%로 주된 탄수화물이지만, 다른 단당류, 중성과 산성 올리고당, 단백질 결합 탄수화물들도 들어 있다. 유당은 칼슘 흡수를 촉진하고 모유에 두 번째로 많은 탄수화물인 올리고당은 장내 비피더스 박테리아의 성장을 자극하며 박테리아가 상피세포 표면에 붙는 것을 막는다.

6) 모유 내 비타민과 무기질

모유의 수용성 비타민은 수유부의 식사나 보충제섭취의 영향을 많이 받으므로, 모유에 농도가 부족한 경우에는 수유부의 식사가 부실한 것과 연관성이 있다. 그러나 모체의 식사 내용이 불량해도 아기에게 수용성 비타민 부족으로 인한 임상 문제가 생기는 경우는 드물다.

초유는 카로틴 함량이 많아서 노란색을 띠는데, 초유에는 비타민 A 농도가 성숙유의 두 배 정도 들어 있다. 비타민 D는 모유에 소량 들어 있는 성분으로 식사와 햇빛조사량의 영향을 많이 받는다. 모유의 비타민 D 함량은 수유부의 햇빛 조사량에 따라 열 배까지도 차이가 나므로 충분히 햇빛을 쐬고 비타민 D가 풍부한 식사를 하는 것이 필요하다.

표 7-1 성숙 모유의 성분

(단위 : /100mL)

모유 조성	성숙유
칼로리	65kcal
유 당	7.2g
단백질	1.05g
지 방	3.9g
비타민 A	48.5μg
비타민 B_1	0.021mg
비타민 B_2	0.035mg
니아신	0.18mg
비타민 B_6	0.013mg
판토텐산	0.22~0.25mg
비오틴	0.038μg
엽 산	0.085μg
비타민 B_{12}	0.042μg
비타민 C	4mg
비타민 D	51IU
비타민 E	0.23mg
비타민 K	0.25g
칼 슘	26.4mg
인	12.4mg
마그네슘	3.4mg
구 리	25μg
철	0.035mg
아 연	0.12mg

자료 : Brown(2005). Nutrition through the life cycle.

비타민 E의 경우 건강한 수유부의 모유에는 충분한 양이 들어 있어서 아기의 근육강화와 적혈구 용혈을 막는 데 사용된다. 비타민 K는 모유 수유 영아의 약 5%에서 부족증이 나타날 수 있는데 신생아는 장내에서 비타민 K를 합성하는 기전이 미숙하므로 부족증을 방지하기 위해 신생아 출생 시 비타민 K 주사가 공급된다.

동물 유즙의 무기질 농도는 아기의 성장 속도와 관련이 있다. 모유의 무기질 농도는 출생 후 한두 해 만에 체격이 성인치만큼 증가하는 소나 다른 동물의 무기질 농도보다 훨씬 적은 편이다. 모유는 무기질 농도는 낮지만 생물학적 활성이 높아서 훨씬 효율적으로 흡수되고 신장에 무리를 주지 않는다는 장점이 있다.

5. 수유기의 영양소필요량

모유 산출은 수유부의 에너지와 영양소섭취량뿐 아니라 신체저장고가 얼마나 되는 가에 따라서도 영향을 받는다. 많은 수유부들이 자신의 몸에서 만들어지는 모유의 양이나 질이 적절한지에 대해 걱정을 한다. 그러나 심각한 영양불량 상태가 아니라면 모체가 생산하는 대부분의 모유는 영아의 성장에 적합한 모유가 생산된다. 한편 수유부의 건강과 영양을 위해서 수유기 영양에 관심을 기울이는 것은 매우 중요한 일이다(그림 7-5).

1) 에너지

수유부가 활동에 사용하는 에너지소비량은 일반 여성과 큰 차이가 없기 때문에 수유기의 에너지필요량은 모유 분비로 인한 에너지소비량과 모체의 저장 지방에서 동원되는 에너지를 고려해서 결정된다. 한국인 모유의 에너지 밀도는 65kcal/100mL이고, 수유 6개월까지의 1일 모유 분비량은 750mL로 보고 있기 때문에 모유 산출에 추가로 쓰이는 에너지는 하루 490kcal이다. 한편 임신기에 축적한 저장 지방에서 매일 170kcal 정도가 공급된다고 보고 있으므로 아기에게 모유를 수유하는 수유부의 경우에는 일반 여성보다 하루에 320kcal를 추가로 섭취하도록 권장하고 있다.

권장량보다 에너지를 덜 섭취해도 수유를 잘 유지할 수는 있지만 에너지섭취가 너무

적으면 모유 생산이 위축될 수 있다. 건강한 수유부가 일주일간 하루에 1,500kcal 이하로 섭취하면 모유 산출량이 감소한다는 보고가 있다. 따라서 적절한 모유 산출을 보장하기 위해서는 에너지섭취를 하루에 최소한 1,800kcal 이상으로 하는 것이 필요하다.

2) 단백질

수유부에게 필요한 단백질량은 모유로 분비되는 단백질 함량과 모체에서 모유로 전환되는 단백질 효율을 감안하여 계산한다. 단백질의 1일 추가 평균 필요량은 하루에 모유로 분비되는 단백질의 양을 약 10g 정도로 보고 모체에서 모유로 전환되는 단백질 효율을 47%로 추산해서 20g으로 정하였다. 단백질의 권장섭취량은 평균 필요량에 개인차를 고려해서 25g으로 정하고 있다.

3) 비타민과 무기질

수유기의 비타민과 무기질 권장량은 일반적으로 모유에 들어 있는 영양소 농도에 근거를 두고 책정한다. 모유의 비타민 농도는 수유부의 섭취량을 반영하지만 어느 정도까지는 일정하게 유지된다. 모체의 비타민섭취량이 적은 경우 일단은 모체 저장고의 비타민을 사용해서 모유 수준을 유지하는데, 저장고도 고갈된 경우에는 모유의 비타민 함량이 감소한다. 한편 몇몇 비타민의 모유 내 농도는 모체의 섭취량이 증가하면 함께 증가하지만 일정 수준 이상으로는 증가하지 않아서 영아가 과잉으로 섭취하지 않도록 보호하는 경향이 있다. 모체가 비타민을 적절하게 섭취하는 것은 모유의 비타민 농도를 적절히 유지하고 또한 모체의 저장고를 적절히 유지하기 위해 필요하다.

(1) 지용성 비타민

우리나라 수유부를 위한 비타민 A 영양섭취기준은 모유 내 비타민 A 함량을 48μg RE/100mL로 보고 하루에 750mL의 모유를 분비하는 것으로 계산하여 추가 평균필요량을 +350μg RE로 하였다. 이에 개인차를 고려해 추가 권장섭취량은 +490μg RE로 정하고 있다. 비타민 D의 경우 수유 기간 동안 비타민 D가 얼마나 필요한지는 알려져 있지 않지만, 칼슘 균형의 유지를 위해 비타민 D의 보충이 필요하다고 보아 +5㎍을 추가 충분섭취량으로 정하고 있다. 비타민 E의 경우 비타민 A와 같이 모유로 분비되는 양을 고려해 추가 충분섭취량을 +3mg α-TE로 정하고 있다. 비타민 K의 경우 비수유부와 수유부의 섭취량이 비슷하고, 모유 함량이 수유부 식사의 영향을 거의 받지 않아서 추가 섭취를 권하지 않고 있다.

(2) 수용성 비타민

모유의 비타민 C 농도는 매우 높아서 모체 혈장보다 열 배 정도 많이 들어 있다. 하루에 모유로 분비되는 비타민 C의 함량은 약 30~45mg 정도여서 수유부를 위한 추가 평균필요량과 권장섭취량은 +35mg으로 정하고 있다.

비타민 B_1 · B_2, 니아신의 경우 모유로 분비되는 양과 모체의 에너지 대사 항진에 따르는 추가 필요량을 고려하여 필요량이 약 30~50% 증가한다고 보고 있다. 따라서 추가 평균 필요량은 이를 고려하여 각각 +0.3mg, +0.4mg, +3.0mg NE로 하고, 개인차를 고려해서 추가 권장섭취량은 각각 +0.4mg, +0.4mg, +5.0mg NE으로 권장하고 있다.

비타민 B_6의 경우 모유로 하루에 0.1mg이 분비되며, 수유기의 추가 단백질 대사에 0.5mg이 필요하여 추가 평균필요량을 +0.6mg/일로 정하고 있고, 추가 권장섭취량은 개인차를 고려해 +0.8mg으로 정하고 있다. 엽산의 경우 모유로 하루에 분비되는 양이 65㎍ 정도이고 섭취한 엽산의 생체이용율이 50% 정도여서 추가 평균필요량을 +130㎍으로 하고, 개인차를 고려한 +150㎍을 추가 권장섭취량으로 정하고 있다.

(3) 무기질

수유 6개월간 모유를 통해 분비되는 평균 칼슘 함량은 하루에 200mg 정도인데 식사 중 칼슘의 흡수율을 65%로 고려해서 일일 추가 평균필요량을 +310mg으로 잡고 있고 추가 권장섭취량은 +370mg으로 정하고 있다.

철의 경우 하루에 모유로 분비되는 양이 0.3mg 정도이지만 모유 수유를 하는 일정기간에는 무월경 상태가 되므로 수유부의 경우 따로 추가 권장량을 정하지 않고 있다. 아연의 경우 하루에 1.7mg 정도가 모유로 분비되므로 식이의 아연 흡수율을 40%로 보아 추가 평균필요량을 +4.0mg으로 하고, 개인차를 반영해서 추가 권장섭취량은 +5.0mg으

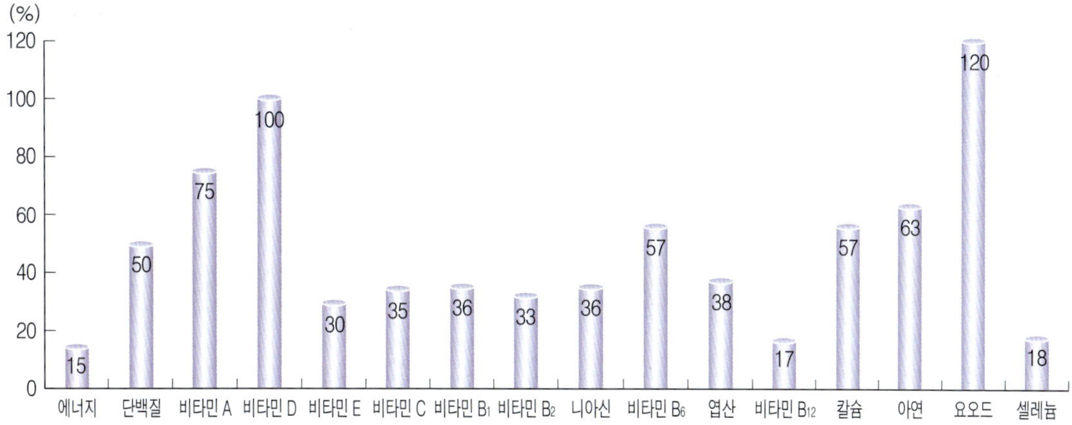

그림 7-5 일반 여성 대비 수유부의 영양소 추가 권장섭취량 비율

자료 : 한국영양학회(2010). 한국인 영양섭취기준.

로 정하고 있다.

6. 수유기의 영양관리

1) 수유부의 식생활지침과 식사구성

2009년도에 새로 개정된 한국인을 위한 식생활지침(2009)에서 임신 수유부는 우유 제품을 매일 3회 이상 먹고 고기나 생선, 채소, 과일을 매일 먹으며 청결한 음식을 알맞은 양으로 먹도록 권장하고 있다. 또한 짠 음식을 피하고 싱겁게 먹고 술은 절대로 마시지 말고, 활발한 신체활동을 유지하도록 권장하고 있다.

수유기의 균형잡힌 식사는 수유부의 건강과 아기에게 가장 적합한 모유를 생산하기 위해 꼭 필요한 요소이다. 한국인 영양섭취기준(2010)에서는 수유부의 경우 비수유부보다 약 320kcal 정도를 더 섭취하도록 권장하고 있다. 식사 구성으로 볼 때 일반여성보다 우유 및 유제품을 2회 정도 더 섭취하고, 어 · 육류와 과일을 각각 1회 정도 추가하면 영양소들의 섭취 균형을 맞추면서 추가로 필요한 에너지를 충족시킬 수 있다. 즉, 식사 구성으로 볼 때 곡류는 일반 여성과 비슷하게 1일 4회, 어 · 육류는 하루에 6회(중점시로 3

접시 정도), 채소류는 1일 7회, 우유 및 유제품류는 1일 3회, 과일류는 1일 3회 정도 섭취하는 것이 바람직하다. 수유부의 영양필요량을 균형잡힌 다양한 식사대신 비타민 무기질 보충제로 채우는 것은 바람직하지 않다.

표 7-2 임신 수유부를 위한 식생활지침

임신 · 수유부를 위한 식생활지침	임신 · 수유부를 위한 식생활 실천지침
우유 제품을 매일 3회 이상 먹자.	• 우유를 매일 세 컵 이상 마신다. • 요구르트, 치즈, 뼈째 먹는 생선 등을 자주 먹는다.
고기나 생선, 채소, 과일을 매일 먹자.	• 다양한 채소와 과일을 매일 먹는다. • 생선, 살코기, 콩 제품, 달걀 등 단백질 식품을 매일 한 번 이상 먹는다.
청결한 음식을 알맞은 양으로 먹자.	• 끼니를 거르지 않고 식사를 규칙적으로 한다. • 음식을 만들 때는 식품을 위생적으로 다루고 먹을 만큼만 준비한다. • 살코기, 생선 등은 충분히 익혀 먹는다. • 보관했던 음식은 충분히 가열한 후 먹는다. • 식품을 구매하거나 외식 할 때 청결한 것을 선택한다.
짠 음식을 피하고, 싱겁게 먹자.	• 음식을 만들거나 먹을 때는 소금, 간장, 된장 등 양념을 적게 사용한다. • 국물은 싱겁게 만들어 적게 먹는다. • 김치는 싱겁게 만들어 먹는다.
술은 절대로 마시지 말자.	• 술을 절대로 마시지 않는다. • 커피, 콜라, 녹차, 홍차, 초콜릿 등 카페인 함유식품을 적게 먹는다. • 물을 충분히 마신다.
활발한 신체활동을 유지하자.	• 임신부는 적절한 체중 증가를 위해 알맞게 먹고 활발한 신체활동을 규칙적으로 한다. • 산후 체중조절을 위해 가벼운 운동으로 시작하여 점차 운동량을 늘려 간다. • 모유 수유는 산후 체중 조절에도 도움이 된다.

자료 : 보건복지부(2009). 한국인을 위한 식생활지침.

2) 수유부의 생활습관

(1) 커 피

모체가 카페인을 섭취하면 모유를 섭취하는 영아에게 안 좋은 영향을 미칠 수 있다. 하루 한 잔 정도의 커피섭취는 대부분의 수유부와 영아에게 별다른 문제를 발생시키지 않는다. 한 잔의 커피를 마시면 모체 혈장 카페인 농도의 1%만이 모유에 나타난다. 그러나 영아가 카페인을 잘 대사시키려면 만 3~4개월이 되어야 하므로 그 동안에는 카페인이 영아의 체내에 쌓이게 된다. 카페인을 과다섭취해서 수유부가 하루에 6~8컵의 카페인 함유 음료를 섭취하면 카페인이 아기 몸에 많이 축적되어 아기가 짜증을 부리고 잠을 이루지 못할 수 있다.

(2) 알코올

술은 쉽게 모유로 전달된다. 매일 맥주 2캔(체중 1kg당 0.5g 이상의 에탄올) 이상의 술을 마시면 아기의 모유섭취량이 줄어들고 모유분비 반사작용에도 장애가 나타난다. 매일 하루 한 잔씩의 음주를 하는 경우에는 아기의 정신발달에는 문제가 없었지만 운동신경의 발달에 장애가 있었다는 보고도 있다. 수유부가 약간의 술을 마시고자 한다면 알코올이 체내에서 제거되는 시간을 고려해서 적어도 음주 후 2시간 이내에는 수유를 하지 않는 것이 좋다.

(3) 흡 연

담배는 모체 건강에 해로울 뿐만 아니라 모유 수유도 하기 어렵게 만든다. 임신 중에 흡연을 한 모체에서 태어난 영아는 그렇지 않은 영아보다 출생 시 체중이 약 200g 정도 작았다. 수유부가 흡연을 하면 체내 프롤락틴과 옥시토신의 분비량이 감소해서 모유 생성량과 모유분비반사가 저해되며 빨리 젖을 떼는 경향이 있다.

(4) 휴식과 운동

수유부에서 모유 산출량이 줄어드는 주된 이유는 수유부가 피곤하기 때문이다. 수유부는 새로 태어난 아기, 다른 가족들의 요구 그리고 직장 생활 등을 통해 휴식을 충분히 취하기 어렵다. 특히 모유 수유가 완전히 정착되기 전인 첫 4~6주경에는 더욱 더 충분한 휴식이 필요하다. 따라서 수유부가 피곤한 경우에는 이를 알려서 다른 사람의 도움을 받도록 하는 것이 좋다.

수유부의 신체적 · 심리적인 건강을 위해서는 적절한 운동을 하는 것이 좋다. 건강한 수유부는 규칙적으로 운동하는 것이 수유에 방해가 되지는 않는다. 그러나 운동을 심하게 한 직후에 아기에게 젖을 먹이는 경우, 때로는 모유에 젖산 농도가 증가해서 쓴 맛이 날 수도 있다. 따라서 수유하기 직전에는 운동을 하지 않는 것이 바람직하다.

7. 모유 수유의 실제

1) 젖 먹이기의 시작

신생아는 나면서부터 모유를 먹을 준비가 되어 있다. 모유 수유를 성공적으로 하기 위해서는 가능하면 신생아가 태어나서 빠른 시간에 엄마의 품에서 모유를 공급받도록 하는 것이 좋다. 수유부가 병원에서 출산한 후 모자 동실을 사용하면 아기에게 모유를 공급하기가 훨씬 수월하다. 한편, 수유부나 영아가 건강 문제로 같은 방을 초기에 쓰지 못하였어도 건강을 회복한 이후에 언제나 모유 수유가 가능하다는 사실을 인지하는 것이 필요하다.

2) 수유 자세

수유 초기에 수유부는 어떻게 본인과 아기가 서로 편하면서 수유가 잘 되도록 자세를 잡을 것인가를 익히게 된다. 수유 자세는 여러 가지가 있을 수 있는데 자세를 종종 바꾸어 주면 피곤함도 줄이고 젖꼭지가 아플 가능성도 줄어들 수 있다.

흔히 이용하는 수유 자세 중 요람 자세는 가장 전통적인 수유 자세로 먹이려는 유방과 같은 쪽 팔로 영아의 머리와 등을 받쳐서 얼굴이 영아의 가슴을 향하도록 하는 자세이다. 교차요람식 자세는 요람식 자세를 변형한 것으로 수유하려는 유방과 반대 쪽 팔에 아기를 안는 것 이외에는 요람식 자세와 같다.

옆구리에 끼는 자세는 미식축구 자세라고도 하는데 산모가 손바닥으로 아기의 머리를 받치고 그 쪽 팔위에 아기의 몸을 올리고 아기의 다리 부분은 수유부의 옆구리에 끼우는 자세이다. 특히 제왕절개 분만을 한 경우 배의 수술 부위를 아기의 무게로 누르지 않아 좋다. 그 밖에 옆으로 누운 자세는 제왕절개를 했거나 출산 후 몸이 고단하거나 잠을 자는 중에 수유할 때 많이 사용하는 방법으로 산모와 아기가 모두 옆으로 누운 상태에서 아기에게 수유하는 방법이다.

영아가 편안한 자세를 취하면 수유부는 아기를 받치지 않은 손으로 네 손가락은 유방 아래쪽을 받치고 엄지 손가락은 유방 위쪽을 잡아 손 모양이 C자처럼 되게 하고 유두를

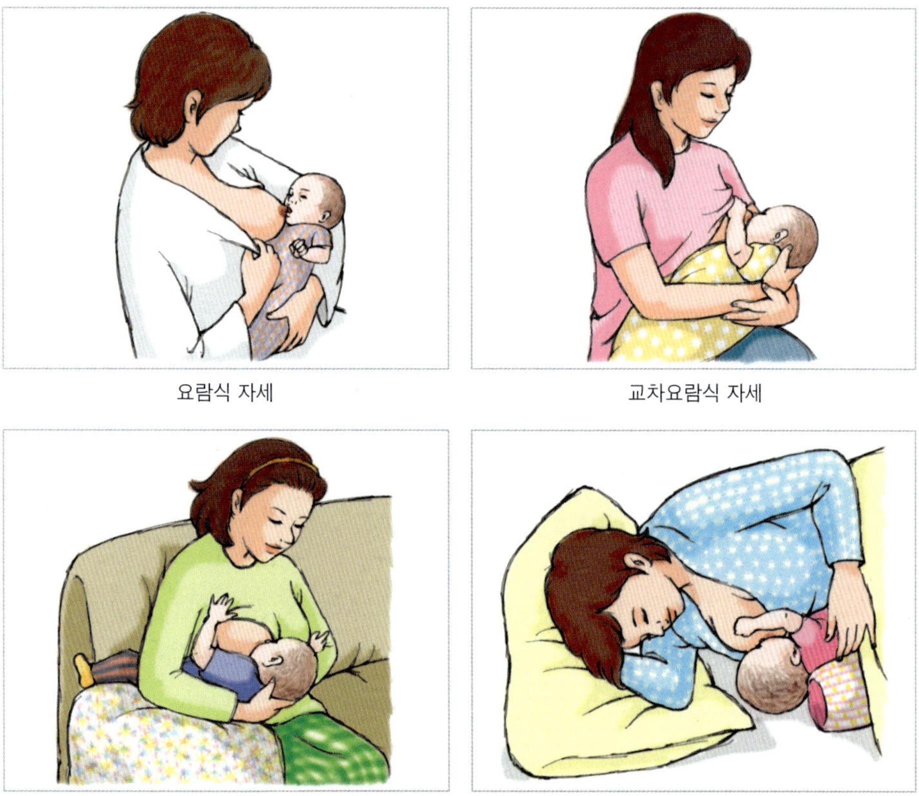

요람식 자세 / 교차요람식 자세 / 미식축구 자세 / 옆으로 누운 자세

그림 7-6 ● 수유 자세

자료 : 미국소아과학회(2006). 초보 엄마를 위한 모유 수유 지침서.

아기의 입 가까이로 가져가 아기가 입을 벌리게 한다. 아기가 입을 크게 벌릴 때 아기를 엄마 품으로 당겨 아기가 유두뿐만 아니라 유륜의 상당한 부분까지 입속에 넣을 수 있도록 한다. 아기가 유두 부분만 입속에 물고 젖을 빠는 경우에는 유두에 통증을 느낄 수도 있다. 아기가 젖 물기를 잘 못해서 다시 물려야 하는 경우에는 아기 입에 엄마 손가락을 살짝 밀어 넣어 입 속의 진공 상태를 해제한 다음 아기를 유방에서 떼어 내어야 유방통증을 예방할 수 있다.

3) 수유시간 및 횟수

적절한 수유시간과 수유 간격을 맞추면 모유 산출이 풍성해 질 수 있다. 일반적으로 신생아는 하루 10~14회 정도 수유를 한다. 젖을 물린 후 유방이 부드러워지는 데 약 10~20분 정도 소요된다. 첫 번째 유방이 부드러워지면 모유 흡입을 부드럽게 막은 후 다른 쪽 유방을 물게 한다. 다음 번 수유 때에는 더 꽉 찬 유방을 먼저 물리게 하는데 대체로는 직전 수유 시 후반부에 물렸던 유방이 더 꽉 차 있게 된다. 아기가 먹는 젖의 양은 수유 개시 5분 동안에 전체 수유량의 50% 정도를 섭취하고 15분이 지나면 95%를 섭취한다고 하며, 그 이후에는 피부접촉을 통해 애정을 쌓는 의미가 더 크다고 한다.

신생아기에는 약 2시간마다 수유를 하다가, 아기가 크면서 수유 간격이 늘어나 3개월 정도되면 3~4시간 간격으로 하루에 6~7회 정도 수유하게 되고, 6개월 경에는 5~6회 정도로 수유 횟수가 줄어든다.

4) 수유를 잘 하고 있는 지의 확인

수유부들은 때때로 아기가 충분히 모유를 섭취하고 있는가를 염려한다. 아기가 모유를 잘 먹고, 시간이 지난 후에 속도가 느려지며 수유 후에 유방이 부드러워지면 순조롭게 수유가 이루어지고 있는 것이다. 또한 수유부는 졸음이 오고 긴장이 풀린 듯한 느낌을 받는다. 아기가 하루에 여섯 번 기저귀를 적시고, 하루에 한 번씩 대변을 보는 것도 정상적인 수유의 좋은 지표이다.

5) 수유 시의 문제

(1) 유두 통증

유두 통증은 신생아기의 수유 시 자세를 수정하면 완화시킬 수 있다. 자극적이거나 건조한 비누 사용을 피하는 것이 좋으며, 유두가 갈라지는 경우 수유 후에 모유를 몇 방울 발라두는 것이 치료에 도움이 될 수도 있다. 유두가 아픈 이유가 감염 때문인 경우도 있으므로 통증이 심한 경우에는 의료진을 찾아가는 것이 필요하다.

(2) 유방 충혈

초유가 성숙유로 변할 때 유방이 일시적으로 부으면서 영아가 갑자기 늘어난 유방을 잘 무는 것이 쉽지 않게 된다. 이 경우 영아는 허기를 달래지 못해 보채기도 하며, 수유부는 통증이 있는 충혈 증상을 호소할 수 있다. 유방 충혈은 수유를 자주하면 감소되며, 충혈이 있을 때 찬 찜질을 하면 약간 증상을 가라앉힐 수 있다. 또한 온수 샤워로 유방을 부드럽게 하거나 적은 양의 모유를 펌프로 짜내면 아기가 젖을 편하게 무는 데 도움이 될 수 있다. 유방 충혈은 대체로 초산모에서 나타나는데 대부분은 며칠 이내에 증상이 사라진다.

(3) 직장 출근 시

수유부가 직장에 출근해서 영아와 함께 있지 못할 경우 모유를 손으로 짜거나 펌프를 통해 모은 후 다음 날 우유병에 넣어서 아기에게 먹일 수 있다. 그렇지 못할 경우에는 직장에 있는 동안에는 조제분유를 먹이고, 밤 사이에는 모유를 먹이는 식으로 혼합 수유를 할 수도 있다. 모유는 1~2일 동안 냉장고에 저장하거나 3~4개월 동안 냉동고에 얼려 보관이 가능하다.

어떤 영아들은 우유병 젖꼭지와 유두를 번갈아가면서 먹는 것을 혼돈스러워 할 수도 있다. 인공젖꼭지를 사용하면 우유를 빨기 위한 혀의 움직임이 모유를 먹을 때와 달라지기 때문이다. 이 같은 젖꼭지 혼돈을 막기 위해 모유 수유가 정착되는 생후 첫 달에는 조제분유 수유를 하지 않는 것이 필요하다.

(4) 영아의 느린 성장

때로 모유 수유가 잘 안 될 때에는 전문가의 자문을 받는 것이 필요하다. 이는 주로 초산부에서 나타나는데 피곤하거나 스트레스를 받는 경우, 올바른 수유방법에 대해 잘못된 정보를 갖고 있는 경우, 아기의 체격이 작거나 잠만 계속 자는 경우 등에 나타날 수 있다. 대체로는 수유부가 충분히 휴식을 취하고 좀 더 수유를 길게 자주 하면 문제가 해결될 수 있다. 좀 더 심한 경우에는 아기가 수유를 끝낸 후 모유를 펌프로 짜내어서 모유 생산을 좀 더 자극할 수도 있다.

모유 수유 후에 조제분유를 보충해 주어서 아기가 충분히 먹는 것을 확인할 수도 있지만 이 경우 쉽게 모유 수유를 포기하게 된다. 조제분유를 먹으면 수유 횟수가 줄어들어서 모유 산출을 증가시키는 데 필요한 빠는 자극을 발달시키는 것이 어려워지기 때문이다.

(5) 막힌 도관과 유선염

유방의 한 부분만 물러지면 유관이 막힌 것을 의미하는데, 따뜻하고 촉촉한 열기, 유방 비우기, 물러진 부분을 부드럽게 마사지하는 과정을 통해 문제를 해결할 수 있다. 증상이 지속되면 속옷이나 겉옷이 너무 끼지 않는지를 확인하는 것이 필요하다. 유방의 한 부분이 무른 것뿐만 아니라 붉거나 붓고 열이 나면 유선염이 아닌지 의사의 진단을 받는 것이 필요하다.

(6) 모유가 샐 때

모유가 원하지 않을 때 흘러나오면 당황할 수 있다. 부드럽고 공기가 잘 통하는 패드를 브래지어에 부착해서 새는 모유를 흡수하는 것이 필요하다. 수유 시가 아니라 아기가 울어서 분비반사가 발생하는 경우 유두를 가볍게 누르면 모유가 새는 것을 어느 정도 감소시킬 수 있다.

6) 모유 수유를 피해야 하는 경우

신생아 중 선천성 대사질환을 가진 경우, 예를 들어 페닐케톤뇨증, 갈락토세미아, 선천성 유당분해효소 결핍 등이 있는 경우에는 모유나 우유의 특정 영양소를 대사할 수가 없어서 특수 조제분유를 사용하거나 모유를 처리한 후에 아기에게 공급하여야 한다.

엄마가 암 치료를 받고 있거나 활동성 결핵이 있을 때에도 모유 수유를 피해야 하며, 수유부가 신장질환, 고혈압이 있을 때에는 담당 의사와 상의를 하면서 모유 수유를 하는 것이 필요하다. 또한 당뇨병이 있는 경우에는 혈액 중의 포도당이 모유 생산에 활발히 이용되므로 오히려 수유부의 혈당 조절에 도움이 되어 모유 수유를 잘 할 수 있다고 보고 있다.

8. 이유보충식

소아과학회나 한국인을 위한 식생활지침에서는 생후 6개월 동안은 전적으로 모유 수유를 할 것을 권장하고 있다. 그러나 이 이후에는 모유만으로 아기의 성장과 발달에 필요한 에너지와 다른 필수영양소를 충족시키기 어려우므로 모유와 병행해서 이유보충식을 공급하게 된다. 생후 6개월쯤 되면 아기들은 젖니가 나오기 시작하므로 이유식을 씹는 작용을 통해 섭식기능을 발달시키는 효과도 있다. 다양한 이유식은 아기들의 미각, 후각, 촉각, 시각을 자극해서 심리적인 발달에도 좋은 영향을 미치게 된다.

만 4~6개월 정도 되면 이유보충식을 시작하는데 이보다 더 일찍 보충식을 시작하면 영아 비만이나 알레르기 등의 유발 가능성이 높고, 이보다 더 늦어지면 아기의 성장 발육이 늦어지며 영양결핍증세가 나타날 수도 있다.

1) 이유식의 시작

영아에게 처음 이유식을 도입할 때에는 하나의 단일 식재료로 된 식품으로 시작해야 한다. 새로운 식품을 도입하기 전에 같은 식품을 3~5일간 공급함으로써 영아가 새로운 맛에 익숙해질 수 있고, 혹시 나타날 수 있는 알레르기나 불내성이 있는 지를 확인할 수도 있다.

4~6개월이 된 아기에게 처음 이유식으로 도입하는 식품으로는 알레르기 발생 위험이

적고 소화가 잘 되는 쌀 미음이 흔히 사용된다. 외국의 경우에는 철이 강화된 유아용 시리얼도 자주 활용된다. 처음 도입하는 이유식은 하루에 한두 번씩 유아용 숟가락으로 1~2수저씩 떠 주면서 시작한다. 이유식 초기에 젖병 대신 숟가락을 사용하는 이유는 아기가 숟가락 사용을 익힘으로써 구강 근육을 발달시킬 수 있기 때문이다. 아기에게 이유식을 먹일 때에는 아기 앞에 마주 앉아서 서로 눈을 마주치면서 먹이는 것이 심리적 안정과 정서발달에 도움이 된다.

아기들은 만 5~6개월에 첫 번째 치아가 나기 시작한다. 따라서 이 나이가 되면 영아가 잡고 씹을 수 있는 식품을 제공할 필요가 있는데 기도를 막을 위험성이 없는 식품을 선택해서 제공해야 한다. 질식의 위험성이 있어서 피해야 할 식품으로는 팝콘, 땅콩, 포도, 옥수수알, 핫도그, 견과류, 건포도, 감자칩 등을 들 수 있다.

2) 이유 보충식의 종류

이유기는 만 4~6개월의 이유 초기, 7~9개월의 이유 중기, 10~12개월의 이유 후기로 구분할 수 있으며 이유 보충식의 형태는 곡류의 경우 미음에서 시작해서 점차 죽, 밥의 형태로 바꾸어서 공급하는 것이 필요하다.

(1) 이유 초기(만 4~6개월)의 보충식

아기가 만 4~5개월쯤 되면 쌀 미음을 만들어서 아기에게 주기 시작한다. 여러 가지 음식을 너무 일찍 도입하면 알레르기의 유발원인이 될 수 있으므로 최근에는 곡류가 아닌 다른 식재료는 아기가 6개월이 지난 후에 먹이도록 권장하고 있다. 이유 초기에는 아기가 꿀꺽 넘길 수 있는 흐물흐물한 상태로 이유식을 만들어서 하루에 1회 정도 숟가락으로 떠서 먹이도록 한다. 쌀은 불린 후 분쇄기에 갈고 그것을 끓여서 입자가 고운 죽으로 주고 야채즙은 삶아서 체에 걸러서 준다. 곱게 긁거나 짜낸 과일즙, 삶아서 곱게 다진 고기나 흰살 생선, 곱게 으깬 달걀노른자(1/4~1/2쪽)를 모유나 조제분유에 타서 줄 수 있다.

채소 중 시금치, 배추, 당근 등은 질산염이 많이 포함되어 있어서 헤모글로빈과 결합하여 아기에게 빈혈을 유발할 수도 있으므로 만 6개월 이전에는 사용을 권하지 않는다. 또한 과일주스는 과당 등이 많이 포함되어 있으므로 과일을 직접 짜서 즙을 내어 먹이는 것이 바람직하다.

(2) 이유 중기(만 7~9개월)의 보충식

이유 중기의 아기 음식은 아기가 우물우물 넘길 수 있도록 물컹하게 만들어서 하루에 2회 정도 공급한다. 으깨지 않은 부드러운 죽, 삶아서 으깬 채소, 긁거나 얇게 썰은 과일, 잘 다져서 조리한 두부, 흰살 생선과 고기, 반숙 달걀 노른자(1개) 등이 적당하다.

(3) 이유 후기(만 10~12개월)의 보충식

이유 후기의 보충식은 아기가 질근질근 잇몸으로 씹어 넘길 수 있게 만들어 하루에 3회 정도 공급한다. 이유 후기에는 이유식이 주된 식사가 되는 시기이므로 모유의 섭취량은 점차로 줄어든다. 된죽과 진밥, 잘게 잘라서 삶은 채소, 잘게 자른 과일, 잘게 잘라 조리한 두부 또는 생선과 고기, 달걀(1개) 등을 사용하는 것이 적당하다.

알레르기의 발생 가능성을 고려해서 달걀 흰자, 등 푸른 생선, 새우, 조개, 돼지고기, 생우유와 견과류는 돌이 지나서 주도록 권장하고 있다. 또한 과일 중 복숭아, 토마토, 오렌지, 귤, 딸기 등도 12개월 이후에 섭취하도록 권장하는 경향이다.

8. 식품알레르기

음식을 먹고 신체의 면역 기전에 의해 여러 가지 안 좋은 증상이 나타나는 것을 식품알레르기라고 한다. 식품알레르기가 있으면 구토, 설사, 변비같은 위장관 증상과 두드러기, 아토피 피부염, 피부 발진 같은 피부 증상이 나타날 수 있고, 때로 천식과 비염같은 호흡기 증상이 발생할 수도 있다.

모유 수유로부터 오는 이득 중 가장 중요한 것 하나가 알레르기로부터 보호되는 것이라고 할 수 있다. 아토피 가능성이 큰 영아와 수유부로부터 주된 식품알레르기 항원을 제거하면 식품알레르기와 아토피 피부염을 지연시키거나 예방할 수 있다. 모유 섭취가 알레르기 유발을 감소시키는 이유로는 다음과 같은 사항을 들 수 있다.

- 모유에는 알레르기 원인물질의 함량이 적다.
- 모유를 통해 모체 면역이 영아에게 전수된다.
- 모유는 영아의 면역력을 잘 조절해 준다.
- 모유는 감염에 대항해서 보호하는 물질을 분비한다.
- 모유는 장내 미생물에 좋은 영향을 준다.

영아에게 식품알레르기의 발현은 알레르기에 대한 유전적 위험 정도, 모유 수유 기간, 이유식 도입 시기, 모체의 식사와 면역계의 영향을 받는다. 영아에게 흔한 식품알레르기 원은 우유, 밀가루, 달걀, 땅콩, 콩, 기타 견과류(아몬드, 호두, 헤즐넛 등)를 들 수 있다. 알레르기 가족력이 있는 영아는 최소 6개월간은 꼭 모유 수유를 하고, 그 이후에도 최대한 길게 모유 수유를 하는 것이 좋다. 알레르기 가족력이 있는 수유부는 그 자신도 식사에서 알레르기 유발 가능성이 큰 식품들을 피해야 한다. 알레르기가 있는 유아의 경우 조개, 새우, 땅콩 등의 알레르기 유발 가능성이 큰 식품은 생후 두 돌까지 피하는 것이 좋다.

Reference

참고문헌

구재옥 외(2006). 생활주기영양학. 효일.
김은경 외(2007). 생애주기영양학. 신광출판사.
미국소아과학회 저, 대한모유수유의사회 역(2006). 초보 엄마를 위한 모유 수유지침서.
보건복지가족부 · 질병관리본부(2010). 2008 국민건강통계 : 국민건강영양조사 제4기 2차년도.
보건산업진흥원(2007). 건강한 아이를 위한 현명한 엄마되기.
이상일 · 최혜미(2002). 영유아 영양. 교문사.
이연숙 외(2006). 생애주기영양학. 교문사.
하정훈(2005). 삐뽀삐뽀 119이유식. 그린비.
한국영양학회(2010). 한국인 영양섭취기준.
보건복지부(2009). 한국인을 위한 식생활지침.
Brown J(2005). Nutrition through the life cycle. Wadsworth.
Kretchmer N., Zimmermann M(1997). Developmental nutrition. Allyn & Bacon.
Mitchell MK(1997). Nutrition across the life span. Saunders Co.
Rolfes SR, DeBruyne LK, Whitney EN(1998). Life span nutrition.

memo

폐경에 가까워지면 에스트로겐, 난포 자극 호르몬, 황체 형성 호르몬의 분비가 불규칙해지면서 월경이 불규칙해진다. 폐경은 적어도 1년간 무월경의 상태를 유지함을 의미한다. 이 시기를 갱년기라 하며, 이 기간 동안 여성의 신체는 신체적으로나 심리적으로 많은 변화가 일어난다.

Chapter 8

중년 · 노년기의 영양필요량, 영양문제 및 영양관리

Chapter 8

중년 · 노년기의 영양필요량, 영양문제 및 영양관리

연령이 증가하면서 신체적 변화가 일어나는데 그 시기나 속도에는 개인차가 존재한다. 연령이 증가하면서 만성질환의 발병위험도 증가하고 인지능력 감소, 신체활동능력 감퇴 등이 나타나며, 특히 여성의 경우 45~55세 사이에 폐경을 겪게 된다. 폐경은 월경의 종료로 나타나는 현상이지만 마지막 월경에 앞서 7~10년에 걸쳐 난소의 기능이 감퇴하면서 에스트로겐과 같은 성호르몬 생성량이 감소한다. 반면 시상하부-뇌하수체 기능은 변함이 없고 오히려 성호르몬 분비를 촉진시키는 성선 자극 호르몬(gonadotropins)인 난포 자극 호르몬(FSH : Follicle Stimulation Hormone)의 분비가 증가된다. 폐경에 가까워지면 에스트로겐, 난포 자극 호르몬, 황체 형성 호르몬(LH : Luteinizing Hormone)의 분비가 불규칙해지면서 월경 또한 불규칙해진다. 폐경은 적어도 1년간 무월경의 상태를 유지함을 의미한다. 이 시기를 갱년기라 하며, 이 기간 동안 여성의 신체는 신체적으로나 심리적으로 많은 변화가 일어난다.

신체의 모든 장기기능도 감퇴하는데 이러한 장기기능의 변화는 독립적으로 일어나며 장기기능의 감퇴로 인해 신체기능 또한 감퇴된다(그림 8-1). 특히, 뇌의 구조와 기능, 면역기능의 감퇴는 여러 가지 질병 및 외부 스트레스에 대한 저항력을 감소시켜 신체기능과 환경변화에 대한 적응력을 감소시키고, 그로 인해 여러 가지 질병에 걸릴 위험도를 높인다.

노화의 진행속도는 개인의 유전적 특성, 환경과 유전의 상호작용에 의해 달라진다. 즉, 개인의 유전적 배경, 생활습관, 영양섭취 등에 따라 노화의 진행속도는 달라져 비슷한 연령이라도 실제 나이보다 훨씬 젊게 사는 사람이 있는가 하면 나이보다 체력도 떨어지고, 나이가 들어보이는 사람도 있다.

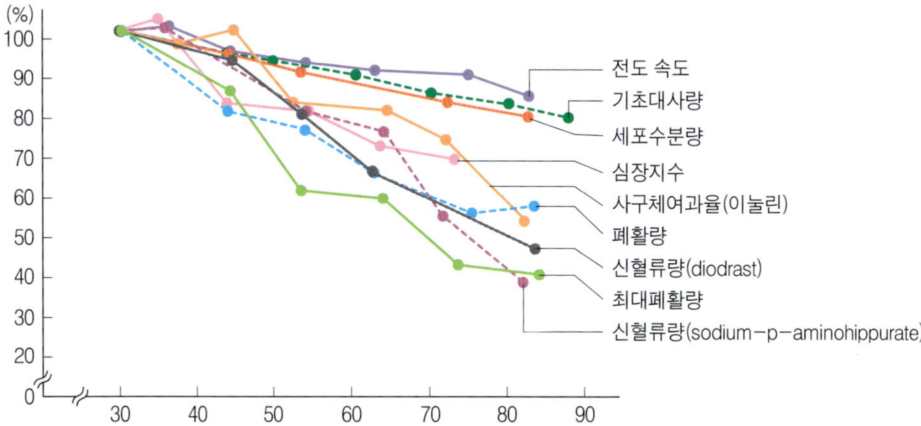

그림 8-1 노화로 인한 생리적 기능의 감소

자료 : NW, Shock(1962), The Physiology of aging, Scientific American, 1 : 206-217.

1. 노화와 생리적 변화

1) 신체구성

나이가 들면 뼈와 무지방 신체질량이 감소하고 지방이 증가한다(그림 8-2). 이는 체내

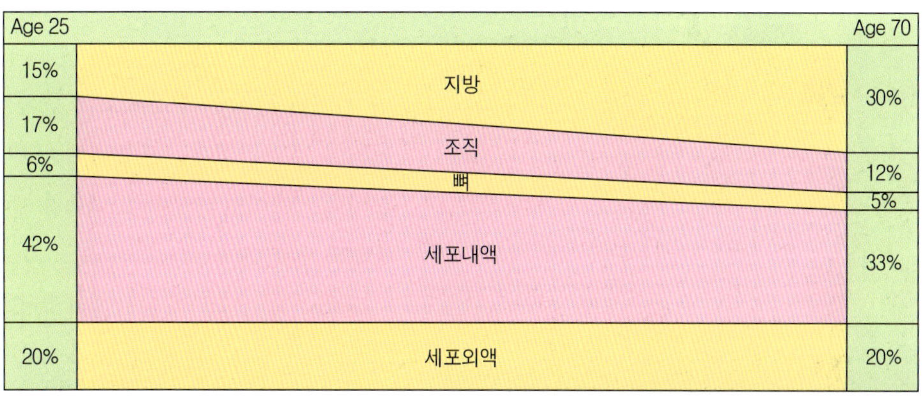

그림 8-2 성인의 체성분 변화

자료 : RJ Goldman(1970). Speculations on vascular changes with age, J Am Geriatric Soc, 1 : 765-779.

대사를 조절하는 효소의 활성이 감소하고 일부 다른 호르몬은 활성이 증가하기 때문이다. 연령이 증가하면서 성장호르몬과 성호르몬 분비량과 활성은 감소하여 근육과 같은 무지방 신체질량과 골질량을 감소시키고, 프로락틴은 증가하여 체지방을 증가시킨다.

2) 호흡기계와 심혈관계

호흡기계와 심혈관계도 나이가 증가하면서 기능이 감퇴한다. 일상적인 생활에서는 젊은 사람과 비슷한 기능을 할 수 있으나 스트레스를 많이 받는 상황에서는 기능의 변화가 더욱 감소된다.

폐의 탄력성이 감소되어 폐활량도 감소되기 때문에 강도 높은 운동을 장시간 지속할 수 없게 될 수 있다. 이러한 연령 증가에 따른 폐활량 감소에 규칙적인 운동은 호흡기계의 기능을 유지하는 데 도움이 된다.

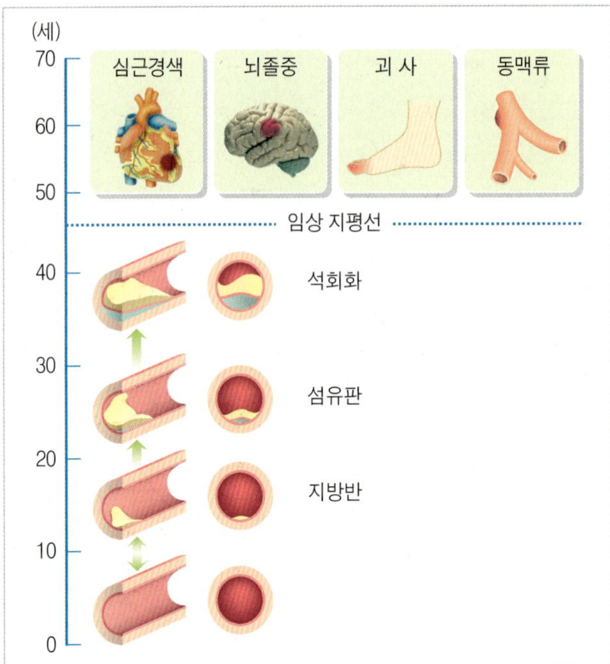

그림 8-3 동맥의 노화진행과정

자료 : McGill HC, Jr, Geer JC, Strong JP(1963). Natural history of human atherosclerotic lesions. In: Sandler M, Bourne GH, eds. Atherosclerosis and its origin. New York, Academic Press.

심혈관계는 심장과 혈관으로 구성되어 있다. 동맥은 심장으로부터 전신에 혈액을 공급하기 위해 두꺼운 내벽을 갖고 있는 혈관에서 시작되어 작고 얇은 벽으로 된 모세혈관으로까지 연결되어 세포조직에 영양소와 산소를 공급한다. 모세혈관은 정맥과도 연결되어 있어 혈액이 정맥으로 모이게 되면 정맥은 혈액을 심장으로 보낸다. 기능이 일부 감퇴되나 심혈관계는 연령이 증가하여도 상당히 그 기능을 잘 수행할 수 있다.

연령이 증가하면서 심혈관계 질환이 자주 발생하는데 65세 이상 인구의 약 1/3이 심혈관계 질환을 갖고 있다. 동맥경화증은 플라그라는 물질이 축적되어 동맥벽이 좁아져 혈액의 흐름을 제한하는 질병이다(그림 8-3). 초기에는 증상이 없을 수도 있으나 점차 스트레스를 받거나 안정하고 있을 때에도 증세가 나타나게 된다. 고혈압은 혈압이 위험수준으로 상승하는 질환인데 연령이 증가하면서 발병율도 증가한다. 고혈압은 동맥벽에 손상을 주고 심장마비, 동맥류(aneurysm), 뇌졸중의 위험도를 증가시킨다. 동맥류는 동맥벽이 약화되어 부풀어 오르고 파손이 일어날 수 있는 질병이고, 뇌졸중은 뇌에서 혈류가 막혀 일시적 또는 영구적 손상을 주는 질병이다.

혈관의 탄력성이 감소하고 혈관의 동맥경화가 나타날 경우 혈액순환에 이상이 나타나 점차 심장의 펌프기능도 약화된다. 따라서 1회 심박출량이 감소하고, 혈류속도가 느려지며 심장으로의 영양소 공급이 줄어든다.

3) 소화기계

소화기계는 음식을 소화 · 흡수시켜 체내 대사에 필요한 영양소를 공급하고 식품에 존재하는 오염원으로부터 신체를 보호하는 기능을 한다. 연령이 증가하면서 소화기관 근육의 탄력성이 떨어져 장운동이 느려지는데 젊은 성인에 비해 노인은 변비가 4~8배 이상 많이 나타나고, 60세 이상 노인의 1/3이 위축성 위염 증세를 갖고 있다. 탄수화물, 지방의 흡수가 약간 감소하나 건강에 큰 영향을 줄 정도는 아니다.

위축성 위염은 위산분비를 감소시켜 살균능력을 떨어뜨리고 비타민 B_{12}, 엽산, 칼슘, 철분의 흡수를 방해한다. 노인의 약 15%에서 비타민 B_{12} 흡수 불량이 나타나며 비타민 B_2 · D, 니아신의 흡수가 감소되는 것으로 알려져 있다.

4) 신장기능

신장은 체내의 노폐물을 배출하고 수분과 전해질의 항상성을 조절하는 기관이다. 연령이 증가하면서 신장의 네프론과 신혈류량이 감소하고 사구체 여과율이 1년당 약 7.5mL씩 감소한다. 대사노폐물이나 약물배설이 느려지고, 요(尿)의 농축능력이 저하되어 노인의 체내 수분대사 조절능력이 감퇴된다.

노인은 체내 수분이 감소하여도 젊은 사람에 비해 갈증을 덜 느낀다. 치료약을 복용하는 경우 탈수현상이 있을 때 섭취하는 약의 용량이 높아져 약물과용이 될 수 있다. 반면 수분중독이 일어날 수 있는데 이는 탈수보다 더 심각한 결과를 초래할 수 있다. 수분중독은 신장 혈류량이 급성 또는 만성적으로 감소되거나 폐렴, 폐수종, 뇌졸중과 같은 호흡기계나 중추신경계의 질병으로 인해 항이뇨호르몬의 분비가 증가하여 일어나므로 체내 수분 조절을 잘 해야 한다. 노인이 수분중독에 걸리면 경련, 마비, 혼수상태, 중추신경계의 손상이 초래된다.

5) 골격근육계

근육량과 강도가 점차 증가하고 근육운동을 하였을 때 회복되는 시간이 길어진다. 신체 내 다른 기관뿐 아니라 골격근육계도 보유용량(reserve capacity)이 감소하는데, 특히 정상적인 근육활동보다 더 격심한 활동을 하는 상황에서 골격근육계의 운동력이 감소한다.

관절의 퇴행성 변화로 인한 골관절염의 발병이 증가하는데 비만, 유전적 소인, 경제상태 등이 발병위험도를 증가시키며 남자보다 여자에게서 발병율이 높다. 골관절염은 체중부하가 걸리는 무릎, 엉덩이, 척추 등에 주로 발생하고 손가락, 팔목, 팔꿈치, 목에도

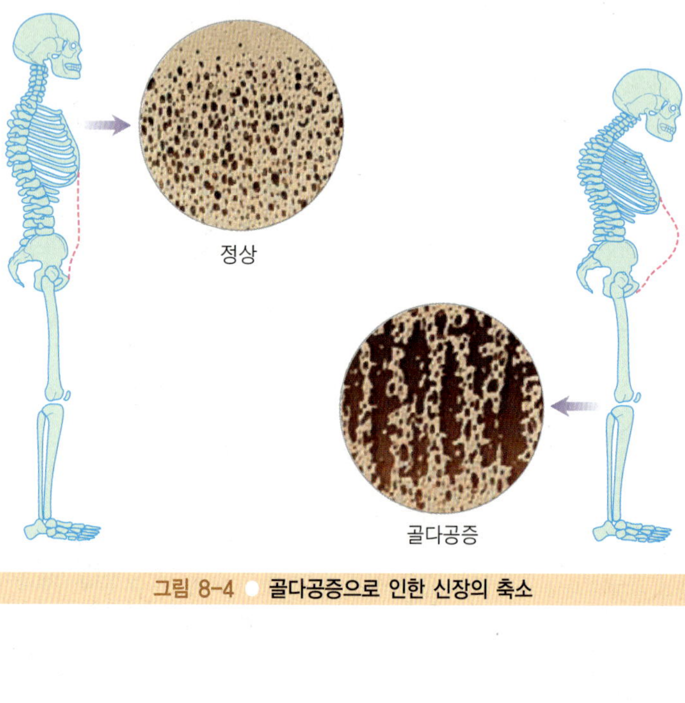

그림 8-4 골다공증으로 인한 신장의 축소

나타날 수 있으며 특히 장기간에 걸친 무리한 사용이 그 원인이 될 수 있다. 치료를 안 할 경우 독립적인 생활이 어려워지나 엉덩이와 관절 대체요법, 약물의 사용, 물리치료, 운동 등으로 그 증세를 완화시킬 수 있다.

척추뼈의 골밀도 감소는 55~75세에 나타나는데 이로 인해 신장이 줄어들게 되어 남자의 경우 평균 2.5cm 감소되나 여자의 경우 5cm 정도 감소된다(그림 8-4). 골질량의 감소와 골 조직의 퇴행적 변화로 인해 골다공증이 발생하여 골절의 위험도가 높아진다. 골다공증 역시 남자보다 여자에서 발병위험도가 높으며 흡연, 가족력, 장기간에 걸친 칼슘과 비타민 D 섭취 부족, 활동 부족도 발병의 위험요인이다. 초기에는 증세가 없으나 골밀도 검사에 의해 진단이 가능하다.

6) 뇌

최근 CT(Computerized Tomography)와 MRI(Magnetic Resonance Imaging)에 의해서 뇌의 구조에 관한 많은 정보를 얻게 된다. 뇌의 기능은 뇌의 인지활동 정도에 따른 혈액의 산소량의 변화에 따라 변화하는 자성공명신호를 분석하는 fMRI(functional Magnetic Resonance Imaging)와 방사성 화합물을 이용하여 뇌의 혈류와 대사량을 나타낼 수 있는 PET(Positron Emisssion Tomography)를 이용하여 평가할 수 있다.

뇌의 무게는 20~30세에 최고에 도달하며 이후 점차 감소하여 10년간 약 10% 감소한다. 연령이 증가하면서 뇌의 위축으로 인해 부피가 감소하는데 뇌의 위축은 40대에 시작하여 60대부터는 빠르게 진행된다(그림 8-5). 연령이 증가하면서 뇌의 전두엽(frontal lobe)과 측두엽(temporal lobe), 해마 부위에 신경섬유 엉킴 현상, 플라그 축적과 같은 변화가 가장 많이 일어난다. 전두엽은 논리적 사고, 의사결정, 자극전달의 조절기능을 하는 영역이고, 측두엽과 해마는 청각정보와 일부 기억력을 담당하는 부위이다. 두정엽(parietal lobe)과 후두엽(occipital lobe)은 감각신경과 시각정보를 담당하는 부위인데 노화와 관련된 변화가 적게 일어난다.

뇌는 100~200억 개의 신경세포(neuron)로 구성되어 있다. 신경세포는 세포체(cell body), 정보를 전달하는 축색돌기(axon), 다른 신경세포로부터 정보를 수용하는 수상돌기(dendrite)로 이루어져 있다. 한 신경세포와 다른 신경세포의 수상돌기 사이의 간격

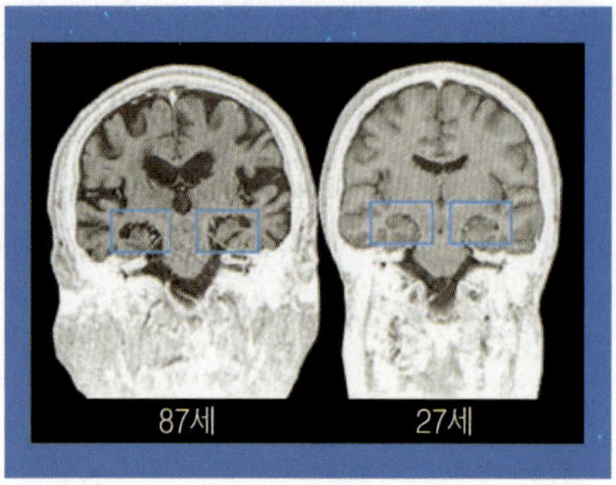

그림 8-5 노화하는 뇌

자료 : www.mindblog.dericbownds.net

을 시냅스(synapse)라 한다. 신경자극으로 인한 신경세포 간의 상호작용은 시냅스를 통해 이루어 지는데 시냅스에서 신경전달물질이라는 화학물질 분비를 통해 신경세포 간 정보를 전달한다. 연령이 증가하면서 뇌의 여러 부위에서 신경전달물질의 숫자가 감소되면, 감각기능의 정보처리, 운동능력 감퇴뿐만 아니라 기억력 감퇴의 원인이 될 수 있다. 30대 이후 지방질 응집(lipofusin)이 축적되면서 신경세포가 죽거나 기능이 감퇴하며, 노화되는 뇌에서 비정상적인 단백질이 신경세포체와 축색돌기를 둘러싸면서 일어나는 신경섬유 엉킴(neurofibrilary tangle)과 β-아밀로이드(β-amyloid)로 구성된 플라그 등이 축적되는 것도 정상적인 뇌 신경세포의 기능을 감퇴시킨다. 또한 수상돌기가 위축되면 다른 뇌 신경세포 간의 상호작용도 감소될 수 있다. 알츠하이머, 파킨슨병과 같은 뇌질환이 광범위한 뇌손상과 관련이 있으며, 이로 인해 신체활동이나 인지기능이 어려워 질 수 있다.

7) 내분비

연령이 증가하면서 호르몬 생성 및 분비가 감소할 뿐 아니라 세포에서 호르몬에 대한 호르몬 수용체의 반응이 둔감해진다. 뇌에서 신경전달물질의 변화는 신경내분비계의 활성을 감소시키게 된다.

노화가 일어나면서 시상하부-뇌하수체-부신으로 연결되는 신경내분비계는 스트레스를 받을 때 활성이 지나치게 높아지고, 정상수준으로 회복되는 데 오랜 시간이 걸린다. 갑상선 자극 호르몬(TSH : Thyroid Stimulating Hormone)이 증가하는 보상작용이 있음에도 불구하고 갑상선호르몬의 분비는 젊은 성인에 비해 낮고, 혈중 프롤락틴 농도는 남성에 비해 여성이 높다. 노화로 인한 성장호르몬 분비의 감소는 근육 위축, 골다공증, 수면장애 등의 원인이 된다. 운동은 내분비계 기능의 변화를 늦출 수 있다.

8) 면역기능

나이가 증가하면서 면역능력이 감퇴되고 영양섭취 부족 시 가속화되어 질병에 걸리기 쉽다. 면역능력이 떨어지면 질병에 걸렸을 때 흔히 처방되는 항생제의 효과도 떨어져 감염성 질환이 노인의 주요 사망원인이 될 수 있다.

9) 감 각

중년부터 감각기능의 변화가 점차적으로 일어난다. 비록 개인차가 있으나 젊은 성인에 비해 감각기능이 둔해진다. 자극을 받는 말초감각수용체의 기능과 뇌의 핵심 부위에서의 정보처리능력이 감퇴된다.

(1) 미각과 후각

연령이 증가하면 미각과 후각에 대한 예민도가 손실되는데 60대 이후에 감퇴가 뚜렷해지고 이는 계속 진행된다. 나이가 증가하면서 후각시스템에서 해부학적 생리적 변화가 일어나지만 흡연, 질병, 복용하는 약에 의해서도 일어난다. 후각의 감퇴는 연기, 가스누출 또는 식품의 부패를 빠르게 감지할 수 없는 위험에 노출될 수 있다. 미각의 감퇴는 정상적인 노화현상의 하나인 해부학적 변화보다는 약 복용이나 의학적 치료와 관련이 크다. 질병이 없거나 약을 복용하지 않을 경우 짠맛, 단맛, 신맛, 쓴맛을 감지할 수 있는 역치값이 약간 증가한다. 그러나 후각과 미각이 감퇴되면 식욕에 영향을 주어 식습관이 나빠지게 되고 이로 인한 영양결핍은 중년기 이후 건강에 부정적인 영향을 준다.

(2) 촉각 · 공간지각 · 통각

촉각은 압력, 온도와 관련된 접촉자극이며, 공간지각은 공간에서 신체의 위치와 움직임을 파악하는 능력이다. 촉각과 공간지각은 감각신경계와 뇌에서 느낄 수 있다. 연령이 증가하면서 젊은 성인에 비해 진동과 냉열 온도자극을 느끼는 역치가 높아지고, 사지움직임과 신체 위치의 변화를 감지하는 역치가 높아진다. 특히 무릎, 엉덩이, 발목과 같은 하지 말단 부위에서의 변화를 감지하는 능력이 감퇴된다. 정상적인 상황에서는 다른 감각기관으로부터 오는 신호를 이용하여 공간지각능력 감퇴를 보상하여 균형을 유지할 수 있으나 시각과 같은 다른 감각기관으로부터 오는 정보가 부족할 경우 균형을 유지하는 데 어려움을 겪을 수 있다.

통각은 통증을 느끼는 감각으로 개인차가 크고 여러 가지 요인에 의해 반응을 측정하기 어렵다. 연령이 증가하면서 골관절염, 골다공증 등으로 인해 만성 통증을 갖고 있을 수 있어 통증이 일어나는 정확한 상황을 파악하기 어렵게 만드는 요인이 되기 때문이다. 또한 연령이 증가하면서 만성 통증을 느끼는 사람은 건강한 젊은 성인에 비해 또 다른 통증에 대처할 수 있는 능력이 떨어진다. 치매도 통증의 정도와 특징을 설명할 수 없기 때문에 통증을 파악하기 어렵게 만드는 요인이 된다.

(3) 시 각

시각의 노화는 30대부터 서서히 나타나면서 점차 진행된다. 40대 초반부터 많은 사람들에서 신문 글씨가 희미해지고 전화번호 숫자가 작게 보이며 소수점을 구분하기 어려워지는 현상이 나타난다.

각막에서는 물리적 자극에 대한 예민도가 감소하여 젊은 성인에 비해 눈에 이물질이 존재해도 감지하는 것이 느려진다. 각막의 윤기, 두께, 굴곡이 변화하나 시각기능에 큰 영향을 주지는 않는다.

각막과 수정체 사이를 채우고 있는 물모양의 투명한 액체인 안방수(aqueous humor)는 수정체에 영양소를 공급하고 노폐물을 배출한다. 안방수의 흐름이 막히면 안압이 높아져 녹내장을 유발하게 된다. 연령이 증가하면서 녹내장의 발병이 시작될 수 있는데 초기에는 측면 시야가 좁아지고 점차로 중앙 시야가 영향을 받게 된다.

홍채에 둘러싸인 동공은 망막에 도달하는 빛의 양을 조절하는 기능을 하는데 연령이 증가하면서 동공의 직경 감소가 진행되어 망막에 도달하는 빛의 양이 줄어들며 빛의 강도변화에 따른 조절능력이 감소하게 된다. 따라서 희미한 곳에서 물체를 구분하는 데 어려움이 생기게 된다.

수정체의 두께와 크기가 증가하고 유연성이 떨어져 수정체의 굴절률이 달라져 근접거리의 물체에 초점을 맞추기 어려워 원시라 불리우는 노안이 나타난다. 노안은 중년에 시작되며 젊었을 때 근시 안경을 썼던 사람들은 원근을 교정하여 볼 수 있는 다촛점 안경을 필요로 하게 된다.

연령이 증가하면서 백내장의 발생율이 증가하는데 백내장은 수정체가 탁해지는 현상이다. 태양광선, 스테로이드 복용, 흡연이 발병 위험인자이다. 백내장은 시야의 정확도를 감소시키고, 빛을 산란시킬 수 있어 밝은 빛에 노출될 때 더 민감하게 영향을 받는다.

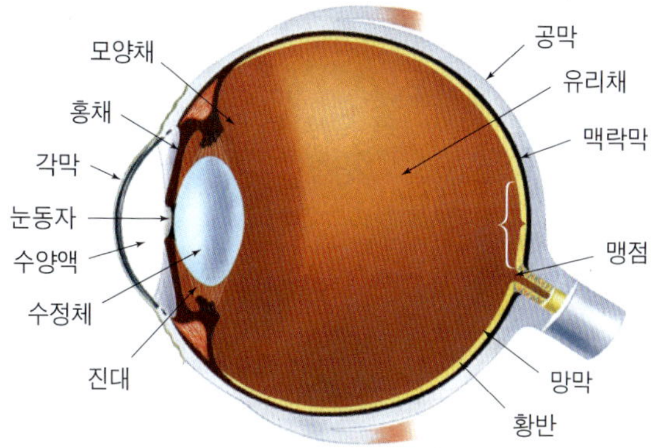

그림 8-6 눈의 구조

연령이 증가하면서 물체의 상이 잡히는 망막 내 신경절 세포 축색돌기의 숫자가 감소한다. 망막에 영양소와 산소를 공급하는 혈관의 변화도 망막손상을 유발할 수 있다. 황반은 망막의 가장 중심 부위로, 이 부위 내에 존재하는 신경세포의 비가역적인 손실로 인해 황반변성의 유발가능성이 높아진다. 황반변성은 미세한 상을 구별할 수 없어 시야가 흐려져 책을 읽거나 운전이 어려워진다. 황반변성의 진행을 늦출 수 있는 약이 있기는 하나 비용이 많이 소요되며 포도주와 비타민 C · E, 아연, β-카로틴, 루테인이 많이 들어 있는 식품이 황반변성의 위험도를 낮출 수 있다고 알려져 있다.

장기간에 걸친 당뇨 합병증으로 망막증이 일어날 수 있는데 고혈당이 망막의 미세 혈관의 구조와 기능을 변화시키는 것이 원인이 된다. 황반변성, 당뇨성 망막증은 연령이 증가하면서 발병률이 증가하고 있으며, 당뇨성 망막증의 증세는 혈당 조절로 완하시킬 수 있다.

시각의 인지

시각의 변화는 눈의 구조적 변화뿐 아니라 뇌에서 정보처리능력의 변화로 인해 일어날 수 있다. 움직임의 인지는 뇌에서 일어나는데 연령이 증가하면서 움직이는 물체에 대한 반응이 감소하여 속도의 차이를 구별하고, 눈에 가해지는 자극의 변화를 빨리 처리하는 능력이 감소한다. 거리지각은 물체가 있는 곳까지의 거리를 판단하는 능력이다. 거리지각력의 감퇴는 50대부터 뚜렷해지며 이후 지속적으로 더 감퇴한다.

(4) 청 각

청각은 말초신경과 중추신경계에 의해 인지된다. 소리는 말초신경이 도달해 있는 귀에서 시작되어 청각신경을 거쳐 중추신경계에 전달된 후 처리 · 해석되어 소리를 구별하게 된다.

청각자극은 귀를 통해 전달되는데 연령이 증가하면 고막이 경직되거나 얇아지고, 탄력성이 떨어지면서 소리의 강도를 구별하는 능력이 감퇴된다. 중이(middle ear)에 존재하는 3개의 작은 뼈(hammer, anvil, stirrup)는 음향에너지를 내이로 전달하여 내이에서 기계적인 진동을 생성한다. 내이에는 평형감각을 조절하는 반고리관(semicircular canal)과 소리를 감지하는 달팽이관이 존재한다. 달팽이관은 림프액으로 채워져 있고 중심부에 기저막이 존재한다. 중이의 작은 뼈들이 만들어낸 기계적 진동이 전달되어 오면 달팽이관 내의 림프액이 움직이게 되고 림프액의 움직임은 기저막에 존재하는 섬모를 흔들게 된다. 섬모의 움직임이 청세포를 자극하여 흥분을 일으키고, 이 흥분이 청신경에서 신경전달물질을 분비하면서 간뇌의 피질에 전달되어 소리를 감각하게 된다.

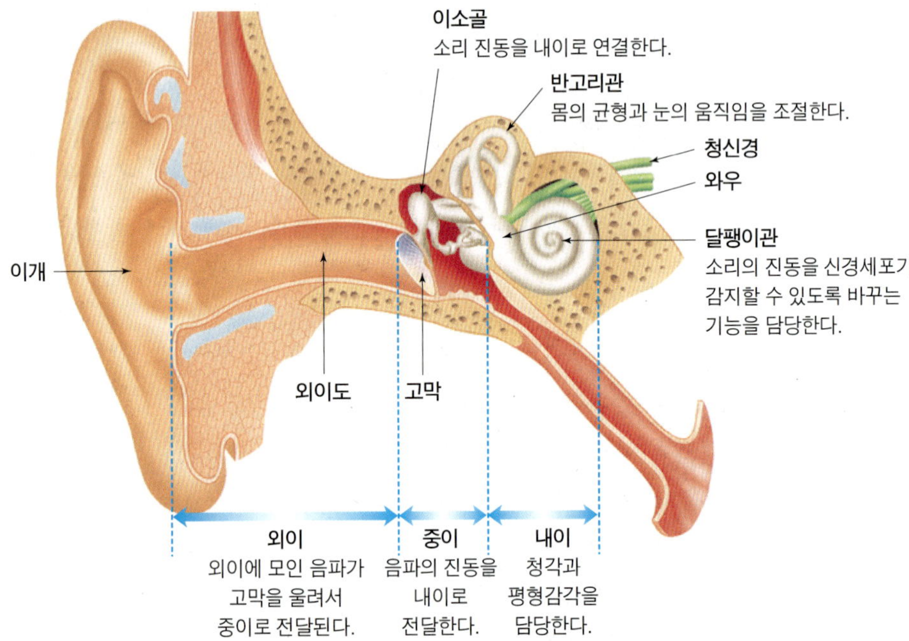

그림 8-7 귀의 구조

중이 내 작은 뼈들이 석회화되면 움직임이 느려지고 소리의 전달력이 감퇴한다(그림 8-7). 기적막의 섬모가 손상되어도 청력 감퇴가 일어나는데, 섬모의 퇴행은 소음, 질병에 의해서도 일어나지만 노화에 의해서도 일어난다. 외이와 중이에 나타나는 노화현상은 진동 수가 높거나 낮은 소리에서 모두 비슷한 정도로 일어나나 기저막에 존재하는 섬모의 퇴행은 주로 고주파수의 높은 소리를 감지하는 청력 감퇴를 유발한다. 대부분의 사람에서 연령이 증가하면서 청력의 감퇴가 흔히 일어나 65세 이상의 노인의 약 30%가 청력 감퇴를 감지할 수 있다. 청력의 감퇴는 신체건강의 악화, 심리사회적 기능의 감소와도 관련이 있다.

① 청각인지

달팽이관으로부터 오는 신호는 청각신경에 의해 간뇌 피질에 전달되며 간뇌, 중뇌, 측두엽의 뇌신경세포를 구성하는 청각중추에서 소리 신호를 분석하고 의미를 파악한다. 청각신경 세포에 노화와 관련된 퇴행적 변화가 일어나면 소리 신호를 왜곡한다. 또한 개인차가 있으나 노화는 뇌에서 소리에 대한 정보를 처리하는 능력도 감소시킨다.

② 노인성 난청

노인성 난청은 내이에서 감지하는 고주파 소리에 대한 역치가 증가하고, 복잡한 청각정보를 처리하는 능력이 감퇴되어 나타나는 청력 손실이다. 고주파수에 대한 예민도감소는 30대부터 시작될 수 있으나, 40~50대 이후까지 인식을 못할 수도 있다. 노인성 난청은 여자가 남자보다 늦게 시작되고 진행속도도 느리다. 노인성 난청은 내이의 감각신경의 감소뿐 아니라 뇌에서 복잡한 청각정보를 처리하는 데 어려움을 겪기 때문에 일어날 수 도 있다. 노인성 난청을 겪는 사람과 대화할 때 큰소리로 말하는 것은 오히려 악화시키므로, 천천히 말하고 고주파 자음을 갖는 소리(ㅋ, ㅅ, ㅍ, ㅌ, ㅆ)를 적게 사용하는 것이 도움이 된다. 그리고 시끄러운 환경에서 대화하는 것을 피한다.

시끄러운 작업환경이나 이어폰을 사용하여 음악 및 라디오 방송을 자주 듣거나 록음악 연주장에 자주 가는 경우에는 더 이른 나이에 노인성 난청이 나타날 수 있다. 소음이 노인성 난청의 주요 원인이나 식사, 약 복용, 음주, 흡연, 고혈압, 유전적 소인도 위험요인이 될 수 있다.

10) 폐 경

여성의 생식능력의 노화는 자궁의 노화 또는 난자의 소실과 관련이 있다. 생식이 가능한 단계에서 불가능한 단계로 전환되는 갱년기인 45~55세를 지나면서 여성의 대부분이 폐경을 겪게 된다. 폐경은 마지막 생리 후 무월경상태가 1년 이상 지속되는 것을 의미한다.

폐경이 다가오면서 난소의 미성숙 난포세포의 수가 감소되고 뇌하수체-난소기능의 변동이 일어난다. 시상하부, 뇌하수체, 난소는 약 40여 년간 신경, 호르몬신호를 통합조절하여 생리적 리듬을 유지한다. 생식이 가능한 시기의 여성에서 시상하부는 성선 자극 호르몬(GnRH : Gonadotrophin Releasing Hormone)을 분비하여 뇌하수체 전엽을 자극하고, 뇌하수체는 GnRH의 분비빈도, 분비량을 감지하여 난포 자극 호르몬과 황체 형성 호르몬을 분비한다. 도파민, 노어에피네피린, 세로토닌, 오피오이드 펩티드(opioid peptides) 등도 GnRH 분비에 영향을 주어 LH, FSH 분비에 영향을 주게 된다. FSH와 LH는 난자 형성을 자극하여 난포 성장과 에스트로겐, 프로게스테론의 분비를 자극한다.

연령이 증가하면서 도파민, 노어에피네피린, 세로토닌, β-엔돌핀의 농도가 변화하고, 시상하부 내 신경전달물질의 수용체가 감소된다. GnRH의 감소는 난소에서 미성숙 난포세포의 성숙을 억제한다. 난모세포의 감소로 인해 난소에서 분비되는 에스트로겐과 인히빈의 분비량이 줄어들고 이로 인해 음의 되먹임 현상이 감소되어 FSH와 LH의 분비 및 생성이 증가하게 된다.

폐경이 가까워지면 FSH가 급격히 증가하고, LH는 50세 전후 까지는 다소 증가하고 에스트로겐은 감소한다. 뿐만 아니라 부신에서 분비되는 스테로이드호르몬 외 모든 스테로이드호르몬 분비가 급격히 감소한다. 또한 부신과 난소로부터 분비된 안드로스테네디온(androstenedione)이 근육과 지방조직으로 이동하여 에스트론으로 전환되는데 에스트론의 증가 시 생리주기가 불규칙해지고 홍조가 나타난다. 6개월간 무월경상태에서 폐경으로 될 가능성은 46~49세에는 46%이며, 50~52세에서는 65%, 52세 이상의 경우 72%이다. 폐경 1년 후 FSH의 농도는 젊은 여성의 난포 형성기 때에 비해 10~15배 정도 높으며, LH 수준은 세 배 정도 높다. 성선자극호르몬은 폐경 후 약 4~5년간 많은 양이 분비되다가 생산 분비량이 서서히 감소한다. 폐경 후 에스트로겐에서 많은 변화가 일어나는데 혈액 내 주요 에스트로겐 형태는 에스트론(estrone)으로 에스트라디올은 40pg/mL

이하로 감소되나 에스트론은 100pg/mL 정도를 유지한다. 에스트론은 주로 부신에서 생성되는 안드로스테네디온으로부터 전환되기 때문에 에스트론의 농도는 안드로스테네디온의 생성량과 전환율에 따라 달라진다. 혈중 테스토스테론 농도는 폐경 전에 비해 약간 감소하나, FSH와 LH의 영향으로 부신의 안드로스테네디온과 테스토스테론 분비는 폐경 후 몇 년간 계속 상당량 유지되다가 점차 약 40% 정도 감소한다. 이러한 호르몬들이 여성의 근육 강도, 에너지 수준에 영향을 주어 폐경 후 생활의 질에 중요한 역할을 하게 된다. 난소로부터 에스트로겐 분비가 감소함에도 불구하고 안드로스테네디온과 테스토스테론으로부터 에스트론의 전환으로 인해 에스트로겐의 수준을 어느 정도는 유지할 수 있다.

(1) 폐경의 시기에 영향을 주는 인자

폐경의 시기나 증세가 나타나는 시기는 개인차가 있다. 여성이 갖게 되는 난모세포의 저장량과 미성숙 난포의 퇴행률은 부모로부터 유전되고, 임신기 모체의 생활습관이 출생기에 딸이 갖게 되는 난포세포의 저장량에 영향을 줄 수 있기 때문이다. 또한 출생 후 폐경까지 개인의 환경과 행동양식이 자신의 난모세포 저장량에 영향을 줄 수 있어 폐경의 시기나 증세가 달라진다. 비교적 영양공급이 충실한 산업화된 국가의 평균 폐경 연령은 49~51.5세이고 아프리카, 인도, 파키스탄 등 저개발 국가의 평균 폐경 연령은 43~47세이다. 늦은 폐경은 자궁내막암과 유방암의 발병위험도 증가와 관련이 있다.

흡연, 체중, 결혼 여부는 난모세포 퇴행에 영향을 주는 중요한 요인이다. 체격과 폐경 시기와의 관련성은 비교적 덜 명확하지만 마른 여성이 체중이 많이 나가는 여성에 비해 폐경이 빨라지는 경향이 있다. 또한 결혼한 여성이 미혼으로 지낸 여성에 비해 폐경의 시기가 늦으며, 고소득층 여성이 저소득층에 비해 늦다. 마지막 생리에 앞서 약 12개월간 에스트로겐 대체치료를 받은 여성의 경우 폐경이 늦다. 영양상태가 비교적 불량한 저개발 국가에서는 초경의 시기와 폐경의 시기와 상관관계가 있었으나 다른 지역에서는 초경과 폐경 시기와는 관련성이 없었다.

산소대사, 산화스트레스와 관련된 자유라디칼도 정상적인 노화와 노화 관련 퇴행과정에 영향을 주는 주요 원인이다. 난소에는 미토콘드리아가 많이 들어 있기 때문에서 전자전달계에서 산소 소비량이 많다. 전자전달계에서 일어나는 산화적 인산화는 양면을 갖고 있어서 에너지 생성에 필요하나 세포 내 호흡이 많이 일어날 때는 자유라디칼의 소거가 불완전하게 일어나고 미토콘드리아를 손상시켜 기능의 감퇴를 유발한다.

(2) 폐경의 증세

난모세포에 영양을 공급하는 난포에서 주로 에스트로겐이 분비된다. 난포 수의 감소로 에스트로겐이 감소하면서 증세가 나타나는데 증세는 개인차가 있어 어느날 갑자기 나타날 수 있기도 하나 대부분 서서히 나타난다. 일과성 열감, 야간 발한증 등은 급성으로 나타나며, 비뇨생식기계의 위축은 서서히 나타난다. 피하지방의 감소, 골밀도 감소가 나타나고 심혈관계 질환의 위험성이 증가하며 일부 인지능력의 변화가 나타날 수 도 있다. 대부분 별 문제 없이 일상생활을 할 수 있으나 약 30%는 심한 불편함을 경험하게 된다. 이는 폐경에 따르는 생물학적 변화 외에, 개인의 정신 심리적 영향과 사회 · 문화적인 요소가 복합적으로 작용한 결과일 수 있다.

① 월경불순

정상적인 월경주기는 21~35일이다. 폐경이 가까워지면서 월경주기가 불규칙해져 정상 주기보다 길어지거나 짧아지고 규칙성 없이 출혈이 반복되기도 한다. 이시기의 월경은 배란성과 무배란성 두 가지 유형으로 나타난다.

배란성 월경이 있을 때 FSH의 분비가 증가되고 에스트로겐, 프로게스테론이 감소되나, LH의 분비는 정상일 수 있다. 폐경에 앞선 몇 년 전의 기간 동안 월경주기가 짧아지는 유형이 많다. 이후 무배란성 월경이 나타나는 데 이때는 LH의 분비가 증가하나 황체가 형성되지 않는다. 소량의 에스트로겐이 분비되면서 월경주기가 매우 불규칙해지고, 여러 형태의 출혈이 나타날 수 있다.

② 일과성 열감

일과성 열감(hot flash)은 반복해서 갑자기 일어나는 얼굴의 홍조, 발한, 몸이 더워졌다 금방 추위를 느끼는 증세로 종종 두근거림, 불안감이나 수면장애를 동반하는데 폐경 전후 수개월에서 몇 년 동안 증세가 나타날 수 있다. 폐경과 관련해서 나타나는 일과성 열감은 뇌의 신경전달물질 분비 조절 반응의 불균형으로 인해 일어날 수 있다. 뇌로부터

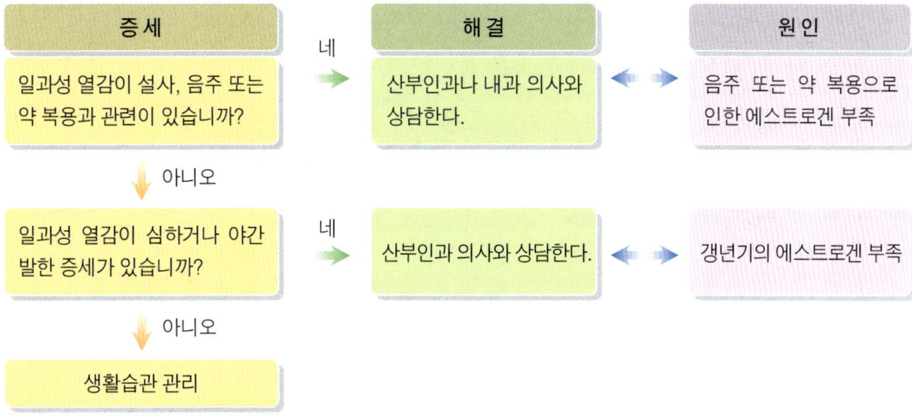

그림 8-8 일과성 열감 진단

방출되는 도파민, 노어에피네피린, 세로토닌이 증가하여 피부온도가 증가하고 이에 대한 보상작용으로 발한, 피부 혈관 확장이 일어난다. 또한 체온조절중추, 특히 가슴, 목, 얼굴의 혈관에 영향을 준다. 뇌의 신경전달물질 분비량의 변화는 갱년기 여성의 심리상태에 영향을 줄 수 있다. 80~90%의 여성이 얼굴, 목과 가슴 주위에 땀이 나고, 불쾌하게 화끈거리는 증상을 겪는데, 보통 3분 이내에 사라지며 하루 5~10회, 심한 경우 30회 이상 반복되기도 한다. 밤에 더 자주 나타나고, 심하면 불면증의 원인이 되며, 스트레스를 받으면 더 심해진다. 일과성 열감이 나타나지 않는 사람, 몇 달 동안만 지속되는 사람도 있고, 때로는 일상생활에 지장을 줄 정도로 증세가 심한 경우도 있다. 치료를 받지 않을 경우, 보통 3~5년이면 서서히 사라진다.

일과성 열감에 대처할 수 있는 방법으로는 뜨거운 음료나 식사, 음주를 피하고, 화내는 것을 줄이며, 더위나 더운 실내를 피하고, 침대를 너무 따뜻하지 않게 하는 것 등이 있다. 매일 운동하거나 요가, 명상, 기도 등으로 생활습관을 변화시키며, 8잔 정도의 물을 마시는 것이 도움이 된다. 호르몬 대체요법도 일과성 열감을 줄일 수 있는 매우 효과적인 치료방법이다.

③ 수면장애

폐경기에는 일과성 열감이 수면장애를 일으키는 주요 요인이 된다. 불규칙적인 수면습관, 카페인, 흡연, 음주, 항우울제, 스테로이드 등의 약 복용이 폐경기 수면장애를 악화시킬 수 있다. 수면장애는 종종 우울증을 동반하기도 하는데 우울증은 매사 열의가 없고, 식욕이 감소하며, 원인을 알 수 없는 신체장애 등으로 나타난다. 일부 여성은 밤에 자주 깨서 낮에 피로를 잘 느끼고, 성질이 예민해지며, 집중력이 떨어지고 우울증과 걱정 등으로 기분의 변화가 심해진다.

호르몬 대체요법은 일과성 열감으로 인한 수면장애를 완화시키는 데 효과적이다. 저녁식사 후 음료섭취를 줄여 밤에 화장실을 가기 위해 깨는 일을 피하도록 한다. 혈당의 급격한 변화도 수면을 방해하는 요인이 될 수 있어 복합탄수화물, 고섬유소 식품, 저지방, 적절한 단백질 식품을 섭취하고 농축 당, 카페인, 알코올, 정제된 식품의 제한이 도움이 된다. 비타민 B군은 건강한 신경계를 유지하는 데 필요한 영양소로, 갱년기 여성이 비타민 B군의 영양상태가 나쁠 때 걱정, 긴장, 불면증을 겪는 경우가 많다. 최근에는 폐경기 수면장애를 완하시키기 위해 약초를 이용한 대체요법이 연구되고 있다.

④ 질과 요도점막의 변화

질의 내막은 특수한 점액질의 조직으로 매우 신축성이 크고 풍부한 점액선이 있어 성적으로 흥분되었을 때 윤활물질을 분비한다. 그러나 폐경이 가까워지면서 에스트로겐 분비가 감소되면 비뇨 생식기가 위축되어 피하지방이 줄어들면서 질 점막이 얇아지고, 자궁경관의 크기가 감소하며, 점액질 분비가 줄어든다. 이로 인해 질 점막이 건조해지고 심할 경우 위축성 질염 및 노인성 질염이 되어 가려움증, 작열감, 성교통이 생기며, 병원균에 대한 저항력이 감소된다.

⑤ 요실금

비뇨기계의 변화로 일부 여성은 위축성 방광염이 나타날 수 있다. 또한 폐경이 가까워진 여성의 1/3은 적어도 한 달에 한 번은 요실금 증세를 겪을 수 있다. 요실금은 기침, 웃음, 재채기 등으로 복부 내압이 높아져 무의식적으로 소변이 나오는 증세이다. 임신 중이나 출산을 경험한 여성에서 흔히 나타나는데 이는 요도관과 방광을 둘러싼 근육이 약화되었기 때문이다.

질근육을 강화시키는 운동을 계속하면 요실금이 악화되는 것을 예방할 수도 있다. 이 운동은 Kegel이 고안한 것으로 소변을 보는 중에 질 근육을 수축시켜 소변을 의도적으로 3초간 멈춘 뒤 서서히 근육을 이완시키는 것을 반복하는 것이다. 이 운동을 수시로 반복하면 근육의 강도와 수축력이 강화되어 증세가 좋아진다.

또한 카페인이 포함된 음료의 섭취를 피하고, 소변을 오래 참는 습관을 버리도록 하는 것이 좋다. 만일 요실금이 심해질 경우 방광과 요도를 제자리에 위치시키는 외과적 수술이 필요한데 5년 내 재발률이 30~40% 정도된다.

비타민 A · C · E, 비타민 B군, 셀레니움, 니아신, 요오드, 아연, 철 등은 표피세포의 건강에 필요한 영양소이므로 이들 영양소의 적절한 섭취는 비뇨기계의 증세를 완하시킬 수 있다. 올리브유, 포도씨유, 카놀라유, 참기름, 콩류, 식품 속에 들어 있는 이소플라본과 같은 피토에스트로겐(phytoestrogen)의 섭취도 도움이 된다. 피토에스트로겐은 식물성 식품에서 유래된 에스트로겐으로 17-β-에스트라디올과 구조가 비슷하여 에스트로겐섭취 효과가 있다. 피토에스트로겐은 콩류, 아마씨, 보리, 옥수수, 밀, 귀리, 사과, 땅콩, 아몬드, 토끼풀, 석류 등에 많이 함유되어 있다. 또한 피부가 건조한 여성은 음주, 흡연, 항히스타민제나 이뇨제 복용 등 탈수를 유발할 수 있는 요인을 피하는 것이 좋다.

(11) 피부와 모발

중년기에 들면서 피부와 모발의 변화가 뚜렷하게 나타난다. 피부는 건조해지고 늘어지며 얼굴에는 주름이 생긴다. 또한 모발은 가늘어 지고 흰머리가 증가하게 된다(그림 8-9).

중 · 노년기 여성의 피부 노화는 피부세포의 위축, 탄력성 감소, 대사율 감소에 의해 일어나는데 노화속도에 영향을 주는 인자는 자외선과 연령 증가이다. 나이가 증가하면서 비정상적인 섬유가 축적되고, 콜라겐이 퇴화하며, 미세혈관이 꼬이고 확장된다. 자연발생적인 노화를 억제할 수 없으나 적절한 자외선 차단제나 옷으로 피부를 보호하는 것이 자외선에 의한 노화를 지연시킬 수 있는 최선의 방법이다. 피부노화를 치료하기 위해 가장 널리 쓰이는 방법은 피부건조를 막기 위해 가습기 및 보습제를 사용하고, 알파히드록시산(alpha hydroxy acid)이나 레티노인산(retinoic acid)을 피부에 바르는 것이다. 알파히드록시산은

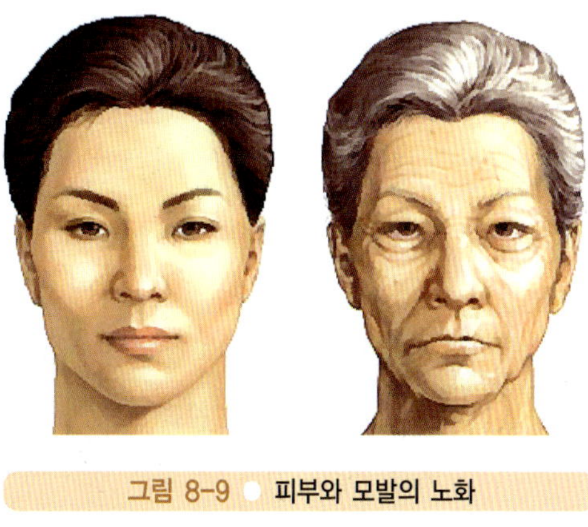

그림 8-9 피부와 모발의 노화

피부의 표피와 진피를 두껍고 단단하게 하고, 윤기 있게 하여, 미세주름을 완하시키는 데 효과가 있는 것으로 알려져 있으며, 레티노인산은 자외선에 의한 노화를 억제하여 미세주름과 가벼운 색소침착, 거칠어진 피부를 개선하는 효과가 있다고 한다. 레티노인산은 각질제거와 피부건조를 유발할 수 있어 자주 사용하면 안 된다.

모발의 뚜렷한 노화는 흰머리의 증가와 탈모이다. 50세 정도에 이르면 대부분 흰머리카락이 많아지고 남자에 비해 덜 심각하지만 가르마를 중심으로 머리카락이 얇아지며 탈모가 일어난다.

2. 중년 · 노년기의 영양문제

1) 식사와 건강

식생활 및 생활습관이 건강에 미치는 영향은 매우 크다. 급속한 경제성장에 따른 생활수준의 향상, 환경위생상태의 개선, 의료의 양적 · 질적 발전은 개인의 건강상태는 물론, 전체 국민의 건강과 질병양상을 변화시켜, 여자는 10대를 제외한 전 연령층에서 사망률이 감소하였고 특히 60~70대와 10세 미만에서 사망률이 7.0% 이상 감소하였다. 성별 · 연령별 사망률은 남자가 여자보다 평균 1.2배 높고, 50대에는 2.9배까지 높아진 후 감소하였다. 1960년대 이후 우리나라의 주요 사망원인이 서구형의 사인구조로 변환되어 1960년대까지 폐렴, 결핵, 위장관염 등 전염성 질환이 주요 사인을 구성하고 있었던 것에 비해 최근에는 암과 뇌졸중 등 순환기계 질환이 주요 사망원인의 1, 2위가 되었다. 뇌졸중, 심근경색과 같은 심혈관계 질환은 흔히 중년 남성의 병이라는 인식이 높았는데 통계청이 2008년에 발표한 사망원인 통계에 따르면 여성인구 10만 명당 뇌혈관질환은 58.3명, 심장질환은 43.6명으로 나타났다. 사망원인의 순위는 유사하나 남성은 여성과 달리 추락사고가 10위 내에 들었고, 여성은 고혈압성 질환(6위)이 10위 사인에 포함되었다. 뇌혈관질환 사망률은 여성(58.3명)이 남성(54.7명)보다 유일하게 높은 사인이다.

암, 심혈관계 질환, 당뇨, 치매 등과 같은 만성 퇴행성 질환은 치료방법이 아예 없거나 치료가 어렵고, 비용이 많이 들기 때문에 예방이 가장 최선의 방법이다.

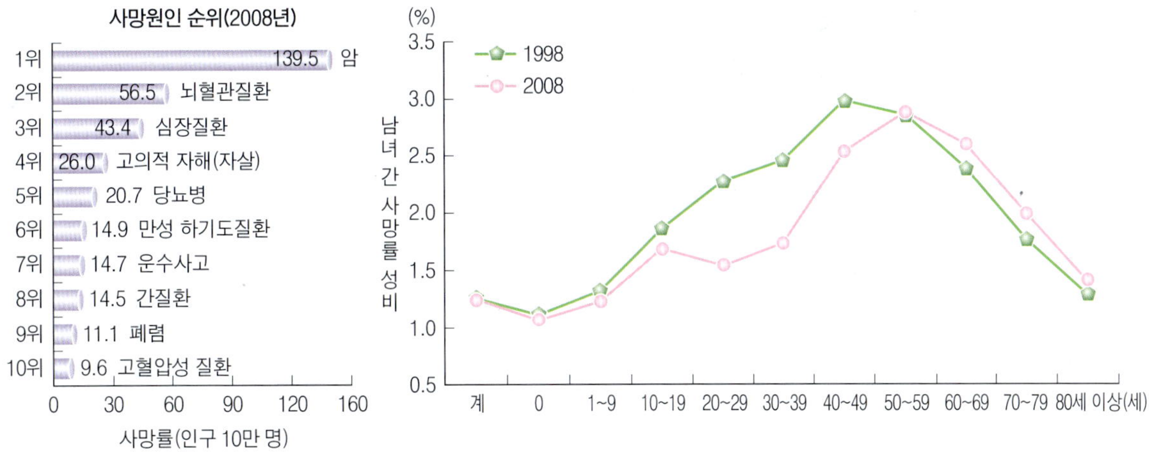

그림 8-10 사망원인 순위와 연령별 사망률 성비

자료 : 통계청(2008). 사망원인 통계연보. 인구동태신고에 의한 집계.

대부분의 만성 질환은 장기간에 걸친 여러 가지 요인에 의해 발병되는데 주로 비만, 고혈압, 흡연, 고지방식이, 운동부족에 의해 발병된다. 그림 8-11은 만성 질환에 영향을 주는 식생활 위험요인과 기타 위험요인을 나타내고 있다. 혈관계 질환과 암, 골다공증, 치매, 고혈압, 비만, 당뇨병 등의 발병은 음식물섭취와 관련이 있으며 간질환, 사고, 자살, 부상 등은 음주습관과 관련이 있다. 이러한 요인을 갖고 있는 사람이 모두 심장질환으로 사망하거나 심장질환을 가진 환자가 모두 동일한 요인을 갖는 것은 아니다. 비만인 사람은 당뇨합병증의 발병율이 높고, 흡연을 하는 사람은 암으로 죽을 수 있으며, 특정 질병에 대한 유전적인 감수성도 다양하다. 그러나 통계적인 연구결과는 심혈관계 질환, 당뇨병, 암과 같은 만성 질환의 발병위험을 높이거나 낮출 수 있는 식사와 건강한 생활 습관이 있음을 보여 주고 있다.

표 8-1 성별 · 연령별 사망원인 순위

성 별	연령별	순 위				
구분	순위	1위	2위	3위	4위	5위
남 자	전 체	암	뇌혈관질환	호흡기계 질환	자 살	운수사고
	0세	출생 전후 특정 질환	선천성 기형	영아 급사증후군	신경계 질환	호흡기계 질환
	1~9세	운수사고	암	익사사고	선천기형	추락사고
	10~19세	운수사고	자 살	암	익사사고	심장질환
	20~29세	자 살	운수사고	암	심장질환	익사사고
	30~39세	자 살	암	운수사고	심장질환	간질환
	40~49세	암	자 살	간질환	운수사고	심장질환
	50~59세	암	간질환	심장질환	자 살	뇌혈관질환
	60~69세	암	뇌혈관질환	심장질환	자 살	당뇨병
	70~79세	암	뇌혈관질환	심장질환	만성 하기도질환	당뇨병
	80세 이상	암	뇌혈관질환	심장질환	만성 하기도질환	폐 렴
여 자	전 체	뇌혈관질환	노 쇠	소화기계 암	호흡기계	허혈성 심장질환
	0세	출생 전후 특정 병태	선천성 기형	영아 급사증후군	신경계 질환	호흡기계 질환
	1~9세	운수사고	암	선천기형	타 살	추락사고
	10~19세	자 살	암	운수사고	타 살	심장질환
	20~29세	자 살	암	운수사고	심장질환	타 살
	30~39세	자 살	암	운수사고	뇌혈관질환	심장질환
	40~49세	암	자 살	뇌혈관질환	운수사고	심장질환
	50~59세	암	뇌혈관질환	자 살	심장질환	당뇨병
	60~69세	암	뇌혈관질환	심장질환	당뇨병	자 살
	70~79세	암	뇌혈관질환	심장질환	당뇨병	고혈압성 질환
	80세 이상	뇌혈관질환	심장질환	암	고혈압성 질환	폐 렴

자료 : 통계청(2008). 사망원인 통계연보. 인구동태신고에 의한 집계.

표 8-2 생활습관인자와 질병

질 병	생활습관인자			
구 분	비 만	비적절한 식사	저활동	흡 연
뇌졸중	♧	♧	♧	♧
심장질환	♧	♧	♧	♧
고혈압	♧	♧	♧	♧
당 뇨	♧	♧	♧	
암	♧	♧		♧

만성 퇴행성 질환	식이 관련 위험인자						기타 관련 요인					
	고지방식	지나친 음주	복합 탄수화물/ 섬유소 섭취 감소	비타민/ 무기질 섭취 감소	설탕섭취 과잉	고염식	유전	나이	비활동적인 생활	흡연	스트레스	환경오염
암	✓	✓	✓	✓		✓	✓	✓	✓	✓		✓
고혈압	✓	✓		✓		✓	✓	✓	✓	✓	✓	
성인성 당뇨	✓		✓				✓	✓	✓			
골다공증		✓		✓			✓	✓	✓	✓		
동맥경화증	✓	✓	✓	✓			✓	✓	✓	✓	✓	
비 만	✓	✓	✓		✓		✓		✓			
뇌졸증	✓	✓	✓				✓	✓		✓	✓	
게실염	✓		✓	✓				✓	✓			
구강질환				✓	✓		✓			✓		

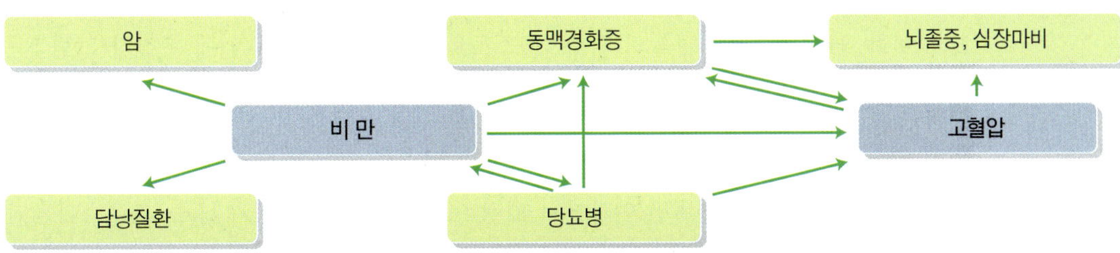

그림 8-11 만성 퇴행성 질환의 위험요인

(1) 체 중

체질량지수(BMI : Body Mass Index)가 21~25kg/m²일 때 사망위험도가 가장 낮으며, 체중 증가나 부족은 질병의 위험도를 증가시킨다. 건강한 노인에게는 식욕 감퇴가 흔하지 않으나 수술, 암 및 다른 질병을 갖고 있는 환자나 우울, 소외감을 갖고 있는 경우, 약복용이나 알코올 과다섭취, 소화기계 질환으로 식사제한을 할 경우 영양상태가 불량해지고 체중 감소가 일어난다. 저체중 노인은 폐쇄성 폐질환, 결핵 등 감염성 질환으로 인한 사망위험도가 높다. 또한 10kg 이상의 의도적 또는 비의도적인 체중 감소는 뇌졸중과 심혈관계 질환으로 인한 사망위험도를 높인다. 또한 체중 증가로 인한 BMI의 증가도 사망위험도를 40% 이상 증가시킨다.

(2) 심혈관계 질환과 식사

독일에서 수행된 5만 명을 대상으로 한 대단위 연구결과에서 보면 심혈관계 질환의 위험요인 중 흡연, 연령, 가족력을 제외한 모든 위험요소가 식습관과 관련이 있음을 보여주고 있다. 특히 고지방, 고에너지 영양섭취로 인한 과체중, 비만이 공존할 때 식습관의 영향은 더욱 증가한다. 젊은 여성의 경우 비만인 경우에 비해 적정 체중을 갖고 있을 때 혈중 총 콜레스테롤, LDL-콜레스테롤이 낮았으나 갱년기 여성이나 노인에서는 체중과 혈중 콜레스테롤과의 관련성은 줄어든 대신, 마른 사람이 비만인 사람에 비해 HDL-콜레스테롤이 높았다. 혈압, 중성 지방도 체질량지수와 상관관계가 있으며 체중과다나 비만인 경우 당뇨유병률이 4~15배 증가한다.

① 고지혈증

여자에서 당내응력 손상, 고혈압, 흡연, 혈중 총 콜레스테롤과 LDL-콜레스테롤의 증가, LDL 산화, HDL-콜레스테롤의 감소, 에스트로겐 부족이 위험요인에 속한다(그림 8-12). 특히 HDL-콜레스테롤이 낮은 경우, 중성 지방이 높은 경우, 당뇨병 등이 남자에 비해 여자에서 더 위험한 인자이고 비만과 활동량의 감소도 여자에서 더 위험한 인자로 작용한다. 역학조사에 따르면 여자에서 폐경 이후 총 콜레스테롤과 LDL-콜레스테롤이 증가하고, HDL-콜레스테롤이 감소하며 55세 이후 여자가 남자에 비해 LDL-콜레스테롤의 증가속도가 빠르다. 에스트로겐은 LDL-콜레스테롤이 동맥 내에서 분해되는 것을

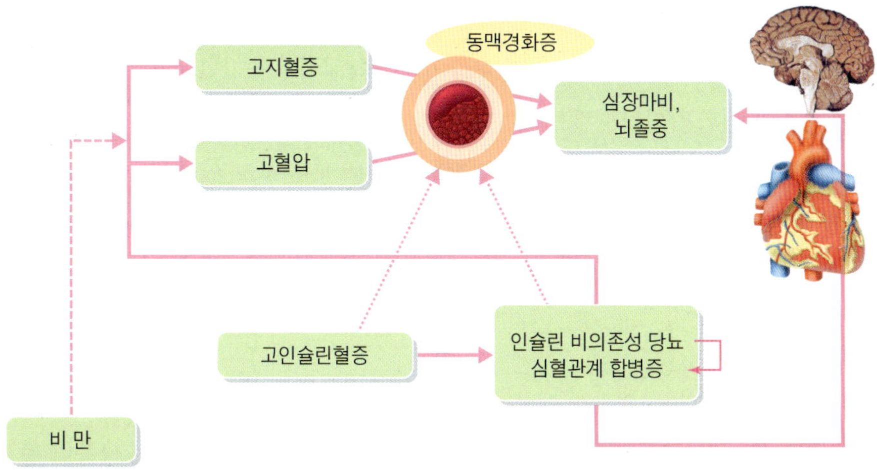

그림 8-12 심혈관계 질환과 비만

촉진하고 LDL 산화를 억제하며 관상동맥의 이완을 유도하여 동맥경화증을 예방한다고 알려져 있다. 미국의 대규모 역학조사에 따르면 여자의 총 콜레스테롤이 240mg/dL 이상일 때, HDL-콜레스테롤이 40mg/dL 이하로 떨어질 때 질환의 발병빈도가 증가한다고 하며 남자에서는 낮은 HDL-콜레스테롤, 여자에서는 LDL-콜레스테롤의 상승이 심혈관계 질환의 발병에 더 중요한 인자라고 하였다.

② 폐 경

심장순환계 질환은 여성의 주요 사망원인으로 전체 여자 사망원인의 26%를 차지하고 있다. 폐경 전의 여성은 비흡연가나 당뇨병이 없을 경우 심혈관계 질환의 발병이 드물긴 하나 폐경 이후 여성의 주요 사망원인이 된다. 1972년 이후 17개의 연구에서 조기 폐경 시 심혈관계 질환의 위험도 증가가 있음을 보고하고 있다. 이는 에스트로겐이 체내 지질대사 및 혈압조절, 혈관 내벽의 긴장도 완하, 혈당 및 인슐린 저항성 감소 등 유익한 효과가 있기 때문이다.

③ 기타 식사요인

엽산과 비타민 B_6 · B_{12}의 결핍은 호모시스테인의 농도 증가를 유발한다. 호모시스테인의 상승은 혈관내막세포의 손상, 혈액응고 기작의 변화, 플라그의 형성을 촉진하는 것으로 알려져 있는 독립적인 심혈관계 위험인자이다.

노화로 인한 미각, 후각의 감수성 감소로 인해 염분섭취가 증가할 경우 고혈압을 유발하여 심혈관계 질환을 악화시킬 수 있다.

알코올은 심혈관계 질환에 긍정적 · 부정적 효과를 모두 갖고 있다. 부정적인 효과는 혈압 상승, 혈관 손상, 뇌졸중, 고중성 지방혈증 유발이며, 적정량 섭취 시 HDL-콜레스테롤 증가, 혈전 감소, 혈소판 응집 억제 등의 긍정적 효과가 있다.

④ 유 전

쌍둥이 연구에 따르면 심혈관계 질환, 암, 당뇨 등 만성 질환은 남녀 모두에서 유전적인 영향을 받는다. 스웨덴의 연구에 따르면 55세 이전에 심혈관계 질환으로 쌍둥이 중 한 명이 죽을 경우 일란성 쌍둥이의 심혈관계 질환 위험도는 8.1이나 이란성 쌍둥이일 경우 2.6이었다. 2003년 인간 유전체 프로젝트가 끝나면서 인간 유전자 수는 대략 3만 개이고, 모든 인간의 DNA는 99.9%가 같으며, 단지 0.1%의 차이로 인해 수많은 차이가 나타난다는 결과가 발표되었다. 인간유전체가 밝혀지면서 질병발생에 대한 원인 규명이 이어질 것으로 예측되었으나 현재 환경이나 생활습관인자와의 상호작용이 유전자 발현에 미치는 영향에 대한 기전이 완전히 밝혀지지 않았다. 심혈관계 질환의 가족력이 심혈관계 질환 발병에 중요한 요인으로 인정되고 있으나, 질병을 예방하기 위한 전략을 세울 때 유전적 특성이 반영되고 있지는 않다. 최근 많은 연구에서 심근경색증 유형과 염색체 17번과의 관련성, 관상동맥질환과 염색체 3번, 7번, X 염색체와의 관련성, 혈중 HDL-콜레스테롤 수준과 아포단백 AI, LDL-콜레스테롤과 아포단백 B와의 관련성 등이 밝혀지고 있으며, 염색체 내에서 심혈관계 질환, 심근경색증과 관련된 유전자의 위치까지도 밝혀지고 있다. 따라서 만성 질환에 대한 유전적 감수성을 반영한 개인의 유전을 고려한 맞춤형 식생활관리 및 생활습관을 시도하는 것이 앞으로의 건강전략이 될 것이다.

(3) 식사와 암

암은 세포분열과 성장을 조절하는 유전자의 돌연변이나 변화에 의해 발병한다. 담배, 유해산소족과 같은 발암성을 띤 화학물질에 노출될 때, 손상된 DNA의 복구가 잘못되었을 때, 또는 면역체계의 손상으로 비정상적인 세포를 제거하지 못하였을 때 돌연변이가 일어나 암으로 진행된다. 그러나 발암원을 제거하거나 DNA 손상을 예방하고 손상된 DNA의 빠른 복구, 면역체계 증진 등이 암을 예방하는 데 도움이 된다.

음식섭취와 영양상태가 암의 발병과 암으로 인한 사망률에 영향을 준다. 1987년 Doll과 Peto라는 학자는 암으로 인한 사망의 35%는 일상적으로 섭취하는 음식물과 관련이 있으며 Wynder와 Gori라는 학자는 여성 암환자의 40%는 식생활과 관련이 있다고 하였다.

비만, 고지방식사는 유방암 진단을 받은 환자에서 암의 진행을 촉진시킨다. 식이섬유를 다량 함유하고 있는 식품은 직장암, 결장암과 같은 대장암을 예방하고, 일부 연구결과에서는 식도암 예방 효과도 있음이 보고되었다.

식이지방과 암발병의 관련성은 심장 순환계 질환에 비해 덜 뚜렷하나 일부 암과의 관련성이 알려져 있다. 지방이 암 발병을 초래하지는 않으나 일반 발병된 암세포의 성장에 영향을 주는 데 특히 포화지방의 섭취가 대장암(직장암 · 결장암), 유방암 진행에 영향을 준다. 그러나 동물실험에서 불포화지방이 포화지방에 비해 암세포 증식을 촉진시켰으나 오메가-3 지방산이 들어 있는 어유는 암세포 증식을 지연시켰다는 연구결과도 있어 식이지방과 암과의 관련성은 더 많은 연구가 필요하다. 식이섬유소는 발암물질을 희석하여 변을 통해 배설시키거나, 장내 미생물에 의해 발효되어 장의 pH를 낮춤으로써 직장

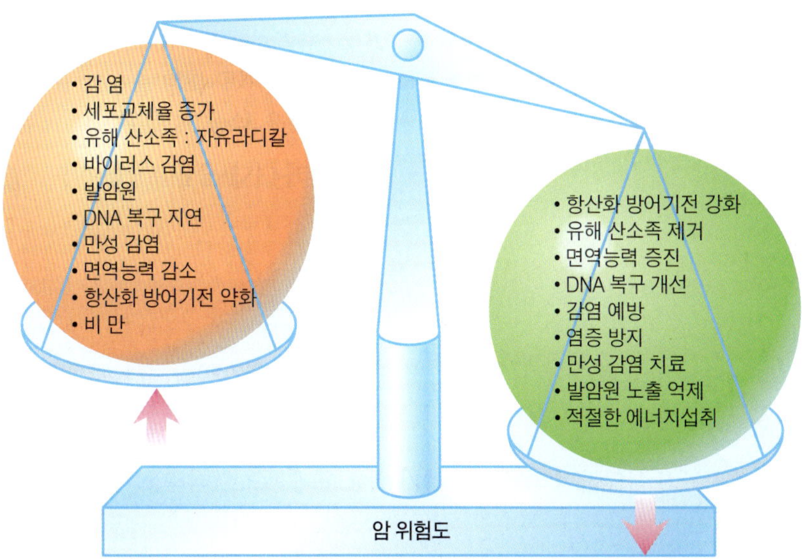

그림 8-13 암 위험도

알아보기

암 예방을 위해 지켜야 할 14가지 실천사항

- **식품** : 식물성 식품 위주로 다양한 채소, 과일, 콩류를 먹고 최소한으로 가공된 전분식품을 우선적으로 선택한다.
- **체중** : 저체중과 과체중을 피하고 체질량 지수는 25 이하로 하며, 성인기에 체중을 5kg 이상 늘리지 않는다.
- **신체활동** : 직업이 저활동적인 경우 매일 적절한 운동을 하고, 1주일에 한 번은 격렬한 운동을 한다.
- **채소와 과일** : 콩류와 전분성 채소(감자, 고구마 등)를 제외하고, 400~800g의 채소와 과일을 매일 5회 이상 먹는다.
- **다른 식물성 식품** : 다른 식물성 식품(곡류, 콩류, 뿌리채소, 감자, 고구마)을 600~700g 또는 1일 7회 이상 먹는다. 정제된 설탕과 가공식품을 최소한으로 제한한다.
- **알코올** : 음주는 권하지 않는다. 만일 먹어야 한다면 여자는 1일 1잔 이내로 한다(14g의 알코올).
- **육류** : 붉은 살코기를 1일 80g 이내로 먹는다.
- **지방** : 동물성 기름으로 조리한 기름진 식품섭취를 제한하고 식물성 기름을 적당히 먹는다. 총 에너지의 지방섭취비율인 30% 미만으로 한다.
- **소금과 염장식품** : 염장식품과 조리 시 사용하는 소금을 줄이고 향신료를 사용하도록 한다(나트륨 2,400mg 이하).
- **저장** : 미생물에 오염되기 쉽기 때문에 실온에서 장기간 보관하였던 식품을 먹지 않는다.
- **보존** : 식품을 보관하기 위해 냉장고나 냉동고를 이용한다.
- **첨가물과 잔류량** : 첨가물, 잔류량 등이 잘 통제된다면 먹어도 해롭지는 않다.
- **조리** : 탄 음식을 먹지 않는다. 단, 그릴에 구운 고기와 생선은 가끔 섭취한다.
- **식사보충제** : 영양섭취기준에 맞게 섭취하는 사람은 보충제가 불필요하고 실제 암 위험도를 낮추는 데 별 도움이 되지 않는다.
- **흡연** : 흡연은 절대로 하지 않는다.

자료 : 미국 암연구센터.

암 발병을 예방하는 효과가 있다. 그리고 적절한 식품과 영양섭취, 규칙적인 운동, 비만을 피할 경우 30~40%는 예방할 수 있다. 그러나 식품과 식품 내 특정 성분과 암과의 관계를 전하는 정보가 다양하여 암을 예방하기 위해 효과적으로 식품을 사용할 수 있는 전략이 필요하다.

미국의 암연구센터(AICR : American Institute for Cancer Research)에서 권장하는 14

가지 사항 중 6~9가지 이상을 지켰을 때 위험도가 1일 경우 0~1개를 지키는 사람의 위험도는 1.35였으며, 다른 연구에서도 4만 2,000명 이상의 여성 노인이 9.5년간 동일한 권장사항을 지켰을 때 모든 암으로 인한 사망 위험도는 0.74, 유방암의 위험도는 0.75, 대장암과 직장암은 0.49, 폐암은 0.54로 감소하였다고 한다.

(4) 치매와 식사

치매는 연령 증가와 함께 발병율이 높아져 60세 이후 매 5년마다 두 배씩 증가한다. 치매는 혈관성 치매와 알츠하이머 등 두 가지가 있다. 뇌로의 혈액공급이 차단되어 나타나는 혈관성 치매는 동맥경화증이나 동맥직경이 좁아짐으로 인해 발병하고, 알츠하이머는 아밀로이드 플라그의 축적, 뇌 신경섬유의 꼬임으로 인한 구조적 변화로 인해 발병한다. 치매의 원인 중 하나가 자유라디칼에 의한 산소스트레스이며, 항산화 영양소섭취가 치매예방에 도움이 될 수 있다.

(5) 당뇨병과 식습관

당뇨병은 인슐린을 생성할 수 없거나 효율적으로 사용할 수 없기 때문에 발생한다. 충분한 인슐린이 없으면 혈당이 상승하여 혈관벽에 손상을 주며 점차 영구적으로 손상을 주게 되어 실명, 심장과 말초혈관의 동맥질환과 같은 합병증을 유발한다. 당뇨병은 크게 인슐린 의존성 당뇨병과 인슐린 비의존성 당뇨병으로 분류된다. 인슐린 의존성 당뇨병은 인슐린의 생성이 절대적으로 부족하여 발생하는 것으로 젊은 나이에 시작되며 증세가 심하다. 인슐린 비의존성 당뇨병은 인슐린의 상대적 결핍이나 인슐린 저항성에 의해 발병하며, 주로 40대 이후에 발생한다. 인슐린 비의존성 당뇨병은 유전적 요인의 영향을 받으나 체중 감량, 운동량 증가로 발병위험도를 낮출 수 있다. 우리나라 당뇨병 유병률은 2005년 8.1%였으며, 40대에는 남자 9.0%, 여자 4.9%로 남자가 여자에 비해 약 두 배 정도 높으나 50대 남녀 모두 유병률이 급격히 증가하여 70대 이후에는 남자 14.2%, 여자 17.4%로 노인 여성의 유병률이 높다. 비만한 당뇨병 환자는 여자가 남자에 비해 훨씬 많은데 이는 폐경으로 인한 비만 및 복부로의 체지방 이동 때문이다.

성호르몬이 인슐린 저항성에 관련이 있다는 것이 논의되고 있다. 성호르몬 결합 글로불린(SHBG : Sex Hormone Binding Globulin)은 간에서 합성되는 단백질로 테스토스테론이나 에스트라디올과 결합하여 조직으로 운반하는 작용을 한다. SHBG 농도가 낮으면 인슐린 저항성, 당내응력 불능, 비만, 복부비만이 발생한다. 폐경기 이후 여자에서 SHBG가 낮으며 이로 인해 인슐린 비의존성 당뇨의 독립적인 위험인자로 작용한다고 한다.

에너지섭취 과다로 인한 비만, 복부비만을 예방하는 것이 인슐린 비의존성 당뇨병을 예방하는 데 있어서 매우 중요하며 심혈관계 질환 발병 위험도가 낮은 식이요인, 예를 들면, 소금, 포화지방섭취 제한 등이 인슐린 비의존성 당뇨병으로 인한 미세혈관 합병증을 예방할 수 있는 방법이다. 또한 항산화 영양소 부족으로 인한 산소스트레스가 당뇨 합병증의 발병과 관련이 있다는 증거들이 많이 제시되고 있다. 당뇨병이 발병하면 경구복용약이나 인슐린 치료가 필요할 수도 있지만 식사, 운동에 의해 조절될 수 있다. 치료하지 않을 경우 합병증으로 인해 신체장애, 사망의 원인이 될 수 있으나 식사조절, 운동, 약물치료를 잘 할 경우 정상적인 생활을 할 수 있다.

즉, 건강한 노화를 위해서는 질이 좋은 식사를 하고, 활동량을 증가시키며, 적당한 알코올을 섭취하고 비흡연의 생활습관을 가져야 한다.

3. 영양관리

1) 중 · 노년 여성의 영양섭취기준

동일한 대상으로 수십 년간 체계적으로 관찰하여 질병발생이나 사망률에 관해 보고한 연구결과에 의하면, 신체활동이 적은 사람 또는 나이가 들면서 신체활동이 감소한 사람은 신체활동을 활발히 한 사람보다 20년 후의 사망률이 더 높았다. 또 다른 연구에서 20대 초반의 언어능력이 80세에 발병하는 치매나 인지능력의 저하와 관련이 있다는 보고를 하였다. 즉, 수십 년 전의 생활양식이 노년의 건강과 장수에 영향을 미칠 수 있다는 과학적인 증거가 된다.

나이의 증가로 인해 일어나는 생리학적 변화와 만성 질환의 발병은 부적절한 식품 및 영양소섭취와 관련이 있다. 중년을 지나 노년기의 영양권장량을 결정하는 것은 연령이 증가하면서 개인차가 커지고, 노화 진행속도도 다르기 때문에 매우 어려운 일이다. 평소 식생활을 육식 위주로 해 온 노인과 젊었을 때부터 우유를 싫어해서 우유나 유제품을 거의 안 먹었던 사람 등 각 개인이 수십 년에 걸쳐 갖고 있는 영양문제는 다를 수 밖에 없다. 또한 만성적인 질환은 질병상태와 약 복용으로 인해 영양소 요구량에 영향을 준다. 따라서 연령의 변화에 맞는 영양소요구량의 변화를 인식하고 적절한 영양소가 들어 있는 건강식을 하며, 운동습관과 같은 건강관리, 사회 환경적 변화에 적응하는 것이 노년기의 삶을 건강하게 유지하는 방법이다. 따라서 중년 이후 영양관리의 목표는 영양결핍을 막고, 정상적인 건강을 유지하면서 심혈관계 질환, 암, 당뇨, 고혈압, 골다공증, 백내장 등 만성 질환의 발병을 지연시키는 것이다. 중년 및 노인 여성의 영양권장량을 표 8-3에 제시하였다.

(1) 에너지

나이가 증가하면서 무지방 신체질량이 감소하여 기초대사량이 감소하고 활동량이 줄어들므로 열량 요구량이 10년 마다 약 5% 정도 감소한다. 중년에 체중이 증가되는 것을 방지하기 위해서는 열량섭취량과 소비량이 균형을 이루어야 한다. 열량 권장량은 중등정도의 활동을 하는 여성을 위한 양이다. 그러나 대부분 중년 이후 젊은 여성에 비해 활동량이 줄어들기 때문에 체중이 증가하는 경향이라면 열량섭취량이 과다해지지 않도록 해야 한다. 비만은 수명을 단축시키고 고혈압, 당뇨, 심혈관계 질환의 발병 위험도를 높이므로 정규적인 운동을 하여 정상체중을 유지함으로써 이러한 퇴행성 질환을 예방해야 한다.

에너지 영양소 적정 섭취비율로 탄수화물은 에너지섭취량의 55~70%, 단백질 7~20%, 지방 15~25%를 바람직한 수준으로 보았다.

(2) 탄수화물

충분한 탄수화물의 섭취는 단백질이 열량원으로 쓰이는 것을 방지하는 효과가 있다. 고탄수화물의 섭취는 심혈관질환의 위험도를 증가시키며 저탄수화물의 경우 고지방섭취로 인한 비만과 식이섬유섭취 부족을 유발할 수 있다. 탄수화물은 주로 전곡, 채소, 콩류 및 과일 등의 섭취를 통해 혈당지수가 낮은 복합탄수화물을 많이 섭취하도록 권장하고 있다. 복합탄수화물은 탄수화물 공급원일 뿐 아니라 비타민, 무기질의 공급원이며, 섬유소가 많이 들어 있어 노인에게서 잘 나타나는 변비를 예방 · 치료해 주는 효과가 있다.

(3) 단백질

일부 연구에서 연령이 증가하면서 단백질 이용효율이 감소하므로 단백질필요량이 증가한다는 결과도 있으나 체중당 근육의 비율이 감소하므로 체중당 단백질필요량은 젊은 성인과 동일하게 설정하였다. 즉, 에너지 요구량이 줄어들기 때문에 열량이 적은 양질의 단백질(살코기, 생선, 닭고기, 저지방 우유, 콩, 두부 등)을 섭취하도록 한다. 1일 단백질 섭취량 중 적어도 1/3은 동물성 단백질로 공급하는 것이 바람직 하므로 매일 저지방 우유 2컵(단백질 약 15g) 정도를 포함한 동물성 식품을 적정량 섭취하도록 권장한다.

(4) 지 방

우리나라의 지방섭취는 최근 30년간 양적인 증가와 함께 동물성 지방섭취비율도 증가하여 왔으며, 이는 최근 증가하는 비만 및 만성 질환 발병율 증가와 밀접한 관련이 있다. 에너지섭취가 적절할 경우에도 지방과 탄수화물의 섭취비율, 지방의 종류에 따라 심혈관계 질환 발생에 영향을 주므로 에너지 구성에서 지방과 탄수화물의 적절한 비율이 요구된다. 심혈관질환의 발병위험도를 고려하여 총 지방의 에너지 적정비율을 15~25%로 정하였다. 포화지방도 에너지섭취량의 10% 이내로 하고, 필수지방산을 공급하는 다중불포화지방산 중 오메가-6 지방산은 에너지섭취량의 4~8%, 오메가-3 지방산은 1.0%로 오메가-6계 : 오메가-3계 지방산을 4~10 : 1 비율로 섭취할 것을 권장하고 있다.

(5) 비타민과 무기질

채소와 과일의 섭취를 통해 비타민과 무기질을 섭취하게 되는데 우리나라 노인을 대상으로 한 연구에서 채소류는 대부분 자주 섭취하나 과일류는 38.4%의 노인만이 자주 섭취한다고 하였으며, 칼슘의 주 공급원인 우유나 유제품을 거의 섭취하지 않고 있는 결과를 얻었다. 다른 조사에서도 우리나라 노인의 비타민, 무기질 영양섭취의 문제점으로 칼슘, 비타민 A · B_1 · C 등의 결핍이 제시된 바 있어 이에 대한 대책이 필요하다.

① 지용성 비타민

모든 비타민은 건강을 유지하는 데 필수적이다. 특히 비타민 C와 비타민 E는 산소로 인해 생성되는 자유라디칼을 소거하여(항산화기능) 세포나 조직의 손상을 억제하는 기능이 있다. 과일이나 채소 등이 퇴행성 질환의 발병을 지연시키는 것은 이 식품들 속에 들어 있는 성분의 항산화 기능과 관련이 있기 때문으로 추정되고 있다.

노인에게 비타민 A와 비타민 E의 결핍증은 흔하지 않으나 나이가 들면서 장에서 흡수되어 간에 저장되는 효율이 감소한다. 우리나라 노인의 상당수가 비타민 A 섭취량이 권장량에 미달하는 것으로 나타나 비타민 A와 비슷한 기능을 하는 β-카로틴 함유 식품을 다양하게 섭취할 것을 권장하며 비타민 E는 불포화지방산과 비타민 C를 보호하는 작용을 하므로 식물성 유지, 종자류, 견과류등을 통해 많이 섭취하도록 한다.

비타민 D와 비타민 K는 노인에서 결핍증이 나타나기 쉽다. 비타민 D는 자외선에 의해 피부에서 합성되는 영양소로 나이가 증가하면서 활동량 감소로 자외선에 의한 비타민 D 생성이 감소하고, 식사를 통한 비타민 D 섭취량이 감소하고, 신장에서 비타민 D를 활성화 시키는 기능도 감퇴하여 비타민 D 영양상태가 일반적으로 낮다. 노인에서 골다공증이 많이 발생하므로 젊은 여성의 권장량인 5㎍/일에 비해 10㎍/일로 권장량이 높다. 비타민 K 결핍증의 결과는 의견이 다양한데 비타민 K가 오스테오칼신과 뼈 기질 Gla-단백질 생성에 중요한 기능을 담당하고 있으므로 결핍 시 골손실을 유발할 가능성이 있어 골다공증 위험도가 높은 여성 노인에게서 중요한 의미를 갖는 비타민이다.

② 수용성 비타민

비타민 C는 스트레스를 많이 받으면 체내 소비량이 증가하여 요구량이 증가한다. 아스피린, 수면제, 경구피임약의 복용과 흡연은 비타민 C의 요구량을 증가시킨다. 평소 비타민 C의 섭취량이 적으면 체내 비타민 C가 감소되므로 비흡연 여성의 비타민 C 권장량이 100mg이라면 흡연자는 30mg을 더 섭취하라고 권장한다. 20대에 비해 노인집단에서 비타민 C의 혈중 농도가 낮게 보고되었으나 이는 노화의 영향이기보다 식사섭취량이 적거나 만성 질환, 쇠약 등 다른 요인이 관련되어 있을 수 있고, 필요량이 감소한다는 증거가 없어 여성 노인의 비타민 C필요량은 젊은 여성과 동일하다. 비타민 C는 비타민 A, 비타민 E와 함께 항산화 작용을 하여 심혈관질환, 당뇨, 암으로 인한 사망률을 낮추는 효과가 보고되고 있으므로 과일과 채소 등을 통해 충분히 섭취해야 한다(채소류는 하루 6~7회, 과일류는 하루 2회 정도). 우리나라 노인의 채소섭취 횟수는 충분한 데 비해 과일의 섭취가 부족하므로 신선한 과일, 감귤류의 충분한 섭취가 필요하다.

연령의 증가 시 비타민 B_6의 요구량이 증가하나 섭취 부족, 흡수장애, 활성형 비타민 B_6로의 전환이 둔화되어 영양상태가 저하된다. 비타민 B_6의 급원으로 육류, 가금류, 생선이 있다. 비타민 B_{12}도 결핍이 나타나기 쉬운 수용성 비타민으로 위장관의 노화로 인해 위산분비가 감소되고 음주 시 비타민 B_{12} 흡수에 필요한 내재인자의 결핍을 초래하여 흡수나 이용이 저하되기 때문이다. 비타민 B_{12} 결핍 시 거대적 아구성 빈혈과 척추의 퇴행으로 인한 뇌신경기능의 손상을 유발할 수 있으며 치료하지 않을 경우 영구적 손상이 된다.

비타민 B군 중 엽산과 리보플라빈도 노화와 관련된 중요한 비타민이다. 호모시스테인의 증가는 혈관질환의 발병의 지표가 된다. 엽산영양상태와 호모시스테인 대사와의 관련성이 있으며, 정상적인 호모시스테인의 제거를 위해 엽산, 비타민 B_6, 비타민 B_{12}, 리보플라빈을 필요로 한다.

③ 무기질

여성의 뼈 건강을 위해서는 칼슘, 인, 마그네슘섭취가 중요하다. 뼈는 20세까지 지속적으로 성장하며, 20~30세 초반 사이에 최대 골질량을 형성하게 된다. 이시기에 뼈는 더 두꺼워지고 밀도가 높아져 단단해진다. 반면 30대 이후부터는 골 손실이 정차 증가한다.

현재 여성의 무기질 권장섭취량은 흡수량과 배설량을 고려하여 설정하였는데 노인에서 적절한 칼슘 권장섭취량에 대한 의견이 다양하다. 우리나라 여성 노인의 칼슘 권장섭취량은 성인에 비해 폐경기 이후 칼슘의 흡수율이 낮아지기 때문에 성인여성 권장섭취량인 650mg보다 50mg을 더 섭취하기를 권장하나 미국에서는 에스트로겐 대체치료를 받지 않는 폐경기 여성과 여성 노인에서 골 손실을 지연하고 골다공증 위험요인을 감소시키기 위해 50세까지 1일 1,500mg 섭취를 권장하고 있다. 우리나라 여성의 칼슘 섭취 수준은 크게 부족한 실정이며, 칼슘의 주요 공급원이 배추김치와 같이 흡수율과 이용률이 낮은 식품이어서 칼슘의 이용이 매우 비효율적이다.

철의 경우 성인여성은 월경으로 인한 생리적인 철 손실을 고려하여 1일 14mg의 섭취

표 8-3 한국 성인 여성의 영양섭취기준

연령(세)	구 분							
구 분	체중 (kg)	신장 (cm)	열량 (kcal)	단백질 (g)	식이섬유 (g)	수분	비타민 A (㎍ RE)	비타민 D (㎍)
19~29	–	–	2,100	50	20	2,100	650	5
30~49	–	–	1,900	45	20	2,000	650	5
50~64	–	–	1,800	45	20	1,800	600	10
65~74	–	–	1,600	45	20	1,700	600	10
75+	–	–	1,600	45	20	1,700	600	10
구 분	비타민 E (mg α-TE)	비타민 K (㎍)	비타민 C	티아민 (mg)	리보플라빈 (mg)	니아신 (mg NE)	비타민 B_6 (mg)	엽산 (㎍ DFE)
19~29	10	65	100	1.1	1.2	14	1.4	400
30~49	10	65	100	1.1	1.2	14	1.4	400
50~64	10	65	100	1.1	1.2	14	1.4	400
65~74	10	65	100	1.1	1.2	14	1.4	400
75+	10	65	100	1.1	1.2	14	1.4	400
구 분	비타민 B_{12} (㎍)	판토텐산 (mg)	비오틴 (㎍)	칼슘 (mg)	인 (mg)	나트륨 (g)	칼륨 (g)	염소 (g)
19~29	2.4	5	30	650	700	1.5	4.7	2.3
30~49	2.4	5	30	650	700	1.5	4.7	2.3
50~64	2.4	5	30	700	700	1.4	4.7	2.1
65~74	2.4	5	30	700	700	1.2	4.7	1.9
75+	2.4	5	30	700	700	1.1	4.7	1.6
구 분	마그네슘 (mg)	철 (mg)	아연 (mg)	구리 (㎍)	불소 (mg)	망간 (mg)	요오드 (㎍)	셀레늄 (㎍)
19~29	280	14	8	800	3.0	3.5	150	55
30~49	280	14	8	800	2.5	3.5	150	55
50~64	280	8	8	800	2.5	3.5	150	55
65~74	280	8	7	800	2.5	3.5	150	55
75+	280	8	7	800	2.5	3.5	150	55

자료 : 한국영양학회(2010). 한국인 영양섭취기준.

를 권장하고 있다. 정상적으로 철 저장량이 증가한다고 하나 우리나라 노인들의 경우 철 섭취가 부족하다는 보고가 있고, 노년기의 소화 · 흡수기능 감소를 감안하여 폐경 후 권장섭취량은 8mg으로 설정하였다. 노인에게서 철의 결핍은 면역기능 감퇴와 빈혈을 유발할 수 있다.

아연의 결핍증세는 미각기능 감퇴, 피부염, 면역기능의 감퇴를 유발한다. 나이가 들면서 아연의 흡수율이 감소하는데 우리나라 여성 노인의 아연섭취량은 크게 부족한 실정이며 급원식품도 흡수율이 높고 함유량이 많은 어패류, 육류보다 곡류의 섭취량이 높아 아연의 흡수율이 낮은 것으로 추정되고 있다. 육류, 생선, 가금류와 같은 식품에 아연이 많이 들어 있다.

비타민과 무기질이 장기간 결핍되면 일부 노인에서 기억력과 인지능력의 감퇴가 촉진되므로 이들 영양소를 충분히 섭취하도록 한다. 표 8-4는 노인의 비타민과 무기질 결핍이 뇌기능에 미치는 영향을 요약한 것이다.

우리나라 노인의 상당수가 음식물을 통해 공급되는 영양소가 부족하지 않은 경우에도 영양보충제를 복용하고 있다. 보통 의사의 처방으로 복용하는것이 아니고, 영양제의 성분과 함량에 대한 정보 없이 무문별하게 섭취하고 있어 문제가 된다. 그러나 대부분의 경우 영양보충제보다는 영양가가 있는 음식을 섭취하는 것이 좋으나 1일 에너지섭취량이 1,500kcal 미만이면 고농축 비타민보다는 1일 1알 복용하는 종류의 비타민과 무기질

표 8-4 비타민, 무기질과 두뇌기능

두뇌기능	결핍영양소
기억력 감퇴	비타민 B_{12} · C
문제해결능력 감소	비타민 B_2 · B_{12} · C, 엽산
치 매	비타민 B_1, 아연
인지능력 감소	엽산, 비타민 B_6 · B_{12}, 철
뇌조직 퇴화	비타민 B_6

자료 : Whitney EN, Cataldo CB, Rolfes SR. Understanding normal and clinical nutrition, West/Wadsworth.

을 복용하는 것이 좋다.

④ 수 분

탈수를 방지하기 위해서는 적절한 수분섭취가 필요하다. 그러나 체내에 수분필요량이 증가하더라도 감지능력이 떨어져 갈증을 덜 느끼며 방광염, 배뇨곤란, 거동이 불편한 경우 물 마시는 것을 두려워하는 경우가 많다. 연령이 증가하면서 근육 감소, 체지방 증가로 인하여 체내 총 수분량이 감소하고 발열, 체온 상승과 같은 요인에 의해 탈수현상이 잘 일어난다. 우리 몸에서 필요한 수분을 외부로부터 공급받아야 하는 분량은 1~3L로 범위가 넓다. 하루 6~8잔의 수분을 섭취하는 것이 권장되고 있으며, 물대신 우유, 주스를 마시는 것은 좋으나 알코올음료, 카페인음료 등은 이뇨작용이 있으므로 피하는 것이 좋다. 2010년 한국인 영양섭취기준에 의하면 성인은 1일 2,100mL를, 65세 이상 노인은 1,800mL의 수분을 섭취할 것을 권장하고 있다.

⑤ 식이섬유

식이섬유는 인간의 소화효소에 의해 소화되지 않는 성분으로 원래의 상태 그대로 대장으로 가게 된다. 대장에서 식이섬유는 미생물군에 의해 혐기적으로 발효되어 이산화탄소, 수소가스, 메탄, 짧은 사슬 지방산(아세트산, 프로피온산, 부티르산)을 생성한다. 식이섬유는 대장기능의 개선, 혈장 콜레스테롤의 저하, 혈당반응 개선 등의 생리효과가 있어 변비를 예방하고 당뇨병, 심혈관계 질환의 위험을 낮출 수 있다. 과일, 채소, 곡류식품에 식이섬유가 많이 들어 있으며 이들 식품에는 건강에 유익한 식물성 화학물질(phytochemicals)도 많이 함유되어 있다. 식이섬유섭취는 에너지섭취량에 비례하여 섭취할 것을 권장하고 있다. 중년 이후 노인여성의 에너지필요량이 성인 여성에 비해 적으므로 충분섭취량이 성인기에 비해 낮을 것이나 이 시기는 만성질환의 유병률이 높고 만성 변비증이 흔히 나타나므로 50대 이후는 동일하게 20g을 충분섭취량으로 권장하고 있다. 식이섬유섭취를 늘이기 위해 전곡류의 사용을 권장하며, 주스보다는 생과일, 채소의 섭취를 권장하고 있다.

Reference

참고문헌

통계청(2008). 사망원인 통계연보. 인구동태신고에 의한 집계.

한국영양학회(2010). 한국인 영양섭취기준.

NW, Shock(1962), The Physiology of aging, Scientific American, 1 : 206–217.

RJ Goldman(1970). Speculations on vascular changes with age, J Am Geriatric Soc, 1 : 765–779.

McGill HC, Jr, Geer JC, Strong JP(1963). Natural history of human atherosclerotic lesions. In: Sandler M, Bourne GH, eds. Atherosclerosis and its origin. New York, Academic Press.

Whitney EN, Cataldo CB, Rolfes SR. Understanding normal and clinical nutrition, West/Wadsworth.

웹사이트

http://www.mindblog.dericbownds.net

memo

여성은 남성과는 다른 호르몬체계 및 뼈 구조를 가진다. 이는 골다공증과 골관절염에 취약한 구조이다. 또한 여성은 남성과 다른 생식과 수태기능을 가지고 수유까지 담당하므로 난소암과 자궁암, 유방암같은 여성암에 취약하다. 여성들이 취약한 골다공증과 골관절염, 여성암들을 예방하기 위한 식사전략을 제시한다.

Chapter 9

골다공증, 골관절염, 여성암 예방을 위한 영양관리 전략

Chapter 9

골다공증, 골관절염, 여성암 예방을 위한 영양관리 전략

뼈에도 남녀 차이가 존재한다. 일반적인 성차는 남성의 골격은 비교적 거칠고 크고 무겁다는 것이고, 특별한 성차는 골반 및 골반강의 모양이 다르다는 것이다. 즉, 남성의 골반은 깊은 깔때기 모양이고, 치골궁이 90° 이하로 좁은 데 비하여 여성의 골반은 낮고 넓으며 치골궁이 90° 이상으로 넓게 되어 있어 아기(신생아)를 분만하기에 적당하다. 여성은 골경이 약하기 때문에 남성보다 골다공증과 관절염 발병율이 단연 높다. 그리고 현대사회에서 증가하는 질병인 암에도 남녀차이가 존재한다. 여성들은 남성과는 달리 유방암, 난소암 그리고 자궁암의 위험에 항상 노출되어 있기 마련이다. 이 장에서는 이러한 여성질환을 중심으로 영양문제에 대해 살펴보고자 한다.

1. 골다공증

중년여성에 있어서 가장 큰 영양문제 중의 하나는 뼈와 관련된 것이다. 특히 골다공증(osteoporosis)은 뼈의 성장 · 발달 · 유지와 관계가 있다. 골다공증은 노령화에 따른 골격 대사이상에 의해서 뼈의 절대량, 즉 골질량이 감소함으로써 나타나는 증후군으로 뼈의 1/3 이상이 감소되었을 때 나타나는 임상적 증상이다(그림 9-1). 따라서 젊어서부터 골다공증을 예방해 줄 수 있는 생활방식을 계획하고 실천해 오고 있느냐가 중요하다. 뼈를 튼튼하게 하는 데 관련된 생활방식에는 세 가지의 기본적인 요인, 즉 영양상태, 신체적 운동, 호르몬의 상태가 관계한다. 또 젊은 여성의 골질량의 발달에는 유전적인 요인이 크게 작용하기는 하나 식사요인, 신체적 운동 및 호르몬 상태는 유전적으로 미리 결

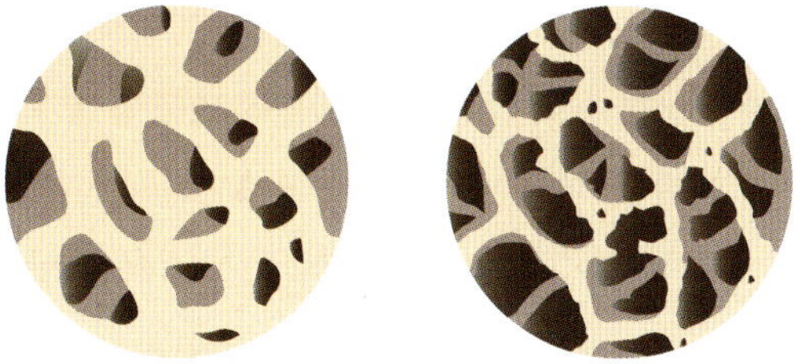

그림 9-1 정상 뼈와 골다공증 뼈

주 : 성인의 칼슘 결핍은 뼈를 약화시켜서 결국에는 골다공증이 될 수 있다.

정된 뼈의 질량이나 크기 및 모양을 조절해 줄 수 있다. 최근 한국의 골다공증 환자는 200만 명이며, 50세 이상 여성의 16.3%가 골다공증, 48.5%가 골 감소능이 있다. 65세 이상 노인의 경우 고관절 골절의 비율이 남자는 152.8명/10만 명이지만 여자는 552.5명/10만 명에 달하고 있다.

1) 골격 대사

뼈 조직의 바깥 부분인 피질(cortical)은 20세를 전후해서 모두 완성이 되나, 뼈의 질량은 35세를 전후해서 최고조에 달하며, 긴 뼈 끝부분의 작은 뼈들인 소주(trabecular)뼈 조직들은 35세나 그 이후에 발달이 완성된다. 또한 뼈에 들어 있는 칼슘의 양은 연령에 따라 변화한다. 생의 전반기에서는 증가되며, 약 35~45세 전후에 최고에 도달하고 그 후부터는 서서히 감소된다. 손목이나 척추에 있는 긴 뼈의 끝과 둔부의 인접한 대퇴골에 있는 소주뼈들이 여성의 폐경기에 시작되는 골절에 더 약하다. 남성들도 같은 부위에 골절이 일어나기는 하나 남성은 골질량이 많고 또 수명이 짧으므로 골절이 되는 정도는 여성에 비해 훨씬 낮다. 대개의 여성들이 50대에 폐경을 하게 되는데, 폐경 전 10년 동안 골질량은 천천히 감소되기 시작하며 이 골질량 상태에 칼슘섭취 수준은 큰 영향을 미치지 못한다. 폐경이 되면 에스트로겐의 분비율이 급격히 떨어지다가 궁극적으로는 중단되며, 이런 생리적 상황은 모든 여성들에게 뼈의 교체율에 영향을 주어 골다공증에 매우 취약하게 만든다. 이런 징후가 나타나면 에스트로겐 보충요법이 필요하다. 폐경기 이후에 적당량의 규칙적인 운동을 계속하면 폐경기 전에 가지고 있던 골질량의 유지를 도와 줄 수 있다.

골격 대사이상이란 뼈의 형성과정과 용해과정의 불균형을 말한다. 즉, 뼈 생성세포 활성(osteoblastic activity)에 비해 뼈 용해세포 활성(osteoclastic activity)이 비정상적으로 증가함으로써 골질량 또는 골밀도가 감소된 것이다. 골다공증 환자는 골질량이 감소하므로 뼈 조직의 구조가 치밀하지 못하고 거칠며, 뼈 조직 사이에 작은 구멍(porous bone)이 생기면서 얇아진다. 이러한 구조적 약화 및 신체지지 기능의 약화로 말미암아 뼈의 변형, 작은 충격에 의해서도 쉽게 일어나는 골절(fracture), 척추의 압축과 쐐기골 변형(V자형)이 일어나고, 등이 굽어지며, 뼈가 위축되어 키가 작아진다. 또 뼈의 변형이나 파열에 따라 척추 주위에 있는 신경이나 근육이 눌리거나 당겨져서 통증을 느끼게 된다. 대표적인 증상으로 골절을 들 수 있으며, 빈번하게 일어나는 골절 부위는 대퇴골 상부(proximal femur), 척추(vertebrae), 발목뼈(distal radius), 팔의 상부(humers), 골반(pelvis), 늑골(ribs) 등이다.

2) 골다공증의 분류

골다공증은 일차성 골다공증(primary osteoporosis)과 이차성 골다공증(secondary osteoporosis 또는 idiopathic osteoporosis)의 두 종류로 분류된다. 일차성 골다공증은 성별, 골절 발생 연령에 따라 폐경 후 골다공증(type I : postmenopausal osteoporosis)과 노인성 골다공증(type II : age-associated osteoporosis or senile osteoporosis)으로 분류된다(표 9-1).

표 9-1 일차성 골다공증의 분류 및 특징

구 분	폐경 후 골다공증	노인성 골다공증
성	여 성	여성과 남성
연 령	50세 이후(폐경연령)	65세 이상
뼈 조직	해면골	해면골과 치밀골
골절부위	요추와 팔목뼈	엉덩이뼈와 척추, 그 외 골격
병 인	에스트로겐 또는 안드로겐의 결핍	노 령

(1) 폐경 후 골다공증

폐경기 동안 51~75세 여성에게서(폐경 후 15~20년 이내) 발병되며, 난소에서의 에스트로겐 분비가 부족함으로써 일어나는 골격대사의 불균형에 의한 것으로 알려져 있다. 폐경 후 골다공증은 해면골이 많은 골격 부위에서 더 큰 영향을 받는다. 예를 들면 척추는 해면골을 다량 함유하고 있으므로 폐경 후 골다공증의 특징으로 척추의 뼈 손실에 기인하는 척추뼈의 파열골절증후군(vertebral crush fracture syndrome)을 들고 있다. 즉, 재생 불가능한 요추(lumbar vertebrae)의 파열골절(crush fracture)과 팔목뼈 말단의 골절(colle' s fracture) 및 강한 통증을 나타낸다.

(2) 노인성 골다공증

70세 이후의 남성과 여성 모두에게서 발현하는 질환이다. 주요 발병요인으로는 뼈 용해량이 뼈 생성량을 초과하여 일어나는 노화에 따른 뼈 손실(bone loss)을 들 수 있다. 노화에 따른 뼈 조직의 손실은 보다 천천히 일어나는 피질골의 손실과 함께 해면골의 손실도 일어나는데, 주로 대퇴부 상부의 엉덩이뼈 골절(osteoporotic hip fracture)이 특징적으로 많이 발생하고 척추골절도 꾸준히 증가한다.

(3) 이차성 골다공증

특정 질환이나 약물사용에 의해 뼈 조직이 감소하여 발생한다. 예를 들면 갑상선 기능항진증, 스테로이드 과다분비질환, 성기능장애, 만성 간질환, 만성 신부전, 류마티스 관절염과 같은 질환이 있을 때 발병할 수 있고 스테로이드제, 갑상선호르몬제, 항경련제, 제산제 등의 약물 사용이 이차성 골다공증의 원인이 될 수 있다.

3) 골다공증의 위험요인

고령화에 따른 골격 대사 이상 및 골다공증 발생에 대한 정확한 원인과 그 기전은 밝혀져 있지 않다. 일반적으로 노령화에 따라 뼈의 손실 속도가 증가하는 것은 첫째, 혈청칼슘 수준의 저하, 둘째, 체내 내분비 호르몬의 불균형, 셋째, 뼈 세포의 기능 저하 때문이라고 설명될 수 있다. 노인의 경우에는 칼슘섭취량 부족, 장관으로부터의 칼슘흡수율 저

표 9-2 골다공증 발병과 관련 있는 위험요인

구 분	내 용
유 전	가족력
인 종	백인 > 아시아인 > 흑인
연 령	60세 이상
여성 관련 인자	60세 이상 노령, 여성
여성호르몬 결핍	폐경, 난소절제, 성호르몬 부족
신체활동	운동부족, 부동 상태
체 중	저체중 또는 저체지방
만성 질환과 약물복용	당뇨병, 만성 질환, 갑상선 기능 항진증
식사요인	칼슘과 비타민 D의 부적절한 섭취
기타요인	• 동물성 단백질의 과잉섭취 • 섬유소의 과잉섭취 • 흡연, 알코올, 카페인의 과다섭취

하 및 요 중 칼슘배설량 증가 등으로 혈청 칼슘 수준이 저하되기 쉬우며, 칼슘 조절 호르몬 및 성호르몬의 분비가 부적합하고 조절기능도 약화되기 쉽다. 또 뼈 세포의 수도 감소하고 활동도 저하되기 쉽다. 따라서 노인, 특히 폐경 후 여성에게서 골격 대사이상이 일어나기 쉽고, 골다공증의 발생빈도가 높은 것이다. 골다공증과 관련된 주요 위험요인들을 표 9-2에 제시하였다.

(1) 여성과 골다공증

뼈 손실은 남녀 모두 겪는 일이지만 성별에 따라 개시 연령과 진행과정은 다르다. 여성의 경우 40세 정도에서부터 골질량의 감소가 나타나기 시작하여 50세 이후 또는 폐경 후 10년에 걸쳐 해마다 1.2%의 비율로 지속적으로 감소한다. 남성의 경우 여성보다 뼈 손실이 느린 비율로 진행되지만, 75세 이후에는 남녀 모두 10년 동안에 약 3%의 뼈 손실이 일어난다는 보고가 있다. 폐경성 골다공증의 발병률은 여성이 남성보다 6~8배 높으며, 노인성 골다공증은 여성이 남성보다 2배가 높다.

골다공증의 발생빈도를 보면 폐경 이후에 훨씬 높고, 진행속도도 매우 빠른 것으로 나타난다. 또 무월경, 생리불순, 조기 폐경, 난소절제, 출산 무경험 등 여성호르몬의 분비에 문제가 있는 여성들에게 골다공증의 발생빈도가 높은 것으로 나타났다. 특히 골질량의 감소가 현재 연령보다는 폐경 후 경과된 햇수와 더 높은 상관관계를 보임으로써 골다공증은 폐경에 따른 여성호르몬인 에스트로겐의 분비부족과 밀접한 관계가 있음이 밝혀졌다. 또 과도하게 체중이 감소한 거식증의 여성 환자나 높은 강도의 운동이나 춤을 추는 여성들은 무월경인 경우가 많으며, 이때 폐경기와 같은 뼈 손실을 보였다. 즉, 무월경의 운동선수인 여성의 골밀도는 정상 여성보다 25~40% 정도가 낮은 것으로 나타났다.

(2) 유전과 종족 및 연령

최대 골질량은 어느 정도 유전적 요인에 의해 영향을 받으나, 그 후 뼈 손실량은 유전적 요인보다는 환경적 요인에 의해 더욱 영향을 받는 것으로 알려져 있다. 또 흑인은 선천적으로 백인이나 아시아인에 비해 골밀도가 높고 골다공증 발병률도 낮다. 한편 백인은 아시아인이나 흑인보다 골다공증 발병률이 두 배 정도 높은 것으로 밝혀지고 있다.

연령은 골다공증 또는 골절의 주요 위험요인이다. 즉, 골질량은 청소년기부터 거의 직선적으로 증가되어 20~30세에 최대 골질량을 나타내며, 45세경까지 큰 변화 없이 유지되다가 그 후에는 해마다 일정 비율로 감소된다. 연령에 따른 골다공증의 발병은 골격대사이상과 더불어 노령화에 따른 활동량 감소, 칼슘의 섭취부족과 칼슘 흡수율 저하, 칼슘 배설량의 증가 및 호르몬 분비의 불균형 등이 뼈 손실에 상승작용을 하는 것으로 본다.

(3) 신체활동 부족 및 체중문제

운동량이 적을수록 뼈 손실량은 증가한다. 무중력 상태에서 우주여행을 하는 우주인 또는 일생 동안 앉아서 일하는 직종에 종사하는 사람들의 뼈 손실 경향은 현저하다. 걷기, 산보, 조깅 등 골격에 물리적인 힘이 가해지는 운동은 골질량이나 골밀도를 증가시킨다. 육체적 활동은 조골세포를 자극함으로써 뼈 재생을 촉진하고, 오랫동안 누워 있거나 부동 상태에 있는 사람들은 칼슘평형이 음(−)으로 나타나며, 빠른 뼈 손실을 나타낸다. 노년기의 질병, 의욕상실, 부자유 등 신체활동 부족이 골다공증 유발과 진행의 주요 요인으로 인식되고 있다. 체중이 증가할수록 골밀도의 수치는 비례적으로 증가한다. 식사제한으로 체중이 감소된 사람이나 마른 체격의 사람들은 골밀도가 낮으며, 뼈 손실 경향을 보인다. 체중은 그 자체가 골격에 물리적인 힘을 부가함으로써 골질량을 증가시킬 수 있을 것으로 제안되어 왔다. 그러나 비만은 골질량에도 바람직하지 않다. 폐경 후에는 주로 지방조직에 의해서 에스트로겐이 공급되기 때문에, 체중이 적당히 나가는 여성이 마른 여성에 비해 골절 발생률이 낮은 것으로 보고되고 있다.

(4) 만성 질환과 약물 복용

칼슘 및 골격대사에 영향을 미치는 만성 질환과 장기간 약물복용이 골질량에 영향을 미친다. 수많은 약물복용이 칼슘의 흡수를 방해하거나 골격의 칼슘을 분해함으로써 골다공증의 위험을 증가시킨다. 특히 스테로이드계통 약물은 비타민 D의 대사에 영향을 미쳐 뼈 손실을 가져올 수 있다. 외인성 갑상선호르몬의 투여는 그 양에 상관없이 지속적으로 골질량을 감소시킨다.

(5) 식사요인

골다공증과 관련된 식사요인으로는 칼슘, 인, 마그네슘, 불소, 단백질, 비타민 D · K 등의 영양소와 섬유소, 식물성 에스트로겐 등을 들 수 있다. 이들은 뼈의 구성성분으로서 또는 칼슘 체내 이용성에 있어서 촉진요인이나 저해요인으로서 직 · 간접적으로 골격대사에 관여하므로 이들의 과잉섭취 또는 섭취부족이 골다공증의 위험요인으로 작용한다. 즉, 칼슘의 섭취 부족, 단백질의 과잉섭취, 인의 과다섭취, 염분의 과다섭취, 섬유소의 과다섭취 등이 골다공증의 발병 위험요인으로 보고되어 왔다.

칼슘섭취량과 골질량과의 상호관계를 보면 성인기의 최대 골질량에 달할 때까지는 칼슘을 충분히 섭취함으로써 골질량이 증가되며, 최대 골질량을 확보할 수 있게 된다. 많은 연구에서 칼슘의 섭취부족으로 성인기까지보다 낮은 골질량을 형성한 경우, 노년기의 골다공증 발병 및 골절 발생률이 매우 높은 것으로 나타났다.

골다공증과 관련된 기타 위험요인으로서 만성 알코올중독, 흡연, 과량의 카페인섭취 등을 들 수 있다. 알코올중독 환자는 현저하게 골질량이 감소되는데, 이것은 알코올이 직접 골아세포에 작용하여 뼈의 생성을 억제하고 소장에서의 칼슘 흡수를 저해하며, 요

중 칼슘 배설량을 증가시키기 때문이라고 설명되고 있다. 특히 알코올중독 환자는 넘어질 위험이 높기 때문에 골절률이 더욱 증가한다.

골다공증에 취약한 여성이 흡연까지 하게 되면 더 큰 문제가 된다. 흡연은 골격대사에 좋지 않은 영향을 미치는데 첫째, 난소기능을 퇴화시켜 폐경 연령을 빠르게 하고, 둘째, 니코틴성분이 내분비 신경계에 영향을 미쳐서 에스트로겐 분비를 저하시키며 에스트로겐의 대사를 촉진시켜 혈중 농도를 낮춘다. 여성은 지방조직이 감소되어 에스트로겐 생성이 저하된다. 이상의 이유로 흡연 여성들의 골절률은 비흡연 여성에 비해 높게 나타난다.

카페인섭취량은 칼슘 흡수와는 음(−)의 상관관계를, 대변 및 소변의 칼슘 배설량과는 양(+)의 상관관계를 나타낸다. 따라서 과다한 카페인섭취는 칼슘의 흡수량 감소와 배설량 증가를 유발하여 뼈 손실을 초래할 수 있다.

4) 골다공증의 식사지침

노령화에 따른 골격대사이상이나 뼈 손실은 부분적으로 불가피한 노화현상이라고 할 수 있지만 식사요법, 운동요법, 약물요법, 일광욕 등을 통해서 억제될 수 있다. 골다공증의 예방과 치료에 있어서 충분한 칼슘섭취를 중심으로 하는 식사요법은 운동요법이나 약물요법의 경우에도 항상 병행되어야 한다. 골다공증의 예방과 치료를 위한 식사요법의 기본은 골격구성에 필요한 충분량의 칼슘, 적당량의 단백질과 인, 비타민 A · C · D의 섭취를 통해 최대 골질량을 확보하고, 칼슘평형(Ca balance) 유지와 뼈 손실 억제에 그 목표를 둔다. 또 칼슘섭취 시에는 양적 고려뿐 아니라 칼슘 흡수와 이용성을 증진시키는 식사요인의 섭취를 증가시키고, 그 흡수와 이용성을 저해하는 식사요인의 섭취를 제한함으로써 칼슘의 체내 이용성을 높이도록 해야 한다. 즉, 골격 건강을 위한 식사지침으로 첫째, 충분량의 칼슘을 함유한 식사, 둘째, 칼슘의 체내이용성을 증진시키는 식사, 셋째, 적당량의 단백질 · 인 · 미량 무기질과 비타민을 함유한 균형 식사를 기본으로 한다. 또 뼈 손실을 억제할 수 있는 에스트로겐 대체식품인 대두 및 그 제품의 섭취도 하나의 식사요법으로 제안되어 있다.

(1) 충분한 칼슘을 함유하는 식사

골다공증은 우선적으로 예방이 중요하며, 성장기에서부터 충분한 칼슘섭취를 통해 최대 골질량을 확보하는 것이 가장 중요하다. 우리나라 정상 성인의 1일 칼슘 영양섭취 기준은 남성(19세 이상) 750mg, 여성(19~49세) 650mg이고, 50세 이상은 700mg이다. 각 연령별 칼슘 권장량은 외국에 비하면 낮게 책정되어 있는 편이다. 그럼에도 불구하고 칼슘은 식생활에 있어서 가장 결핍되기 쉬운 영양소 중 하나이다.

2007년도 국민건강영양조사 결과보고서에 의하면 전국 평균 1인당 칼슘섭취량은 1일 476mg으로 권장량의 72.8%를 나타내고 있다. 칼슘은 1~2세의 연령층을 제외한 모든 연령층에서 상당히 낮은 수준으로 집계되었는데 청소년 및 노인층의 칼슘섭취비율이 가장 낮은 것으로 나타났다. 특히 13~19세 청소년의 칼슘섭취기준은 권장섭취량의 55.4%에 불과해 심각하게 결핍되어 있어 중년기 이후 뼈 건강에 영향을 미칠 가능성이 매우 크다. 가구별 실태조사 결과를 보면 권장량의 75% 미만 섭취 가구 수가 2/3에 달하고 있다. 이와 같은 칼슘의 양적 부족상태는 영아기를 제외한 조사된 모든 연령층에서 나타났다. 이는 성장기의 골격 형성과 노년기의 골격 손실에 불리한 영향을 미칠 것이 분명하다. 폐경 후 여성이나 골다공증 환자의 경우 1일 1,500mg 정도의 칼슘섭취가 권장되고 있는 점을 고려할 때 골다공증의 예방과 치료를 위해서 충분한 양의 칼슘섭취가 최우선적으로 필요한 영양과제이다.

칼슘은 일반적으로 많은 식품 중에 함유되어 있으며, 특히 우유와 유제품, 뼈째 먹는 생선류, 해조류, 두류, 곡류, 녹색 채소류 등에 많이 함유되어 있다. 표 9-3에는 칼슘을 많이 함유하고 있는 식품을 제시하였다. 식품 중 칼슘은 다양하게 함유되어 있으며, 칼슘과 함께 존재하는 다른 영양소의 종류나 함량도 각기 다르다.

우유 및 유제품은 칼슘 함량뿐 아니라 우유 중 칼슘 흡수 촉진인자로 알려진 유당, 카제인, 적정 Ca/P비를 함유함으로써 체내 이용성이 높은 가장 이상적인 칼슘 급원으로 평가받고 있다. 많은 나라에서 칼슘섭취 부족의 원인이 우유 및 유제품의 섭취부족 때문이라고 보고하고 있다. 우리나라의 경우에도 우유 및 유제품의 섭취량은 1일 평균 섭취량이 100g 이하로 매우 낮고, 특히 성인 및 노인의 섭취량은 더욱 낮다. 전국 평균 섭취량에 대한 우유 및 유제품으로부터 칼슘섭취량은 10~14%에 불과하다. 그 이유로는 노인들에게 흔히 나타나는 유당불내증과 단조로운 우유섭취방법을 들 수 있다.

실제 우리 식생활에서 우유 및 유제품의 대폭적인 섭취 증가를 기대하기 어려우나, 조리법의 개발, 가공품의 개발을 통해서 적극적으로 섭취를 증가시켜야 한다. 특히 골다공증 환자나 노인들에게 알맞은 조리법을 개발하여 충분히 섭취할 수 있도록 해야 한다. 칼슘은 조리과정 중 손실되지 않는다. 유제품 가운데 요구르트와 치즈는 아주 좋은 칼슘 급원이며, 노인식으로서도 여러 가지 조리에 첨가 · 이용될 수 있다.

우리나라 식생활에서는 뼈째 먹는 생선류, 해조류, 채소류, 두류, 두부류 등이 주요 칼슘 급원으로서 이용되고 있다. 식물성 식품으로부터 칼슘섭취량은 총 섭취량의 58%를 차지한다. 곡류 및 야채류의 칼슘급원으로서의 가치는 식품에 함유되어 있는 인산, 피틴산(phytic acid) 및 수산(oxalic acid)의 함량에 따라 달리 평가되고 있다. 곡류에는 인산, 피틴산이 많이 함유되어 있어서 칼슘의 체내 이용성이 떨어지지만, 두류에 함유된 칼슘은 비교적 잘 이용된다. 채소류 중에서 케일이나 브로콜리와 같은 진한 녹색의 채소는 좋은 급원이나 시금치는 수산이 많이 함유되어 있어서 좋은 급원이 될 수 없다. 그러나 피틴산 또는 수산이 소화과정 또는 조리과정 중에 제거될 수도 있으므로 크게 염려하지 않아도 된다는 의견도 많다. 즉, 일반적으로 식품 중 칼슘 급원으로서 가치는 그 함량보

표 9-3 칼슘 함유식품과 함유량

식품명	1회분 함유량(mg)	100g당 함유량(mg)
두부(1/5모) 80g	127	159
우유(1컵) 200g	200	100
요구르트호상(1개) 110g	183	166
꽁치통조림(1토막) 70g	139	198
말린 잔멸치(1/4컵) 15g	137	913
가공치즈(1장) 20g	127	633
아이스크림(1/2컵) 100g	122	122
뱅어포(1장) 8g	79	982
브로콜리(1접시) 70g	45	64
식빵(3쪽) 100g	28	28

자료 : 한국영양학회(2005). 한국인 영양섭취기준.

다는 체내 이용성에 의해서 평가되고 있다. 그러나 고칼슘식사의 경우 흡수율이 낮다 해도 흡수된 총 칼슘량은 많은 것으로 평가되므로 되도록 칼슘을 많이 함유하고 있는 식품을 섭취하는 것이 중요하다고 본다. 골격질환의 예방 및 치료를 위해서는 충분량의 칼슘을 섭취할 수 있도록 칼슘 함유식품을 중심으로 식단을 계획하고, 가급적 칼슘이 체내에서 충분히 흡수 · 이용될 수 있도록 다른 식품과의 배합을 고려하도록 한다.

칼슘섭취를 증가시킬 수 있는 또 하나의 방법으로 칼슘 강화식품을 들 수 있다. 현재 칼슘이 강화된 우유, 오렌지주스, 두유 등(200~300mg/cup)을 비롯하여 다양한 칼슘 강화식품이 개발 · 판매되고 있다.

식사섭취조사 결과를 보면, 칼슘섭취량이 식품섭취만으로 그 권장량을 충족시킬 때 다른 영양소들의 권장량도 충족될 수 있음을 보고하고 있다. 즉, 칼슘의 권장량을 충족시킬 수 있다면 일반적으로 건강에 유용한 다른 영양소, 특히 골격건강에 필요한 모든 영양소들이 균형 있게 섭취될 수 있다는 결과로 해석될 수 있다.

(2) 칼슘 체내 이용을 증진 또는 저해하는 식사

일반적으로 식품 중 칼슘의 체내 이용성은 같이 섭취하는 여러 가지 식사성분에 의해서 영향을 받는다. 예를 들면 적당량의 단백질, 인(Ca/P비), 비타민 D 등은 칼슘의 흡수를 촉진시키고 이용성을 높이는 반면 과량의 지방, 섬유질, 인산, 수산, 피트산 등은 칼슘의 흡수를 저해하고 이용성을 낮춘다. 고섬유질식사, 고지방식사, 고나트륨식사는 칼슘의 흡수 또는 이용성을 저해함에 따라 칼슘섭취량을 증가시키는 요인이 된다.

고섬유질식사는 칼슘 흡수율을 저하시키고 대변 중 칼슘 배설량을 증가시킨다. 한 연구보고에 따르면 하루 60g 이상의 섬유질을 섭취한 채식주의자들의 칼슘 흡수율은 낮게 평가되었으며, 섬유소섭취량을 25g 증가시킴에 따라 칼슘섭취량을 150mg 증가시켜야 한다. 특히 섬유소를 많이 함유하고 있는 곡류나 채소류는 이미 설명한 대로 칼슘 흡수의 저해요인인 피트산과 수산을 많이 함유하고 있으므로 더욱 칼슘 부족을 초래하기 쉽다.

과잉의 지방섭취는 장관 내에서 칼슘과 지방이 결합하여 배설되므로 칼슘의 흡수율을 저하시킨다. 낮은 칼슘섭취량과 함께 과잉의 나트륨은 신장에서의 칼슘 배설을 촉진함으로써 골다공증의 위험률을 높인다. 따라서 칼슘섭취와 체내 이용성 증진을 주 목적으로 하는 골다공증 환자의 식사요법에 있어서 칼슘 흡수나 이용을 저해하는 요소를 가급적 줄이도록 식단을 계획한다. 식사 이외에도 알코올섭취, 탄산음료와 카페인섭취, 흡연, 스트레스, 운동 부족 등은 골격대사에 좋지 않은 영향을 미치며 칼슘 요구량을 증가시키므로 절제하도록 한다.

(3) 적정량의 단백질을 함유하는 식사

단백질의 과잉섭취가 요 중 칼슘배설량을 증가시키고 칼슘평형을 음(−)으로 나타나게 한다. 동물성 단백질은 식물성 단백질보다 칼슘배설 효과가 더 크다. 이는 단백질에 함유되어 있는 함황아미노산의 대사산물인 황산이 칼슘과 염을 형성하여 요로 배설되는 것으로 설명된다. 그러나 하루 체중 1kg당 2g의 단백질을 70일간 섭취했을 때에도 칼슘 흡수율에 변화가 없었으며, 칼슘평형도 유지된다는 보고도 있다.

우리나라 성인들의 단백질섭취 실태를 보면 대체로 권장량 수준이며(체중 kg당 1.1g) 1/2 이상을 식물성 식품으로부터 섭취하고 있다. 노인의 경우, 단백질섭취량은 더욱 저하되기 쉬우므로 현재 단백질 과잉섭취 문제는 크게 염려할 필요가 없다. 오히려 골다공증 환자의 골격 건강을 위해서는 권장량 수준의 충분한 단백질섭취가 필요하다.

(4) 식물성 에스트로겐(phytoestrogen)이 함유된 대두 및 대두제품의 섭취 효과

대두식품에 풍부하게 함유되어 있는 이소플라본(isoflavone), 특히 제니스테인(genistein : 4, 5, 7−trihydroxyisoflavone)과 다이드제인(daidzein : 4,7−dihydroxyisoflavone)은 그들의 항암 효과와 항산화 효과로 주목받아 왔으며, 여러 가지 암뿐 아니라 각종 만성질환의 예방과 치료에 큰 역할이 기대되고 있다. 최근 이소플라본이 에스트로겐의 화학구조와 유사하여 약한 에스트로겐 또는 에스트로겐 효과를 나타내는 식물성 에스트로겐으로서 작용하며, 뼈 손실 억제 효과를 갖는 것으로 많은 검토가 이루어지고 있다. 신체기관에 따라 에스트로겐수용체(ER : Estrogen Receptor)의 종류가 다르게 분포되어 있는데, 뼈 조직에는 이소플라본과 친화력이 높은 β−에스트로겐 수용체(β−estrogen receptor)가 분포되어 있어서 에스트로겐 효과를 나타낸다는 것이다. 즉, 대두 및 대두제품에는 식물성 에스트로겐으로 알려져 있는 이소플라본이 풍부하게 함유되어 있어서 골다공증, 특히 폐경성 골다공증에 대한 에스트로겐요법(ERT : Estrogen Replacement

Therapy)대신 예방과 치료에 유용할 것으로 보고되고 있다.

우리나라를 비롯하여 동양인들처럼 우유 및 유제품을 주요 칼슘급원으로 하지 않는 민족은 대두식품의 섭취가 높을 때 골다공증의 발병과 엉덩이 골절의 위험이 낮은 것으로 나타났다. 식물성 에스트로겐은 생식세포 조직의 증식은 자극하지 않고 골격건강을 증진시킴으로써 선택적 에스트로겐 수용체 조절제(SERMs : Selective Estrogen Receptor Modulators)와 비슷한 역할을 한다.

(5) 적정량의 무기질을 함유하는 식사

칼슘과 인의 균형 잡힌 양의 섭취가 중요하다. 그러나 인의 과잉섭취는 특히 칼슘의 섭취량이 적을 때 Ca/P의 비를 크게 변화시킬 수 있는데, 낮은 Ca/P비, 즉 상대적으로 높은 인의 섭취량은 부갑상선호르몬(PTH)의 분비를 자극하고 이것이 만성화되면 뼈 손실의 원인이 된다. 과잉의 인산섭취는 장관 내에서 불용성 칼슘염을 형성하여 배설되므로 칼슘 흡수를 저하시키는 것으로 알려져 있다. 일반적으로 골다공증 환자의 경우 칼슘과 인의 최적 섭취비율은 1 : 1의 동량으로 권장하고 있다. 일상적인 식생활에서 인은 곡류, 두류, 육류, 어류 등 거의 모든 식품으로부터 충분량을 섭취하고 있으며, 식사를 하는 것만으로도 1일 1,000mg 이상을 공급받는다. 또 청량음료 및 가공식품류 등은 인산을 많이 함유하고 있으므로 이들 음식들은 피하는 것이 좋다.

골격대사에서 불소(F), 철(Fe), 아연(Zn), 구리(Cu), 망간(Mn), 붕소(B) 등의 미량 원소들이 뼈 손실을 막아 주는 역할을 한다고 알려져 있지만 그 정확한 기전은 밝혀지지 않았다. 한 연구에서 칼슘과 함께 구리, 불소, 망간을 1년 동안 섭취시킨 결과, 칼슘만을 섭취한 대조군에 비해 척추의 뼈 손실량이 더 적었다고 보고하였다.

불소는 뼈와 치아의 형성 및 유지에 있어서 필수 미량 원소로 밝혀져 왔다. 골다공증 발생빈도에 대한 불소섭취의 영향에 대해서는 잘 규명되어 있지 않지만, 불소섭취량이 높은 지역에서 골다공증 발생 빈도는 낮았다. 아마도 불소가 뼈의 탈회(demineralization)를 방지하는 효과를 가지고 있는 것으로 보인다. 그러나 불소의 과잉섭취에 의해서 뼈의 경도가 커져 골경화증과 골절을 유발할 가능성도 제시되고 있다.

철(iron)은 콜라겐 합성과정에서 비타민 C에 의존적인 프롤린(proline)과 라이신(lysine)의 수산화(hydroxylation)에 촉매인자로서 작용한다. 구리(copper)는 골격단백질 분자들의 연결에 필요하고, 망간(manganese)은 유기질 형성에서 뮤코다당류(mucopolysaccharide)의 생합성에 필수적이다.

(6) 적정량의 비타민을 함유하는 식사

비타민 D는 장관에서 칼슘 흡수에 관여하는 가장 중요한 인자로서 오래 전부터 잘 알려져 왔다. 비타민 D_3(cholecalciferol)는 간에서 25(OH)D_3로 신장에서 1,25(OH)$_2D_3$로 활성화되어 호르몬과 같은 작용으로 소장에서의 칼슘 흡수를 촉진시킨다. 따라서 비타민 D 결핍은 칼슘 흡수를 저하시키고 혈중 칼슘 농도를 저하시킴으로써 뼈에서의 칼슘용해량을 촉진시켜, 아동기에서는 구루병, 성인기에서는 골연화증의 유발요인이 된다.

노인들에 있어서 칼슘 흡수장애의 주된 원인이 신장에서의 1,25(OH)$_2D_3$ 합성이 감소됨에 있다고 한다. 또 폐경기 골다공증 여성뿐 아니라 노년기의 혈중1,25(OH)$_2D_3$ 수준은 낮은 것으로 보고되고 있다. 연령 증가에 따라 피부에 있는 비타민 D_3의 전구체(7-dehydrocholesterol : provitamin D) 함량은 감소하며, 비타민 D_3의 전환율도 낮다.

비타민 D_3는 칼슘 흡수와 이용에 있어서 필수적 요소이므로 적당량의 섭취가 필요하다. 일반적으로 비타민 D 급원식품은 동물 간, 기름진 생선류, 생선통조림 또는 비타민 D 강화식품 이외에 별로 없다. 인간의 경우 비타민 D는 피하조직에 있는 프로비타민(7-dehydrocholesterol)으로부터 자외선에 의해서 합성된다. 따라서 일상생활동안 자외선 노출가운데 충분한 신체활동을 한다면 보통 식사 이외에 특별히 보강할 필요가 없다.

그러나 노인이나 골다공증 환자의 경우 일광욕이 부족하기 쉽고 또 피하조직의 프로비타민 D_3 함량 및 비타민 D_3 합성기능도 저하되기 쉬우므로 가능한 자외선에 노출되는 시간을 충분히 갖고, 비타민 D 급원식품을 충분히 섭취하도록 해야 한다. 성인의 비타민 D 권장량은 400IU인데 반해, 65세 노인의 경우 600~800IU를 권장하고 있다.

비타민 K는 골격건강에 필수적인 영양소로 오스테오칼신(osteocalcin)을 비롯한 여러 골격구조 단백질의 합성에서 중요한 역할을 수행하는 것으로 알려져 있다. 비타민 K의 급원식품은 진한 초록잎 채소(dark green leafy vegetable)이다. 노인 인구의 대부분이 비타민 K의 섭취량이 부족한 것으로 나타났으며, 약물치료를 받는 경우나 항생제치료를 받는 경우도 비타민 K의 섭취량이 낮았다.

(7) 칼슘섭취기준에 따른 식사지침

현재 우리나라 권장섭취기준에는 20세 이상 남녀에게 모두 1일 700mg(여성 50세 이상만 800mg)의 칼슘을 권장하고 있으며, 이 정도면 골질량을 유지해 나갈 수 있는 충분섭취량(AI : Adequate Intake)이라고 할 수 있다. 나이가 많아짐에 따라 칼슘의 흡수가 감소하는 경향이 있으므로, 51세 이상의 충분섭취량은 1,200mg/일로 증가시켜서 설정되었다. 칼슘의 독성 위험을 감소시키기 위한 상한섭취량은 2,500mg/일로 설정되었다.

그러나 폐경기 이후에는 칼슘 보충제로는 난소의 에스트로겐의 손실로 인한 음의 칼슘 균형(negative calcium balance)을 극복할 수 없으므로 식사로부터 칼슘섭취를 다소 늘리는 것이 좋다. 특히 육식을 주로 하는 사람은 채식주의자보다도 소변으로 배설하는 칼슘의 양이 많기 때문에 더 많은 칼슘을 섭취해야 한다. 이는 육식을 주로 하면 고기중에 포함된 함황아미노산에 의해 소변이 산성으로 변하여 칼슘을 함께 손실시키는 주요 원인이 되기 때문이다. 여성의 경우 젊었을 때부터 계속해서 충분한 칼슘섭취뿐 아니라 뼈의 형성에 도움을 주는 다른 영양소, 즉 단백질, 인, 비타민 D 등의 섭취도 충분히 해야 골질량이 최대화되고 또 폐경기 이후까지 골질량이 높은 수준으로 유지될 수 있다. 이와 같은 식사 지침뿐만 아니라 골다공증 예방을 위해서는 걷기, 달리기, 등산, 에어로빅 등의 체중하중 운동을 규칙적으로 해나가는 것이 필요하다.

칼슘의 최적 섭취량(optimal calcium intake)은 첫째, 성인이 되었을 때 최고 골질량(peak adult bone mass)을 유지하고, 둘째, 성인의 뼈 상태를 그대로 유지하며(maintain adult bone), 셋째, 노년기에 뼈의 감소를 최소화하도록 필요한 수준의 칼슘을 섭취하는 것이다.

칼슘섭취량은 칼슘권장량과는 달리 최고 수준으로 본다면 생후 6개월 미만의 유아는 1일 400mg이고 6~12개월까지는 1일 600mg이다. 그리고 1~10세까지는 1일 800mg이고 10세 이후 1일 1,200~1,500mg의 칼슘을 섭취하면 성인이 되었을 때 최고 골질량을 나타낸다. 25세 이후 50세까지 건강한 여성은 1일 1,000mg의 칼슘 공급수준을 유지해야 하고 50세 이후 폐경기와 더불어 에스트로겐 분비 감소로 골질량이 감소되면 1일 1,500mg 수준을 유지해야 한다고 주장하기도 한다. 그러나 이때 에스트로겐 치료를 받으면 1,000mg을 유지하면 된다. 남성의 경우는 65세까지 1,000mg이면 된다. 연령이 65

세 이후가 되면 남녀는 같이 1일 1,500mg의 칼슘을 공급해야 하고 임신과 수유기는 1일 1,200mg의 칼슘 공급이 요구된다. 특히 수유를 하면 1일 160~300mg의 칼슘이 모유를 통해 배출된다.

(8) 칼슘보충제

최근 골다공증이 폐경기 이후 여성에게서 증가하면서 골다공증 예방을 위해 칼슘보충제(calcium preparation)를 복용하고 있다. 그러나 칼슘보충제를 택하는 것보다는 음식을 통해 칼슘을 보충하는 것이 가장 좋은 방법이다. 음식 중 칼슘 함량은 음식의 종류에 따라 크게 차이가 나며 우유(288mg Ca/cup), 유제품, 정어리(sardine)와 연어(salmon) 통조림에 비교적 많이 들어 있고 과일, 야채, 빵과 음료 등에는 칼슘 함량이 낮다. 칼슘보충제는 여러 가지 형태가 있으며, 종류에 따라 장 · 단점이 있다. 현재 가장 많이 사용하고 있는 것은 탄산칼슘(calcium carbonate, 40% 칼슘)이다. 부작용은 흔하지는 않지만 탄산칼슘과 구연산칼슘(calcium citrate)은 위를 자극하고 가스가 차는 경우가 있으며, 탄산칼슘은 간혹 변비를 일으키기도 한다. 이때 유산칼슘(calcium lactate)이나 포도당칼슘(calcium gluconate)으로 바꾸면 된다. 골분(bone meal)은 비소, 납, 수은과 카드뮴 등이 오염되어 있을 가능성이 높으므로 피하는 것이 좋다.

다량의 칼슘 보충(1일 1,000~1,500mg)은 때로 신장 장애와 신장결석(kidney stone)을 야기할 가능성이 있다. 따라서 가족 중에 신장결석의 병력이 있는 사람은 의사의 지시를 받고 칼슘보충제를 복용하며 또 다량의 물을 마시는 것이 좋다. 칼슘보충제를 복용할 때 비타민 D를 같이 복용하면 칼슘의 흡수가 잘 된다. 연령이 60세 이상으로 위산이 잘 분비되지 않는 사람은 칼슘의 흡수가 잘 안 된다. 따라서 위산 분비가 원활치 못한 경우 칼슘보충제를 음식과 같이 복용하면 흡수가 잘 이루어진다. 또한 칼슘보충제를 복용할 때 비타민 D와 젖산이 많이 들어 있는 우유나 요구르트와 같이 먹으면 흡수가 촉진된다. 그리고 소장에서는 칼슘 흡수 능력이 한정되어 있으므로 칼슘보충제를 소량씩 자주 복용하면 흡수도 잘 이루어진다. 하지만 다량의 칼슘을 복용하면 다른 무기물, 즉 아연, 구리, 철분, 마그네슘 등의 흡수를 저해할 수 있다. 최근의 연구에 의하면 구연산 칼슘(calcium citrate)이 흡수가 가장 잘 되며, 결석 형성이 적고 또 소화기관의 부작용이 거의 일어나지 않는 것으로 평가되고 있다.

2. 골관절염

골관절염은 흔히 나이가 증가함에 따라 염증성 변화 없이 관절을 보호하고 있는 연골이 소실되고 관절이 변형되면서 국소적으로 퇴행성 변화가 나타나는 질환이며, 이러한 특성 때문에 퇴행성 관절염이라고 부른다. 골관절염은 관절염 중 가장 흔한 형태로 미국에서는 신체 기능 불능 원인 중 제1위를 차지하고 있다. 중년 이후에 주로 발생하는데 70세 이상의 노인들 중 70% 이상이 X-선 이상을 보이나 그 중 약 반 정도만 증상을 나타내며, 75세 이상이 되면 실제로 최소한 어느 한 부위라도 영향을 받게 된다. 일반적으로 여자들이 남자들보다 더 빠른 나이에 발병한다.

1) 증상 및 원인

환자의 대부분은 통증과 기능 손상을 경험하게 된다. 골관절염이 주로 나타나는 관절은 체중부하와 압력을 많이 받는 고관절, 무릎 및 발목관절이며, 척추관절과 손가락관절에도 나타난다. 골관절염의 진행은 서서히 이루어지며, 증상이 심해졌다 호전되는 경과를 반복하게 된다. 그러나 다른 관절염과는 달리 주로 하나나 둘 정도의 관절에 국한되고 전신증상은 별로 나타나지 않는다. 증상이 심해지는 시기도 주로 아침에 통증을 호소하는 류마티스 관절염과는 달리 저녁시간이나 잠자기 전에 통증을 호소하는 경우가 많다.

대부분의 골관절염은 관절 부위의 외상, 관절의 과다 사용, 어긋난 모양으로 잘못 연결된 관절 때문에 일어난다. 과거에는 기계적인 요인과 함께 여러 유전적 · 생물학적 요인에 의해 연골이 변화되고 파괴되는 것으로 알려지고 있다. 최근 유전학적 소인으로 골관절염이 발생할 확률이 높은 사람들이 있다는 사실이 알려졌으며, 또는 선천적인 관절 비정상으로 인해 관절이 꼭 맞지 않아 약간의 결함이 있는 채 결합되거나 부자연스럽게 관절을 움직여 연골에 균열이 생기는 경우도 있다.

일차성(특발성) 퇴행성 관절염의 확실한 원인은 밝혀져 있지 않으나 나이, 성별, 유전적 요소, 비만, 특정 관절 부위 등이 영향을 주는 것으로 생각되고 있다(그림 9-2). 이차성(속발성) 퇴행성 관절염은 관절 연골에 손상을 줄 수 있는 외상, 질병 및 기형이 원인이 되는 것으로, 세균성 관절염이나 결핵성 관절염 후 관절 연골이 파괴된 경우, 심한

- 관절은 두 뼈가 합쳐지는 부분을 가리킨다.
- 관절의 구조에는 관절연골, 윤활액, 관절강, 관절낭, 윤활막 등이 포함된다.
- 관절은 어떠한 뼈가 합쳐졌는가에 따라 명칭이 결정된다.

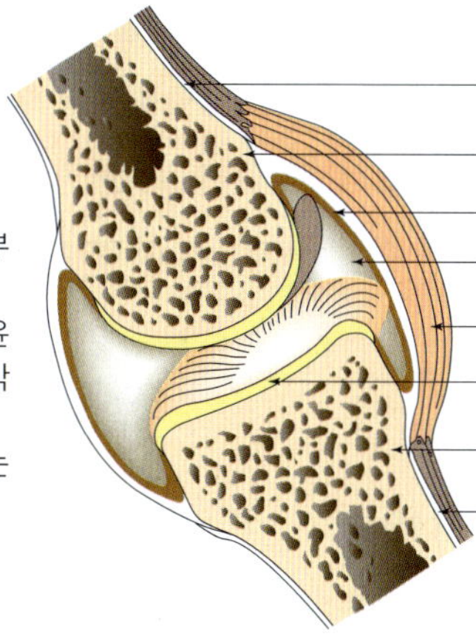

그림 9-2 윤활관절(synovial joint)의 구조

충격이나 반복적인 가벼운 외상 후에 발생되는 경우 등이 대표적이다. 그러나 이차성이라고 진단되어도 원인을 밝히지 못하는 경우가 있을 수 있으며, 동일 원인에 노출되었다 하더라도 모두 관절염으로 진행하는 것은 아니라서 일차성과 이차성의 구별이 분명한 것은 아니다.

원인은 부위별로도 어느 정도 차이를 보일 수 있는데, 척추의 경우에는 직업적으로 반복되는 작업이나 생활습관 등이 원인이 될 수 있다. 엉덩이관절에 있어서는 무혈성 괴사와 엉덩이 관절 이형성증이 많은 원인을 차지하며, 발목관절의 경우 발목 관절의 골절 또는 주변 인대의 손상이 퇴행성 관절염을 유발하는 가장 흔한 원인이 된다. 대부분 고령에서 질환이 발생하고, 노화와 연관된 변화가 퇴행성 관절염의 발생 위험을 증가시키기는 하나 다른 능동적 요소가 있는 만큼 노화 자체가 원인은 아니다.

2) 치 료

골관절염은 류마티스 관절염과는 달리 염증성 변화 없이 연골의 소실과 변형이 초래되는 것이므로 치료의 목적이 첫째, 관절의 통증을 감소시키고, 둘째, 관절 파괴 및 변형을 예방하고, 기능의 손상을 최소화시킴으로써 질병의 진행속도를 늦추는 데 있다. 골관절염의 치료법에는 크게 약물치료, 물리치료, 운동과 휴식, 그리고 수술 적 치료법 등이 있다. 약물요법으로는 통증을 완화시키기 위하여 살리실레이트와 비스테로이드성 소염제(NSAIDs : Non-steroidal Anti-Inflammatory Drugs)를 사용하거나 혹은 코르티코스테로이드제를 사용할 수있다. 적절한 치료와 물리치료, 운동 및 식사관리 등의 꾸준한 자기관리를 통해 대부분 정상 활동을 할 수 있을 정도로 치료가 가능하다.

3) 식사지침

비만한 사람들의 골관절염 발생이 정상 체중인 사람들에서 보다 높게 나타난다. 과체중으로 인해 연골이 손상받기가 훨씬 쉬우며, 골관절염 환자에서의 비만은 질병을 악화시키는 요인이 된다. 비만한 환자는 정상체중으로의 체중감량을 요한다. 그러나 무절제한 체중 감소는 영양결핍을 초래하여 뼈와 관절에 부정적인 영향을 미치므로 뼈와 관절에 적절한 영양공급을 위한 균형 잡힌 식사섭취가 필요하다.

연골 손상의 예방과 치료에 항산화 영양소의 섭취가 도움이 될 수 있으므로 비타민 C · E, β–카로틴, 셀레늄과 같은 항산화 영양소가 많이 함유된 채소와 과일을 충분히 섭취한다. 또한 평소에는 뼈와 관절에 주요 영양소인 칼슘과 칼슘 흡수를 촉진시켜 줄 수 있는 식품을 섭취한다.

- **칼슘의 주요 급원 식품** : 우유 및 유제품, 멸치, 뱅어포, 뼈째 먹는 생선, 해조류, 채소 및 두부, 콩, 칼슘이 첨가된 오렌지주스나 시리얼
- **비타민 D의 주요 급원** : 생선기름, 달걀노른자, 비타민 D 강화식품
- 카페인은 칼슘 배설을 촉진시키므로 과다하게 섭취하지 않는다(1일 커피 2잔 이내).
- 과다한 단백질은 칼슘 손실을 일으키므로 지나친 단백질섭취를 제한한다.
- 나트륨은 체내에 칼슘과 균형을 이루고 과다한 나트륨의 배설 시 칼슘 손실을 발생하므로 싱겁게 섭취한다.
- 섬유소 급원식품의 수산, 피틴산 등의 물질을 통해 칼슘의 체내 이용을 감소시킬 수 있으므로 섬유소 섭취량이 1일 35g을 넘지 않도록 한다.
- 비타민 K는 골 손실과 칼슘 배설량을 감소시켜 골 밀도에 좋은 영향을 주므로 비타민 K 함량이 높은 식품(녹황색 채소, 간, 곡류, 과일)을 충분히 섭취한다.

(1) 골관절염 영양보충제와 운동 여부

골관절염 치료에 사용되는 여러 약물의 사용을 줄이고, 연골 생성 및 통증 완화를 위하여 글루코사민, 콘드로이친, 오일 및 허브 등 많은 대체요법이 사용되고 있으나 모든 환자에게 효과적인 것은 아니다. 특히, 콘드로이친과 글루코사민은 인슐린작용에 영향을 미칠 수 있으므로 인슐린 저항성이나 당뇨 환자의 경우 주의해야 한다. 또한, 조개류에 알레르기가 있는 경우와 혈행개선제를 복용하고 있는 경우에도 주의해야 한다.

관절염이 있는 경우 무리한 운동은 오히려 뼈와 관절에 해가 되므로 전문가의 도움을 받는 것이 안전하다. 건강보조식품 및 대체요법이 모든 사람에게 효과적인 것은 아니므로 주의해야 한다.

알아보기

생활 실천사항

- 다양한 식품을 먹으며, 정상 체중을 유지한다.
- 칼슘 및 비타민 D가 부족되지 않도록 한다.
- 카페인을 과다하게 섭취하지 않는다.
- 단백질을 과다하게 섭취하는 것을 제한한다.
- 저지방식사를 한다.
- 싱겁게 먹는다.
- 녹황색 채소, 간, 곡류, 과일을 충분히 섭취한다.
- 규칙적으로 운동하며, 금연한다.
- 불필요한 대체요법의 사용은 주의한다.

3. 여성암과 식사지침

한국인의 암 발생 건수 및 발생률은 2000년 이후 가파른 속도로 증가하고 있다. 또한 전체 암 중에서도 종류별로 보면, 폐암과 대장암의 발생이 꾸준히 증가하고 있다. 또한 위암으로 인한 사망은 감소하고 있는데 이것은 위 내시경에 의한 조기 발견에 의한 것으로

표 9-4 연도별 암 발생에 의한 사망건수

(단위 : 명/10만 명)

구 분	1995	1998	2001	2005	2007
전 체	110.5	108.6	122.9	133.8	137.5
위 암	26.5	23.8	23.9	22.5	21.5
폐 암	18.8	20.5	24.9	28.2	29.1
간 암	21.9	19.9	21.2	22.3	22.7
대장암	5.8	6.9	9.5	12.4	13.5
유방암	4.0	4.2	5.0	6.5	6.8
자궁암	6.3	5.6	5.7	5.5	5.1
기타 암	32.2	32.6	38.1	42.3	44.8

주 : 1) 유방암, 자궁경부암은 여성 사망률만 계산함
2) 대장암에 항문암이 포함됨
자료 : 통계청(2008). 사망원인통계.

생각되며, 유방암도 서서히 증가하는 경향을 보이고 있어 암에 있어서도 남녀 차이가 나타나고 있다. 이러한 암의 종류에 따른 변화 추이는 식생활의 서구화와 더불어 대장암이나 유방암 등이 증가하는 것으로 보이며, 폐암은 특히 남성의 경우 흡연으로 인해 여성의 두 배 이상이 높은 것으로 보인다(표 9-4, 그림 9-3).

1) 일반적인 암과 식사지침

암은 한국 내 사망원인의 두 번째 요인이다. 물론 아직까지도 암 사망률에 미치는 식사의 영향이 모두 밝혀진 것은 아니지만 현재까지의 추정은 모든 암으로 인한 사망의 1/3 정도는 식사와 관련이 있다고 제시되고 있다. 특별한 암들과 연관이 되는 식사성 요인으로는 알코올, 지방, 비타민 C, 항산화제들, β-카로틴, 훈연된 식품과 염장식품들을 들 수 있다.

고지방 식사는 암의 유발과 사망 율에 깊이 관련되어 있다. 동물성 식품의 포화지방은 종양의 성장을 촉진시킨다. 반대로 생선 기름에 많은 오메가-3 지방산과 올레인산이 풍부한 올리브기름을 주로 먹는 지중해 지역의 사람들은 지방의 섭취가 많아도 암의 발생

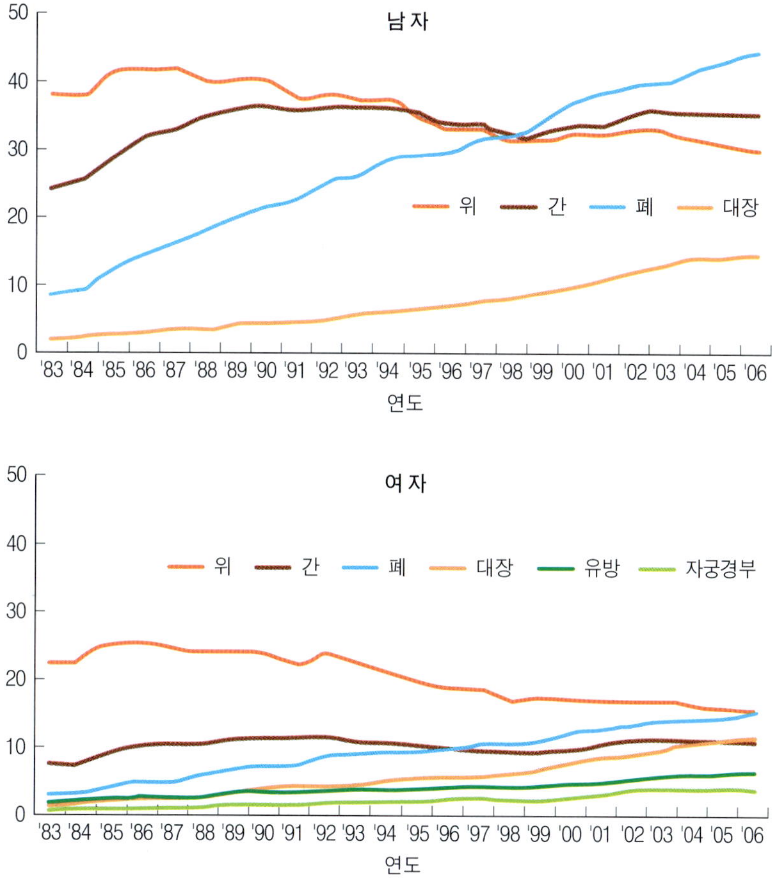

그림 9-3 주요 사망원인 추이(1983~2006년)

률이 낮다.

지방이 종양 성장의 촉진제 역할을 한다 해도 그 기전은 신체부위에 따라 다르다. 대장에서는 지방이 종양의 성장을 촉진시키는 담즙산의 농도를 증가시킨다. 대장암에 대한 섬유질의 보호효과는 섬유질이 수분을 흡수하게 되어 대장에 있는 담즙산을 묽게 해주며, 또 음식물 덩어리가 소화기관을 빨리 지나가도록 하여 섭취된 발암성 물질이 장벽과 접촉하는 시간을 줄여 주는 것이다. 동물실험에서 보면 지방과 다중 불포화지방산이 많은 식사는 면역체계 내에서 초기 암세포를 공격하고 파괴하여야 할 T-세포의 능력을 저하시킨다.

카로틴류을 많이 가지고 있는 녹황색 채소의 섭취는 암으로 인한 사망으로부터 인체를 보호해 준다. 흡연하는 사람들 중에도 카로틴이 많은 채소를 많이 먹는 사람들에게는 폐암의 발생률이 감소한다. 그렇다고 해서 카로틴류의 섭취가 흡연자들을 폐암으로부터 완전히 보호해 주는 것은 아니다. 카로틴류는 체내에서 레티놀(retinol)로 전환되며 세포분화의 조절기전을 통해서 종양 발생을 억제한다. β-카로틴 역시 효과적인 항산화제이며 유리기(free radical)를 없애 줌으로써 퇴행성 작용을 예방해 줄 수 있다.

(1) 식사와 암의 관련성

최근 역학조사, 동물 실험 및 사례보고에 의한 것을 보면, 식사요인은 암 발생(carcinogenic)을 시작한다기보다는 그 과정을 수정 또는 변형한다고 한다. 지금까지 어떤 특정한 식사가 암을 유발한다는 증거가 없듯이 어떤 특수한 식사가 암을 확실히 예방하지는 못한다.

그러나 암은 질병으로 인한 사망의 가장 주된 원인으로 이로 인한 경제적 · 사회적 손실은 매우 커 암이 발생하기 전에 예방하는 것이 건강증진의 가장 효율적인 방법이다. 암 예방을 위한 많은 연구는 식품과 영양 관련 분야에서 주로 진행이 되는데 이는 암 발생원인의 약 1/3이 식품과 관련이 있고 특히 위암과 대장암 등의 소화기 암은 식품과 더욱 밀접한 관련성을 지니고 있기 때문이다. 일상적으로 섭취하는 식품이 함유하고 있는 대표적인 발암 억제물질로는 항산화 물질인 비타민 A · C · E, 폴리페놀, 라이코펜과 셀레늄을 들 수 있으며, 그 외에도 클로로필(엽록소), 식사섬유소 등이 있다. 평상시 적절하고 균형된 식사섭취와 규칙적인 운동으로 적정 체중을 유지하고 암 예방을 위해 노력하는 것이 필요하다.

(2) 암 예방법

암 예방을 위하여 권장되는 사항은 다음과 같다.

- 비타민 A(carotene)를 충분히 섭취하는 사람은 암에 걸릴 확률이 적다. 실제로 동물에게 암 예방 목적으로 비독성인 비타민 A 아날로그(analog)가 사용되고 있다.
- 비만인 여성은 요도암, 신장암에 걸릴 확률이 높으므로 정상 체중을 유지하도록 한다.

- 숙주나물, 양배추, 브로콜리 등의 야채에 있는 인돌(indole) 성분은 소화기 내에서 발암물질(carcinogen)을 불활성화하는 효소를 유도한다.
- 장기간에 걸쳐 비타민 A · C · B 복합체가 부족되는 경우에는 암에 대한 감수성이 증가한다.
- 무기질의 적절한 섭취가 중요하다. 많은 양의 셀레늄(Se)은 발암물질로 작용하는 동시에 셀레늄의 부족은 암 유발을 증가시키기도 한다.
- 저콜레스테롤 식사는 심장질환을 보호하지만 이는 또 암을 유발할 수도 있다는 보고가 최근에 발표되었다.
- 비타민 C와 같은 항산화제는 니트로사민(nitrosamine)의 형성을 억제하는 것으로 본다. 따라서 비타민 C의 다량 섭취는 위암 유발을 감소시킨다고 알려져 있다.
- 열량 제한은 동물에 있어 암의 발달을 저해한다.
- 식사 내 지방량은 결장암, 유방암과 관련이 된다고 하지만 아직 확인된 것은 아니다.
- 식품을 온습한 곳에 보관하는 지역에서 간암의 발생이 높은 것으로 되어 있는데 이는 아마도 보관 중에 형성된 아플라톡신에 기인된 것이라고 본다.
- 섬유질은 장내 음식물의 이동을 빠르게 하고 미생물의 종류와 양을 변화시킴으로써 장암의 발생을 낮춘다고 보고 있다.
- 커피는 췌장암을 일으킬 수도 있다고 제안되었으나 이는 증명되지 않았으며 한두 잔 정도의 커피는 권장되고 있다.
- 콩과류 식품에 들어 있는 단백질 소화 저해인자(protease inhibitor)는 항암효과가 있는 것으로 나타났다. 이는 채식가들에 있어 암의 발생률이 낮다는 것을 뒷받침할 수 있는 요소로 제시된다.

이상과 같은 내용 중 어느 한 요소가 암을 예방할 수 있는 것은 아니며, 특히 아직 증명되지 않은 것들이 많이 있다. 다만 이 시점에서 암 예방을 위한 최선의 권장사항은 첫째, 균형 있는 식사를 하고, 둘째, 다양한 식품을 섭취하며, 셋째, 적절한 비타민 · 무기질을 섭취하고, 마지막으로는 발암물질로 알려진 것들을 피하는 것이다. 특히 담배, 술은 과용하지 말아야 한다.

알아보기

음식 조리 시 실천 가능한 방법

1. 채소나 과일은 물로 충분히 씻도록 한다. 농약과 해로운 물질을 제거하기 위해 식초, 소금물에 10~20분 정도 담갔다가 헹구어 이용한다.
2. 너무 뜨거운 요리는 피한다.
3. 생선 및 고기요리시에는 청주, 포도주, 생강, 마늘에 재우면 발암물질이 제거되고 맛을 좋게 할 수 있다.
4. 채소는 물에 담가 떫은 맛을 빼거나 끓는 물에 삶는 등 밑 손질을 하여 발암물질을 제거한다.
5. 콩이나 채소류의 항암작용을 하는 페놀과 지방을 함유한 종실류(대두, 참깨)나 곡류(밀, 맥아, 쌀겨) 및 견과류(호두, 잣) 등에 있으며 항산화 작용을 하는 비타민 E는 발암물질인 '니트로사민'의 생성을 억제하는 효과가 있으므로 함께 조리하면 좋다.
6. 생고기는 불에 구우면 벤조피렌과 헤테로사이클릭아민이란 발암물질이 생성되므로 타지 않도록 한다. 또한 양배추, 풋고추, 토마토, 옥수수, 우엉 등 섬유질이 많은 채소를 곁들여 먹어 발암물질을 흡착하여 체외로 배출 또는 분해하게 한다.
7. 찻잎에는 비타민, 항암성분인 페놀이 있으므로 차를 우려낸 후 잎은 나물로 볶아서 밥에 넣어 비벼 먹거나 된장국에 넣는다.
8. 양파, 마늘은 항암, 항균작용과 동맥경화 예방에 효과가 있는 유황화합물이 함유되어 있어 지나치게 가열하면 안 된다.
9. 철이나 구리로 만든 조리 기구는 채소와 과일의 비타민 C · E, β-카로틴, 페놀성분 등의 산화를 촉진할 수 있으므로 냄비, 프라이팬, 칼 등은 스테인레스로 가공된 것을 사용한다.

보건복지부의 10대 암 예방 수칙

1. 금연하고, 남이 피우는 담배 연기도 피한다.
2. 채소와 과일을 충분하게 먹고, 다채로운 식단으로 균형 잡힌 식사를 한다.
3. 음식을 짜지 않게 먹고, 탄 음식은 먹지 않는다.
4. 술은 하루 두 잔 이내로만 마신다.
5. 주 5회, 하루 30분 이상 땀이 날 정도로 걷거나 운동을 한다.
6. 자신의 체격에 맞는 건강한 체중을 유지한다.
7. 예방 접종 지침에 따라 B형 간염 예방 접종을 받는다.
8. 성 매개 감염병에 걸리지 않도록 안전하게 성생활을 한다.
9. 발암성 물질에 노출되지 않도록 작업장에서 안전 보건 수칙을 지킨다.
10. 암 조기 검진 지침에 따라 빠짐 없이 검진을 받는다.

일본의 '암 예방 12조'

1. '다채로운 식단으로' – 균형 잡힌 영양 섭취하기

2. '매일 변화 있는 식생활을' – 편식하지 않기
3. '맛있는 음식을 적당히' – 과식 및 지방식 피하기
4. '술은 적당히' – 술은 건강하게 즐기기
5. '담배는 피우지 않도록' – 특히, 흡연 시작하지 않기
6. '녹황색 채소를 듬뿍' – 적정량의 비타민과 다량의 섬유질 섭취하기
7. '위 및 식도를 위해' – 짠 것은 적게, 뜨거운 것은 식혀서
8. '돌연변이를 유도하는' – 탄 음식은 피하기
9. '먹기 전에 확인해서' – 곰팡이 핀 음식 주의하기
10. '태양 직사광선은 해로워' – 태양빛에 직접적인 노출 피하기
11. '적당한 땀 배출을 위해' – 적당한 운동하기
12. '기분도 상쾌하게' – 몸 청결히 하기

(3) 항암치료와 식사

항암식품은 암을 치료하는 식품이라고 오해하기 쉬우나, 이는 암을 치료하는 식품이 아니라 암을 예방하는 식품이다. 따라서 항암치료 시의 식사는 항암식품을 섭취하는 것이 아니다. 암 환자는 일반적으로 영양상태가 나빠지기 쉬운 요인을 많이 갖고 있으며, 특히 항암치료 중에 사용하는 여러 가지 약물과 치료법들은 환자의 식욕상태나 영양소의 소화흡수 기능을 떨어뜨려 영양상태를 더욱 악화시킨다.

영양상태가 나쁜 환자는 항암치료로 인한 부작용이 더 많이 나타날 수 있으므로 이로 인해 치료 효과가 떨어질 수 있다. 따라서 항암치료 중에는 좋은 음식, 나쁜 음식을 가려 먹는 것보다는 좋은 영양상태를 유지할 수 있도록 잘 먹는 것이 중요하다.

항암 화학요법을 받고 있는 경우 대부분의 항암제에서 골수기능 저하라는 부작용이 나타나게 되므로 음식을 위생적으로 처리하여 먹는 것이 중요하다. 식중독의 발생 위험이 높은 비위생적으로 처리된 고기, 생선, 달걀, 두부, 해산물 등의 섭취를 피하고, 식품은 신선하고 깨끗한 것을 골라 조리하며, 조리과정 중에 교차오염이 생기지 않도록 칼, 도마 등은 분리해서 사용한다.

생즙, 달인 물, 추출물 등을 부작용이 없는 자연요법으로 이해하고 항암치료 시 병행하는 경우가 많으나 정규치료를 방해할 수 있으므로 이들을 사용하고자 하는 경우 담당

알아보기

항암치료 시 식생활 실천사항

1. 좋은 영양 상태를 유지할 수 있도록 충분한 열량을 섭취한다.
   - 빵을 먹을 때에는 잼, 땅콩버터를 곁들여 먹는다.
   - 우유나 두유를 먹을 때에는 미숫가루나 분유 등을 섞어서 먹는다.
   - 나물을 무칠 때에는 참기름, 들기름을 넉넉히 사용한다.
2. 매끼 단백질 반찬(고기, 생선, 달걀, 두부)을 챙겨 먹는다.
   - 빵을 먹을 때에는 우유를 곁들어 먹고 과자는 플레인 요구르트 등에 찍어 먹는다.
   - 생과일은 우유나 두유를 섞어 쉐이크를 만들어 먹는다.
   - 전을 부칠 때에는 달걀을 넉넉히 이용한다.
3. 다양한 음식을 골고루 먹는다.
4. 한 끼 식사량이 많지 않은 경우 간식을 이용한다.
5. 특정 음식을 가리지 말고, 환자의 기호에 맞추어 식품을 선택한다.

의료진과 사전에 상의하는 것이 반드시 필요하다.

2) 유방암과 식사지침

유방암이란 유방에 생긴 암 세포로 이루어진 종괴(만져지는 덩어리)이다. 일반적으로 유방암은 유방의 유관과 소엽에서 발생한 암을 일컫는다. 유방암의 원인은 아직 정확하게 밝혀지지 않았기 때문에 어떤 사람이 유방암에 걸릴 확률이 높고 어떻게 하면 유방암을 피할 수 있는지 확실하게 말하기는 어렵다. 그러나 여러 연구를 통해 유방암 환자와 아닌 사람을 비교하였을 때 차이점을 발견할 수 있었으며 이러한 차이점을 위험인자라고 한다. 유방암의 위험인자로는 여성 호르몬(에스트로겐), 연령 및 출산 경험, 수유, 음주, 방사선 노출, 유방암의 가족력 등이 알려져 있다.

유방의 상피세포는 에스트로겐 등의 여성호르몬의 자극을 받아 성장 및 분열을 하게 되는데, 유방의 상피세포들이 여성호르몬인 에스트로겐에 노출된 기간이 길수록, 즉 출산이나 모유 수유 경험이 없거나, 초경이 빠르거나 폐경이 늦어 생리를 오래한 여성이 유방암 발생 위험이 높다. 또 폐경 후 여성이 비만한 경우에도 여성호르몬이 많아져 유방암의 발생 위험이 높아진다. 유방암 환자의 5~10%에서는 유전 소인을 가지고 있는 것으로 알려져 있으며 BRCA 1과 BRCA 2 유전자의 돌연변이가 유전성 유방암의 원인으로 알려져 있다.

(1) 증 상

유방 종괴(만져지는 덩어리)는 유방암의 증상 가운데 약 70%를 차지하는 가장 흔한 증상으로, 유방에 종괴가 있을 때 유방암과의 감별이 필요하다.

유두 분비는 유방 종괴 다음으로 흔한 증상으로, 많은 환자들이 유두 분비가 있을 경우 유방암을 의심하고 걱정하지만, 유두 분비가 있는 환자의 일부만 악성 질환과 관련 있는 것으로 보고되고 있으며, 전체 유방암 환자의 1%만 유두 분비 증상을 보인다.

유방에 통증이 느껴지는 것(유방통)은 전체 여성의 반 이상이 경험하는 증상으로서 유방암과 연관되는 경우는 매우 드물다.

이 외에도 유방암이 진행됨에 따라 피부의 궤양, 함몰, 겨드랑이 종괴 등의 증상이 나타날 수 있으며 드물게 유방의 염증 증상을 보이기도 한다. 증상 없이 정기검진에 의해 발견되는 경우도 20% 정도 된다.

(2) 진 단

유방암의 5년 생존율은 0기 암의 경우 100%에 가까우나 4기의 경우는 20% 미만이다. 그러므로 유방암의 생존율을 향상시킬 수 있는 가장 좋은 방법은 증상이 없을 때 조기 발견하는 것이다. 유방암을 조기에 발견하기 위해서는 매달 자가 검진하거나 정기적인 의사의 진찰, 정기적인 유방 촬영 등이 필요하다. 의사의 진찰 및 유방의 영상학적 검사에서 의심스러운 병변이 발견되는 경우에는 조직검사를 통해 유방암을 진단하게 된다.

유방 촬영술은 유방을 압박한 후 유방의 상 · 하측 및 내 · 외측 방향으로 X선 사진을 찍는 검사로, 유방암을 발견하는 데 가장 기본적인 검사이다. 자가 검진이나 의사의 검진으로 찾을 수 없는 작은 크기의 유방암을 발견하는 데 유용하고, 정기적인 검사로 유방암으로 인한 사망률을 낮출 수 있음이 입증된 유일한 검사이다. 유방 촬영술과 유방 초음파검사는 서로 보완적인 관계를 가지고 있는데 유방 초음파는 유방 촬영술에 비하여 유방의 종괴, 낭종 등을 발견하는 데 탁월하지만 유방암의 중요한 조기 징후의 하나인 석회화 병변을 찾을 수 없다. 유방 촬영술과 유방 초음파검사 외에도 최근에 자기공

명영상(MRI)이 특수한 경우에 매우 민감한 검사로 사용된다. 이 외에도 유방암으로 진단된 경우 전이를 평가하기 위해 컴퓨터 단층촬영술(CT), PET, 뼈 스캔 등이 이용된다.

(3) 치료요법

- **수술적 치료** : 유방암 수술은 유방에 대한 수술과 겨드랑이 림프절에 대한 수술로 이루어진다. 유방에 대한 수술에는 암을 포함하여 일부 정상 유방을 제거하는 유방 보존술과 넓은 병변으로 인해 유방 보존이 힘든 경우 유방 전체를 절제하는 유방 절제술이 있다. 유방 보존술의 경우 남아 있는 유방에 대해 방사선치료를 병행할 때 유방 절제술과 같은 예후를 보이는 것으로 알려져 있어 종양의 크기와 범위에 따라 가능할 경우 유방 보존술을 시행한다.
- **항암 화학요법** : 보조 항암 화학요법은 수술로 암을 제거한 다음에 시행하는 전신적 치료로, 수술 후 남아 있는 미세 전이를 없애 생존율을 높이고 재발률은 낮출 수 있다. 유방암은 보조 항암 화학요법의 효과가 입증된 대표적인 고형암(혈액암을 제외한, 덩어리로 이루어진 모든 암)으로, 위암, 간암 등 다른 고형암에 비해 항암치료에 의한 생존율 향상을 더 많이 기대할 수 있으며, 조기 유방암에서도 많은 경우 항암치료를 하게 된다.
- **방사선치료** : 고용량의 방사선이 우리 몸에 투과되면 암 세포의 DNA에 영향을 주어 암 세포의 증식이 중단되고 암 세포가 죽게 된다. 유방 보존술을 한 경우에는 대부분 방사선치료를 하게 되며, 이는 유방 종양 부근, 림프절 조직 등에 남아 있을 수 있는 숨은 암 세포를 죽여 재발을 방지하기 위해서이다.
- **항호르몬치료** : 암 세포에 호르몬 수용체가 생긴 유방암 환자는 항암 화학요법과는 관계없이 항호르몬치료를 하게 된다. 수용체 양성인 암 세포의 경우 여성호르몬인 에스트로겐에 의해 암 세포의 성장이 촉진되기 때문에 이를 차단하기 위해 항호르몬 치료를 하게 된다.

(4) 예 방

아직까지 유방암을 예방하기 위한 확실한 예방 수칙은 없다. 다만 유방암의 위험요인으로 알려진 것을 일상생활에서 피하고 정기적인 검진을 통해 조기에 발견하도록 권고하고 있다. 유방암은 조기 발견한 경우 매우 치료 성적이 좋으므로 정기 검진이 더욱 중요하다.

특별한 식사요법은 없지만 골고루 적절히 먹고 운동을 통해 비만을 관리하는 것이 필요하다. 우리나라가 최근 들어 유방암이 급증한 원인 중의 하나로 생활 및 식단의 서구화를 꼽는 이들이 많다. 최근에는 유방암 치료 후 신선한 채소 및 과일의 섭취와 칼로리 감소가 유방암 환자의 삶의 질을 증가시킬 뿐만 아니라 생존율을 향상시킨다는 보고가 있다. 그러나 적당한 육류의 섭취는 나쁜 영향이 없으며 체력과 건강 유지에 필요하다.

(5) 식사지침

유방암 환자에게 비만은 흔하게 나타나는 질병이다. 체중이 초과되면 골절과 같은 골격 전이의 문제가 발생할 수 있고 암 재발률도 높아질 수 있다. 따라서 정상 체중을 유지하기 위해 과다한 열량섭취와 지방섭취를 자제한다.

- 나물류는 기름에 볶지 말고 데쳐서 참기름, 들기름 등을 이용하여 무친다.
- 두부조림은 전을 부친 후 양념장을 곁들이는 대신 다시멸치, 양파, 무 등과 함께 기름 없이 조린다.
- 생선 반찬은 기름에 튀기지 않고 오븐, 석쇠를 이용하거나 두꺼운 코팅팬에 기름 없이 뚜껑을 덮고 굽는 방법, 졸이는 방법을 이용한다.

3) 난소암과 식사지침

난소암은 난소에 발생하는 악성 종양으로 50~70세 사이에 가장 많이 발생한다. 2002년 우리나라 통계에 의하면 매년 약 1,000~1,200명 정도가 새로 발병하고 있으며, 자궁경부암에 이어 두 번째로 흔한 부인과 암이다. 난소암의 약 90%를 차지하는 상피성 난소암은 대부분 3기 이상으로 진행된 상태에서 발견되기 때문에 5년 생존율이 매우 낮아 40%가 채 되지 않는다.

(1) 원 인

난소암의 발병원인은 다른 암과 마찬가지로 정확히 밝혀져 있지는 않지만 다음과 같은

알아보기

난소암 예방을 위한 식생활 실천사항

- 표준체중을 유지하기 위해 적절한 열량을 섭취한다.
- 동물성 지방섭취를 줄인다.
- 피토에스트로겐 섭취를 위해 적당량의 콩류 및 푸른잎 채소, 피망이나 파프리카, 파슬리 등을 섭취하는 것이 좋다.
- 지나친 당분섭취는 자제한다.
- 과일과 채소를 충분히 섭취한다.
- 술은 피하며 하루 1잔을 넘지 않게 섭취한다.
- 폐경 여성의 경우 동반질환인 골다공증 예방을 위하여 충분한 칼슘을 섭취한다.

경우에 발병 확률이 높아진다.

첫째, 가족 중에 난소암 환자가 있는 경우 난소암에 걸릴 위험이 높아진다. 이는 난소암에 유전성이 있다는 뜻으로 유전자(BRCA) 검사에서 양성일 경우 음성인 경우보다 난소암에 걸릴 확률이 10배 이상 높아지므로, 반드시 정기적인 조기 검진이 필요하다. 그러나 대다수 난소암은 이러한 가족력이 없는 환자에서 발생하고 있다.

둘째, 본인이나 가족이 유방암, 자궁 내막암, 직장암 등의 과거 병력이 있는 경우 난소암에 걸릴 위험이 높아진다. 특히, 유방암과 난소암은 밀접하게 연관되어 있어서, 유방암이 생기면 난소암이 생길 가능성이 두 배 높아지고 난소암이 있으면 유방암이 생길 가능성이 3~4배 많아진다고 알려져 있다.

셋째, 배란 횟수가 적을수록 난소암에 걸릴 위험은 낮아진다. 이러한 대표적인 경우로 임신을 들 수 있다. 임신은 난소암 발생을 방지하는 경향이 있어서, 출산 횟수가 한 번이면 출산을 전혀 하지 않은 여성에 비해 약 10%가량 위험이 감소하고, 세 번 출산을 하게 되면, 난소암 위험도가 무려 50%나 줄어든다. 또한 출산 후 수유를 하는 경우에도 배란을 억제하여 월경을 지연시키기 때문에 난소암의 위험이 감소한다. 마찬가지로 먹는 피임약을 복용하는 경우에도 피임약이 배란을 억제시키기 때문에 난소암의 위험을 감소시킨다.

넷째, 고지방, 고단백 식품을 섭취하는 식습관, 비만, 석면과 활석 등 환경적 유발물질 등도 난소암의 위험을 증가시킨다.

(2) 증 상

초기에는 증상이 거의 없고, 1기 등 초기에 진단되는 경우는 정기적인 산부인과 진찰을 받으러 왔다가 내진이나 초음파 검사에서 우연히 발견되는 경우가 대부분이다. 난소암은 상당히 진행되어도 증상이 매우 경미하여 배에 딱딱한 것이 만져지거나, 복수가 차면서 배가 불러오거나, 소화가 잘 안 되고 더부룩한 증상 또는 배가 아파 병원을 찾는 경우가 대부분이다. 따라서 초기 진단이 되지 않고 대부분 늦게, 암이 진행된 후에 발견되므로 정기적 산부인과 진찰이 조기진단에 매우 중요하다.

(3) 진단 및 검사

난소암은 증상이 미미하여 약 60% 정도가 이미 상당히 진행된 상태에서 병원을 찾게 되므로, 증상이 없더라도 1년에 한 번 정도는 반드시 정기적인 부인암 검진을 받는 것이 조기 진단의 지름길이다. 산부인과 의사가 내진을 하여 난소가 커져 있는지 혹이 만져지는지 등을 확인하고 필요하다고 여겨지면 초음파검사로 난소의 혹을 검사한다. 또한 단순한 양성 물혹인지 암인지를 감별하기 위해 혈액검사로 CA 125라는 종양 표지인자를 확인하기도 한다. 그러나 초음파나 혈액검사 모두 완벽한 검사는 아니므로 두 검사를 병행하는 것이 현재로서는 가장 일찍 난소암을 발견할 수 있는 방법이다.

의사는 환자의 나이, 현 병력 및 과거력, 가족의 과거력, 초음파 검사 및 혈액 검사, 필요 시 일정기간의 경과관찰 등 모든 자료를 종합하여 판단하게 되고, 암이 의심되면 컴퓨터 단층촬영(CT), 자기공명영상법(MRI) 등을 시행한 다음 수술을 하게 되는데, 암은 종양을 제거한 후 조직검사를 시행해야만 확진할 수 있다.

(4) 치 료

난소암의 기본적인 치료방법은 수술로 가능한 모든 종양을 제거하고 항암제를 투여하는 것이다. 그리고 수술 후 암세포가 퍼진 정도와 조직검사의 결과를 통해 치료방침을 결정하게 되는데, 일반적으로 난소암의 경우 진행된 경우에 발견되는 것이 대부분이기 때문에 항암제를 잘 듣게 하기 위해 가능한 모든 암 덩어리를 제거하는 것이 원칙이다.

수술 후 건강상태가 회복되면 항암제치료를 하게 되는데, 항암제는 수술을 통해 완전히 제거하지 못한 암 세포를 죽이는 수단으로 사용하며 보통 3주 간격으로 6~9회 정도 반복해서 투여한다. 항암제는 암세포뿐만 아니라 정상세포에도 작용하기 때문에 구역질과 구토, 식욕저하, 탈모, 손발 저림, 백혈구 및 혈소판의 감소, 빈혈 등의 부작용을 유발한다. 항암제 치료를 받은 환자의 70~80%는 일단 암이 사라지지만 상당수는 1~2년 내에 재발하게 되고, 일단 재발하게 되면 어떠한 치료방법으로도 완치를 기대하기는 어렵다.

(5) 생활지침

수술과 반복되는 항암제치료로 인해 환자나 환자 가족 모두 정신적 · 신체적으로 지칠 수 있다. 무엇보다 서로 격려하고 암을 이겨내겠다는 강한 의지를 갖고 희망을 잃지 말아야 한다. 항암제치료 후 조혈세포 감소로 백혈구 감소증이 발생할 수 있는데, 이때 병원균에 쉽게 감염될 수 있으므로 사람이 많은 곳은 피하고 마스크를 착용하며 청결한 환경을 유지해야 한다. 또한 혈소판 감소증이 발생할 경우에는 지혈이 쉽게 되지 않아 코피가 난다든지 쉽게 멍이 드는 현상이 발생할 수 있고, 적혈구 감소에 의한 빈혈이 발생하면 현기증에 의해 쉽게 낙상할 수 있으니 주의해야 한다. 흔히 몸을 보한다거나 암 치료를 하기 위해 환자 마음대로 특별한 약초나 약물 등을 복용하는 경우가 있는데, 이것은 간에 무리를 주거나 오히려 해를 끼치는 경우도 있으니 반드시 의료진과 상의하여야 한다.

4) 자궁암

자궁암(uterine cancer)은 자궁에 발생하는 악성 종양을 통칭하며, 발생 부위에 따라 자궁경부암과 자궁체부암으로 나뉜다. 자궁경부암과 자궁체부암은 해부학상 발생 부위가 다를 뿐만 아니라 병의 원인, 증상 및 증후, 진행 양상, 병리조직학적 특성, 치료방법 등에서 판이하게 다른 암종이다. 한국 여성에서는 자궁경부암이 흔하고 서구 여성에서는 자궁체부암이 흔하지만, 한국 여성에서도 자궁체부암의 발생률이 증가하고 있는 추세이다.

자궁경부암의 경우 초기 암이면 수술을 시행하나, 암이 진행된 경우에는 항암화학요법, 방사선요법으로 치료한다. 자궁체부암의 경우 병기에 관계없이 수술을 시행하고, 수술 결과에 따라 방사선요법, 암화학요법, 호르몬요법 등을 추가한다.

자궁암에도 특별한 식사요법이 존재하지는 않는다. 다른 암과 마찬가지로 수술과 반복되는 항암제치료로 인해 환자나 환자 가족 모두 정신적으로 신체적으로 지칠 수 있다. 무엇보다 서로 격려하고 암을 이겨내겠다는 강한 의지를 갖고 희망을 잃지 말아야 한다. 그리고 몸을 보한다거나 암치료를 하기 위해 환자 마음대로 특별한 약초나 약물 등을 복용하는 경우가 있는데, 이것은 간에 무리를 주거나 오히려 해를 끼치는 경우도 있으니 반드시 의료진과 상의하여야 한다.

알아보기

〈동의보감〉 속 부인론

조선시대 양기론이 장부 중심의 의학론이었다면 부인과 소아를 위한 대책도 필요했다. 장기적으로 인구를 증가시킬 수 있는 가장 중요한 방법은 부인과 소아를 보호하는 일이기 때문이다. 전근대 사회에서 인구의 증가는 위생 및 영양상태의 개선, 그리고 영아 사망률의 감소를 통해 가능하였다. 때문에 〈동의보감〉에는 부인과 영아 등에 대한 구호대책과 노력이 그 이전의 어떠한 의서보다도 자세하고 폭 넓게 설명되어 있다.

〈동의보감〉 잡병편 권10 부인문을 살펴보면 일반, 산전, 산후 그리고 출산으로 분류하여 증세와 처방을 수록하여 정연한 체계를 갖추고 있다. 이처럼 동의보감의 부인문은 구사(求嗣, 자식을 잇는 일)로 시작하였다.

"사람을 낳은 길은 자식을 구하는데서 시작하고 자식을 낳는 일은 먼저 경도가 순조로워야 한다. (중략) 부인이 무자(無子)한 것은 대개 피가 적어서 정(精)을 포섭하지 못하는 데 기인하므로 마땅히 경혈을 조양(調養)해야 한다. (중략) 무자한 부인이 여윈 것은 자궁이 건조하기 때문이니 음을 보하고 혈을 길러야 한다."

구사(求嗣) 항목만 보아도 부인의 생리적 역할은 경도를 조섭하여 잉태하는 데 두어졌다. 이어 상여법(相女法), 음양교합기피 등 모든 항목이 생식을 위한 건강의 관리, 치료에 맞추어져 있음을 알 수 있다. 인체론 상의 '부인'은 반드시 출산과 관련되었을 때만 의미를 가진다는 말이다. 허준이 과부나 여승의 질병을 치료하는 데 있어 결혼하여 자연스럽게 성교와 생식을 경험한 보통의 부인과는 다르게 파악한 점 역시 '부인'이 될 수 있는 조건이 무엇인지를 다시 한 번 생각하게 해준다.

또한 동의보감의 산부인과 항목들은 조선초의 구급적 처방에 국한하지 않고 장기적으로 산부인의 영양과 보호를 중시함으로써 임신과 출산에 대한 의학적 배려가 한층 높아졌음을 보여준다. 그러나 이러한 부인에 대한 사회적 배려와 관심의 증대는 여성의 사회적 기능을 점점 더 임신과 출산이라는 생식의 역할에 국한시키는 문제도 동시에 낳았던 것으로 보인다.

자료 : 김호(2002). 허준의 동의보감 연구. 일지사.

알아보기

여성의 대장암 위험도를 낮추는 견과 및 씨앗류

유럽 공동체 연구에서 47만 8,040명의 대상자를 평균 4.8년 추적 관찰한 결과, 견과 및 씨앗류 섭취가 많은 여성들은 섭취하지 않은 여성들보다 대장암의 위험도가 0.69배 낮았다. 그러나 직장암의 위험도를 낮추지는 못했다. 남자에서는 견과 및 씨앗류 섭취와 대장 및 직장암과의 관련성이 모두 관찰되지 않았다.

미국 간호사 코호트, 미국 간호사 코호트 II, 스웨덴 여성 코호트 연구의 분석결과에 의하면 비타민 E 섭취는 유방암의 위험과 관련이 없었다. 반면 미국 간호사 코호트 II 자료를 분석한 또 다른 연구에서 청소년기의 비타민 E 섭취는 성인기의 유방암 위험도를 낮추는 것으로 나타나 섭취 시기가 암 예방에 중요하다는 가능성을 보여주었다. 비타민 E 섭취가 전립선암 위험도를 낮춘다는 보고는 많다.

자료 : 대한암협회 · 한국영양학회(2009). 항암 식탁 프로젝트. 비타북스.

Reference

참고문헌

김호(2002). 허준의 동의보감 연구. 일지사.
김화영 외(2008). 영양상태판정. 신광출판사.
보건복지가족부(2007). 국민건강영양조사.
장남수 외(2009). 지역사회영양학. 교문사.
장남수 외(2005). 생애주기영양학. 교문사.
한국영양학회(2005). 한국인 영양섭취기준.
Boyle MA(2003). Comminity Nutrition in Action.
Brown JE. Nutrition through the life cucle. Wadsworth Group. 2002.
Michelle Mcguire(2007). Nutritional Science. Thomson/Wadworth.

memo

이제는 '얼마나 오래 사느냐' 의 단순한 평균 수명의 연장보다 '얼마나 건강하게 활동하며 오래 사느냐' 의 '건강수명' 연장의 문제에 집중해야 한다. 올바른 식생활은 '건강수명' 을 증가시키는 중요한 요인 중의 하나이다. '건강수명' 은 거저 주어지는 것이 아니라 내가 실천하고 행동해서 얻을 수 있는 선택의 문제임을 인식해야 한다.

Chapter 10

심혈관계 질환 및 치매 예방을 위한 영양관리

Chapter 10

심혈관계 질환 및 치매 예방을 위한 영양관리

1. 심혈관계 질환이란?

심혈관계 질환은 심장질환과 뇌혈관을 포함한 기타 혈관질환을 모두 일컫는 매우 광범위한 질환이다. 심장질환에는 동맥경화 진행에 의한 허혈성 심장질환(심근경색, 협심증 등)을 대표로 하여 고혈압, 심부전, 부정맥, 심근증, 심내막염 등이 있으며 혈관질환에는 뇌졸중(중풍)과 말초혈관질환 등이 있다. 2007년 세계보건기구(WHO)의 통계에 따르면 전 세계적으로 매년 심혈관계 질환으로 1,700만 명 이상이 사망하고 있으며 이는 30%의 사망률로 나타나 세계 1위의 사망요인을 차지하고 있다.

이와 같은 심혈관계 질환의 발병률 및 사망률의 증가 원인은 급속한 경제 성장과 생활

알아보기

심혈관계 질환의 주요 위험요인

- 45세 이상 남성, 55세 이상 여성
- 조기 심혈관계 질환의 가족력 : 남성의 경우 55세 이하, 여성의 경우 65세 이하
- 흡연
- 고지혈증
- 저 HDL-콜레스테롤혈증(남자 < 40mg/dL, 여자 < 50mg/dL)
- 당뇨병
- 고혈압

표 10-1 주요 심혈관계 질환

질 환	증 상
동맥경화증(atherosclerosis)	동맥이 지방이 축적되고 경화되어 나타남
관상심장질환(coronary heart disease)	심장근육에 혈액공급이 제대로 되지 않아 일어남
뇌졸중(stroke)	뇌에 혈액공급이 제대로 되지 않아 뇌세포가 괴사되어 일어남
고혈압(hypertension)	혈압이 정상 범위보다 높을 때 일어남
부정맥(cardiac arrhythmias)	심박동이 불규칙 또는 비정상적일 때 일어남

양식의 서구화로 인한 고지방식 섭취의 증가, 스트레스 증가, 운동부족, 의료기술 발달에 의한 노령 인구의 증가 때문인 것으로 알려져 있다(표 10-1). 이 질병은 발생 후 심각한 신체적 · 사회적 후유증이 남아 국민보건에 악영향을 미치며, 국민의료비 지출 면에서도 큰 비중을 차지한다.

2. 심혈관계 질환에 관계된 영양소 및 식품

1) 심혈관계 질환에 영향 미치는 영양소

(1) 식이 지방

- **포화지방산** : 포화지방산은 육류와 유제품에 주로 존재하는 지방산으로서 혈중 콜레스테롤 수준을 높인다. 또한 트랜스지방산은 심혈관계 질환의 위험을 증가시킨다.
- **불포화지방산** : 식사 중의 포화지방산을 불포화지방산으로 대체시키는 것만으로도 심혈관계 질환의 위험을 감소시킬 수 있다. 특히 어유뿐만 아니라 콩기름, 해바라기씨유 등의 식물성 지방은 심혈관계 질환의 위험 감소에 도움이 된다.
- **어유** : 적당량의 어유섭취는 실혈관계 질환 발생과 이로 인한 사망률을 낮추는 효과가 있다.

콜레스테롤 : 콜레스테롤은 세포막의 필수 구성성분이고 일부 호르몬의 구성성분이기도 하다. 콜레스테롤은 유제품, 육류, 난류 등을 통해 섭취할 수 있고, 간에서도 합성된다. 혈중 LDL-콜레스테롤 농도가 높아지면 동맥 벽에 축적되어 혈행을 감소시키고 이것 때문에 심혈관계 질환이 발생할 수 있다. 사실, 콜레스테롤은 식사를 통해 섭취하는 양보다 훨씬 더 많은 양이 간에서 합성되기 때문에 식사 중의 콜레스테롤 함유량이 얼마나 심혈관계 질환에 영향을 미치는 지는 불분명하지만, 과도한 섭취를 피하는 것이 좋다.

(2) 식이섬유소

식이섬유소는 혈중 콜레스테롤과 LDL-콜레스테롤 수준을 낮추는 중요한 인자이다. 식이섬유가 풍부한 과일, 채소, 전곡류 등을 충분히 섭취함으로써 심혈관계 질환을 낮출 수 있다.

(3) 엽 산

엽산을 충분히 섭취함으로써 심혈관계 질환의 위험을 낮출 수 있다.

(4) 플라보노이드

플라보노이드(flavonoid)는 차, 양파, 사과 등의 식품에 존재하는 성분으로서 심혈관계 질환을 낮추는 효과가 있다.

(5) 항산화 비타민

비타민 C · E 또는 β-카로틴 등의 항산화 비타민이 심혈관계 질환의 위험을 낮추는지에 대한 충분한 증거는 없다. 다만, 이 중 비타민 E가 심혈관계 질환 예방에 가장 효과가 있는 것으로 본다.

(6) 식 염

식염(나트륨)은 고혈압과 관계있으며, 이것은 뇌졸중 및 관상심장질환과 같은 심혈관계 질환의 주요 위험인자이다.

(7) 칼슘 · 칼륨 · 마그네슘

칼슘, 칼륨, 마그네슘을 충분히 섭취함으로써 혈압을 낮추고 심혈관계 질환의 위험을 낮출 수 있다는 보고들이 있다.

2) 심혈관계 질환에 권장되는 식품들

- **과일과 채소** : 과일과 채소의 섭취는 건강에 두루 도움이 된다. 특히 심혈관계 질환 중 관상심장질환, 뇌졸중, 고혈압 예방효과가 있다.
- **어류** : 생선섭취는 심혈관계 질환의 위험을 낮춘다. 심혈관계 질환 고위험군에 해당하는 사람이 하루 40~60g의 생선을 섭취하면 심혈관계 질환으로 인한 사망률을 50%나 감소시킬 수 있다는 연구결과도 있다.
- **견과류** : 견과류는 불포화지방산 함량은 높고 포화지방산 함량은 낮아서 콜레스테롤 수준을 낮추는 데 도움이 된다.
- **콩류** : 콩 및 콩제품은 이소플라본(isoflavone) 함량이 높아 심혈관계 질환을 예방할 수 있다.
- **알코올** : 알코올은 심혈관계 질환의 위험을 높일 수 있는 동시에 예방할 수 있는 양면성을 가지고 있다. 하루 한 잔 정도의 적은 양의 알코올섭취는 관상심장질환 위험을 낮추는 효과가 있으나, 알코올섭취 자체가 다른 심혈관계 질환 위험을 높이고 건강문제를 야기할 수 있으므로 가능한 섭취를 제한하는 것이 좋다.
- **커피** : 커피콩에는 카페스톨(cafestol)이라는 물질이 함유되어 있는데, 이것은 혈중 콜레스테롤 수준을 높이고 심혈관계 질환의 위험을 증가시킬 수 있다. 카페스톨의 함량은 커피 제조방법에 따라 다른데, 필터로 거른 커피의 경우에는 거의 없고, 필터로 거르지 않은 커피의 경우에는 높다.

3. 심혈관계 질환의 종류 및 영양관리

1) 관상동맥질환

심장에는 심장 자신의 세포에 산소와 양분을 공급하기 위해 관상동맥이라는 혈관이 존재한다(그림 10-1). 심장질환 가운데 중요한 부분을 차지하는 관상동맥질환은 대체로 동맥경화에 의해 심장에 혈액을 공급하는 관상동맥이 막히거나 공간이 좁아져서 발생하며 심근경색과 협심증이 이에 해당된다.

관상동맥질환 발생의 4대 위험요인에는 고혈압, 당뇨, 흡연 그리고 고콜레스테롤혈증(고지혈증)이 있으며 기타 위험요인에는 비만, 운동부족, 스트레스, 여성의 폐경 그리고 유전적 요인 등이 있다. 이러한 위험요인을 복합적으로 동반할 경우 질병발생의 위험도 동시에 증가한다.

(1) 관상동맥질환의 종류

① 심근경색증(Myocardial infarction)

- **원인** : 심장 표면의 관상동맥이 막혀 내경이 50% 이상 좁아지게 되면 혈액의 공급

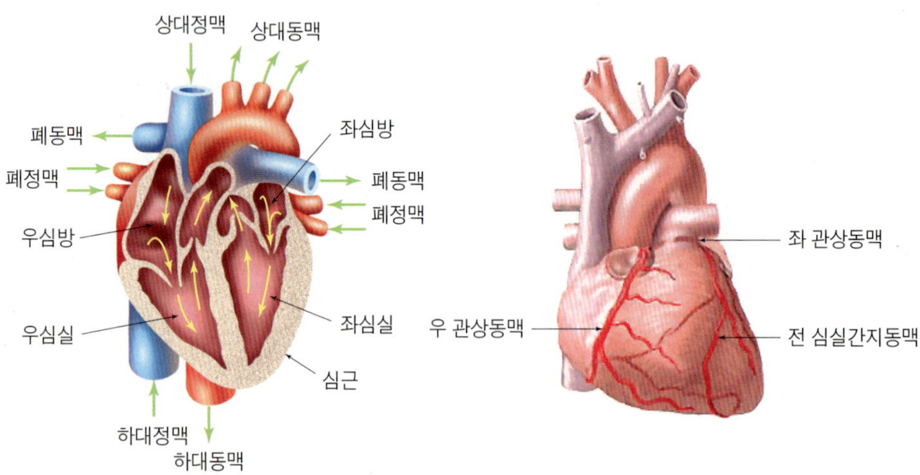

그림 10-1 심장의 구조 및 관상동맥

이 중단됨으로써 공급이 중단된 부분의 심근이 괴사되는 질병이다.

- **증상** : 심근경색의 일반적 자각증상은 흉통이다. 안정 시에는 자각증상이 별로 없으나 활동, 운동, 스트레스 등 심근의 산소 요구량이 증가되는 상황에서 심근에 산소가 충분히 공급되지 않게 되고 그 결과 흉통이 발생하고 대부분 안정을 취하면 5~10분 후 증상이 없어진다. 반면 급성으로 관상동맥이 좁아지게 되면 불안정형 협심증 및 심근경색증이 발생하게 되는데, 이 경우 일반 보행 시나 계단 1층을 천천히 걸어 올라갈 때, 또는 안정 시에도 흉통이 발생한다. 심근경색의 동통은 갑작스럽게 앞가슴, 특히 양쪽 유방의 중간 부위를 중심으로 금방이라도 죽을 것 같은 공포감이나 불안감을 동반한 강한 동통이 시작되어 보통 수십 분에서 수시간 동안 동통이 계속된다. 심장마비는 심근경색의 주요 증세 중의 하나로서 혈압이 떨어지고, 얼굴이 창백해지며 손발이 차가워지면서 갑자기 쓰러져 사망하기도 한다.

② 협심증(Angina pectoris)

- **원인** : 협심증은 관상동맥혈관의 내강이 전체의 25% 이하로 감소되어 심장 근육이 필요로 하는 산소를 공급받지 못하는 허혈상태일 때 일어난다. 대체로 동맥경화로 인한 관상동맥의 폐쇄에 의해 발생한다.
- **증상** : 중앙부위에 심한 흉통과 호흡곤란이 나타난다. 과식, 운동, 흥분 시 발작하여 흉통이 2~5분 정도 지속되다가 안정하면 사라진다. 변형 협심증의 경우 안정 시에도 흉통이 더 오래 불규칙적으로 자주 일어날 수도 있다. 발한, 메스꺼움, 현기증, 목이나 턱 또는 귀의 통증 및 무감각이 나타나기도 한다.

(2) 관상동맥질환 예방을 위한 지침

① 일반 생활지침

- 발작의 원인이 되는 행동을 피한다.
- 적절한 약물요법을 한다.
- 금연한다.
- 규칙적으로 운동한다.

② 영양관리

- 과체중인 경우 열량제한식을 하여 체중을 감량한다.
- 식사관리 중 가장 중요한 것은 콜레스테롤, 포화지방산, 그리고 염분의 섭취를 제한하는 것이다. 기본적으로 죽상경화증의 식이요법과 같다.
- 과식도 발작의 원인이므로 소량씩 자주 섭취한다.
- 카페인섭취를 제한한다.

2) 동맥경화

동맥경화증(Atherosclerosis)은 동맥 내벽의 손상으로 인해 동맥의 내막에 콜레스테롤 등 지방질이 침착하여 동맥의 벽이 두터워지고 딱딱해지는 병변을 표현하는 말로 동맥에 생긴 죽상경화증이다. 점차 동맥 내부가 폐쇄되거나 파열되어 뇌졸중, 협심증, 심근경색증 등과 각종 말초 혈관질환들이 발생하게 된다(그림 10-2).

(1) 원인 및 증상

- **원인** : 동맥경화는 혈관벽에 염증세포, 노폐물, 콜레스테롤 등이 침착하여 죽상동맥 경화반을 형성하여 생긴다. 죽상동맥경화반은 심혈관계 질환의 위험요인이 있

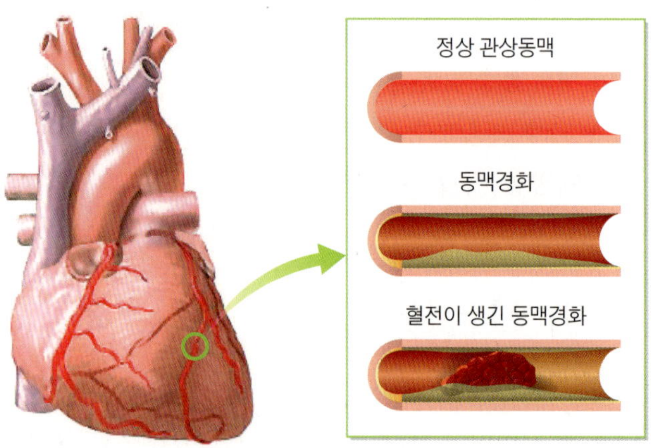

그림 10-2 동맥경화

표 10-2 동맥경화증의 위험요인

구 분	내 용
조절할 수 없는 위험요인	• 나이 : 나이가 증가할수록 위험 증가
	• 성별 : 45세 이상의 남성, 55세 이상이거나 조기 폐경 된 여성
	• 유전적인 요인 : 아버지나 부계 형제가 55세 이전에, 어머니나 모계 형제가 65세 이전에 심혈관계 질환으로 사망한 가족력이 있는 사람
조절할 수 있는 위험요인	• 식습관 : 고콜레스테롤식, 고포화지방식, 설탕 및 소금의 과다섭취
	• 생활양식 : 신체활동이 적은 경우
	• 감정적인 스트레스 : 급하고, 도전적이며 쉽게 분노하는 성격
	• 흡 연
	• 당뇨병
	• 고혈압
	• 고지혈증
	• 비 만

는 경우(예 : 고혈압, 고지혈증, 당뇨병, 흡연, 비만, 심혈관질환 가족력, 고령)에 더 쉽게 생긴다(표 10-2).

- 증상 : 동맥경화증이 발생한 부위에 따라 증상이 다르다. 뇌동맥이나 경동맥에 발생한 경우 중풍이나 일과성 허혈발작으로 인한 실신 등으로 나타나며 심장혈관의 경우 협심증, 급성 심근경색증으로 나타난다. 또 대동맥이나 하지동맥에 발생한 경우 혈액순환이 되지 않아 조금만 걸어도 다리가 아프게 되고, 또 조직의 일부가 괴사되어 통증과 함께 피부가 변색되는 등의 증상이 나타난다.

(2) 동맥경화증의 예방 및 치료

위험인자를 제거하는 것이 동맥경화를 예방하는 지름길이다. 즉, 금연 및 약물과 식습관 변화를 통한 혈중 콜레스테롤 농도의 조절, 고혈압과 당뇨병의 치료 등과 함께 체중을 적당하게 유지하고 적절한 육체적 운동을 지속적으로 계속해 나가는 것이 동맥경화증의 예방에 도움이 된다.

동맥경화증과 같은 죽상경화증을 예방하기 위해서는 고지혈증 예방 및 치료가 무엇보다도 중요하다. 콜레스테롤은 하루 200mg 이하로 섭취해야 하는데 이를 위해 달걀은 1주일에 3~4개 이상 섭취하지 않으며, 육류의 지나친 섭취를 피하고 저지방 우유와 식물성 기름의 사용을 권장한다. 정상혈압을 유지하도록 싱겁게 먹고 금연·금주하며, 잡곡밥·채소·과일 등을 충분히 먹는다.

동맥경화증을 비롯한 심혈관계 질환의 예방을 위한 구체적인 영양관리지침과 권장 식품 및 주의식품을 각각 표 10-3과 표 10-4에 제시하였다.

표 10-3 심혈관계 질환 예방을 위한 영양관리지침

식이성분	식이 원칙
에너지	적정체중 유지
탄수화물	총 열량의 60~65%. 섬유소(특히 수용성)를 충분히 섭취
단백질	총 열량의 15~20% 내외
총 지방	총 열량의 15~20% 이하
포화지방산(S)	총 열량의 6% 미만
다중불포화지방산(P)	총 열량의 6% 내외
n-6/n-3 다중불포화지방산	4~10
단일불포화지방산(M)	총 열량의 10% 이하
P : M : S	1 : 1 : 1
콜레스테롤	• 100mg/1,000kcal(하루 200mg) 미만 • 육류 섭취 제한, 저지방 우유 및 식물성 기름섭취 권장
항산화 영양소	비타민 E
고호모시스테인혈증 예방요소	엽산, 코발라민, 피리독신
알코올	금주가 원칙
나트륨	섭취 감소 권장

표 10-4 심혈관계 질환 예방을 위한 권장식품과 주의식품

식품군	권장식품	주의식품
곡 류	전곡류, 잡곡밥, 국수, 떡, 식물성유를 사용한 빵류	볶음밥, 자장면, 스파게티, 파이, 고지방 크래커, 케이크
육류 · 어류 · 난류 · 콩류	저지방 어육류, 흰 살 생선, 두유, 난백	고지방의 어 · 육류, 베이컨, 내장류, 새우, 생선알, 오징어
채소 · 과일	신선한 채소 및 과일	튀김, 마요네즈, 버터 등을 이용한 채소류
우유 · 유제품	탈지유, 저지방 우유, 셔벗	전유, 크림, 치즈, 아이스크림
유지류 · 당류	불포화 식물성유, 옥수수유	초콜릿, 버터, 코코넛유, 팜유, 라아드
외식 음식	비빔밥, 한정식, 생선구이, 냉면, 초밥 등	꼬리곰탕, 갈비구이, 곱창구이, 전골, 추어탕, 보신탕, 중국요리 등

3) 고혈압

세계보건기구는 수축기 혈압이 140mmHg 이하, 이완기 혈압이 90mmHg 이하일 때 정상 혈압으로 정의하고 수축기 혈압이 160mmHg 이상, 이완기 혈압이 100mmHg 이상일 때 고혈압(hypertension)으로 정의한다. 우리나라는 고혈압성 질환이 매우 높아 이에 대한 경각심을 높이고자 고혈압 기준을 매우 강화시켜 놓았다. 대한고혈압학회의 고혈압 기준에 의하면 정상은 수축기혈압이 120mmHg 이하, 이완기 혈압이 80mmHg 이하일 때이며, 이보다 높은 경우 고혈압으로 분류하였다(표 10-5).

표 10-5 고혈압 기준

분 류	수축기 혈압(mmHg)	이완기 혈압(mmHg)
정 상	120 >	80 >
고혈압 전 단계	120~139	80~89
제1기 고혈압	140~159	90~99
제2기 고혈압	160 ≦	100 ≦

자료 : 대한고혈압학회.

알아보기

혈압 측정방법

- **혈압기의 종류** : 수은식, 전자식, 아네로이드(aneroid)형이 있으며, 이 중 수은혈압계를 이용하여 혈압을 측정하는 것이 가장 정확하다.
- **혈압 측정방법** : 혈압을 측정할 때는 측정 전 약 10분 이상 안정을 취한다. 주로 좌우 상완 동맥에서 혈압을 측정하여 수축기 혈압이 20mmHg 이상 차이가 나면 낮은 편의 혈관이 좁아진 것을 뜻한다.
- 혈압은 정상인에서도 하루에 여러 번 변화한다. 보통 아침보다 오후에, 여름보다는 겨울에 혈압이 높다. 한 번 측정한 혈압이 높을 때는 1주일 간격으로 2~3회 측정하여 고혈압으로 진단한다. 걱정이 있거나 스트레스, 운동, 과로, 수면부족 등이 있어도 혈압이 높아질 수 있으므로 혈압이 높을 때는 이러한 요인이 있는지 점검해야 한다.

① 원 인

본태성 고혈압 : 고혈압 환자의 약 92~94%는 본태성 고혈압으로서 혈압이 오르는 원인을 찾을 수 없다. 본태성 고혈압은 정확히 알려지진 않았으나 다음과 같은 것으로 보고 있다.

- 유전적 요인
- 환경적 요인(스트레스, 비만 등)

이차성 고혈압 : 고혈압의 원인이 되는 질환을 가지고 있어 혈압이 높아지는 경우로서 전체 고혈압 환자의 5~8% 정도에 해당한다. 고혈압의 원인이 되는 질환은 다음과 같다.

- 신장성 고혈압 : 신장의 체액배설기능 이상으로 체액이 증가한 경우, 신장의 세동맥 압력의 이상으로 신장에서 혈압을 높이는 물질이 증가된 경우
- 내분비성 고혈압 : 알도스테롤 분비 항진, 노르에피네프린(norepinephrine)과 에피네프린(epinephrine)의 증가
- 선단 비대증
- 경구용 피임약 복용

② 증 상

대부분의 환자는 혈압이 높아도 증상은 없으며, 일부의 환자는 피곤감, 두통, 현기증을 호소하기도 한다. 고혈압이 오래되어 장기에 손상을 주게 되면 그 장기의 이상으로 인한 합병증, 즉 심장질환, 협심증, 심근경색, 신부전, 뇌출혈 등이 나타날 수도 있다.

② 예 방

고혈압은 단기간에 완전히 치료되는 질환이 아니므로 생활습관의 교정 및 적절한 운동을 통하여 지속적으로 노력하여 합병증을 예방해야 한다.

- **운동요법** : 적절한 운동은 혈압 조절에 도움이 된다. 그러나 중증의 고혈압 환자는 운동치료의 대상이 아니다. 운동의 종류는 달리기, 수영, 사이클링 등과 같은 등장성 운동(isotonic exercise)이 힘을 주는 역도같은 운동보다 혈압강하의 효과가 크다. 또한 1주일에 3~4회, 1회에 30분 이상 그 환자의 운동 능력의 60% 이상에 해당하는 운동을 지속적으로 시행할 것을 권장한다.
- **식이요법** : 염분섭취를 제한하고, 칼슘이나 칼륨섭취는 증가시킬 것을 권장한다.
- 스트레스의 해소도 고혈압 예방에 큰 도움이 된다.

표 10-6 고혈압 예방 및 치료를 위한 영양관리지침

식이성분	식이 원칙
에너지	적정체중 유지
탄수화물	총 열량의 60~65%. 섬유소(특히 수용성)를 충분히 섭취
단백질	충분히(1~1.5g/kg BW)
지 방	고지혈증 식이지침과 동일
콜레스테롤	100mg/1,000kcal(하루 200mg) 미만 육류 섭취 제한, 저지방 우유 및 식물성 기름섭취 권장
칼륨 · 칼슘 · 마그네슘	매일 충분히 섭취
염 분	섭취 제한(< 6g/일)
알코올	금주가 원칙
흡 연	절대적으로 금연할 것

알아보기

고혈압을 반드시 치료해야 하는 이유

경도의 고혈압이 있어도 장기적으로 치료를 하지 않으면 혈압을 조절하지 않는 사람들에 비해 뇌졸중, 심부전증, 관상동맥질환, 만성 신부전증, 망막증 등의 합병증이 발생할 확률이 높아진다. 혈압약을 복용하게 되면 이러한 합병증들이 발생할 확률이 20~50% 감소하기 때문에 고혈압이 의심되는 상태에서는 생활습관의 조절(운동, 식이요법)과 함께 혈압약 복용을 고려해야 한다. 고혈압 약을 복용하는 주 목적은 뇌졸중, 심부전증, 관상동맥질환, 만성 신부전증, 망막증 등의 합병증을 예방하기 위한 것이다. 혈압 약은 한 번 복용하기 시작하면 평생 먹어야 하는데, 이는 약을 끊으면 다시 혈압이 올라가기 때문이다. 다만 생활습관 조절을 잘 하면 복용하는 약의 양을 최소화할 수 있다. 규칙적인 운동은 혈압조절에 효과적이고 특히 비만한 경우에는 체중조절이 혈압조절에 좋다. 적절한 식이요법의 병행도 중요한데, 염분섭취를 제한하고, 절주하며 과일과 채소, 저지방 유제품, 식이섬유를 많이 먹는 게 좋다. 특히 소금은 1일 6g 이하로 섭취하도록 하고 지방이 많은 음식, 단 간식이나 설탕 함유 식품의 섭취도 줄이도록 한다.

정상체중을 유지하고, 식사 중의 콜레스테롤과 포화지방산의 양을 감소시키며 금연하는 것 등은 심혈관계 질환의 영양관리지침과 같다. 표 10-6에는 고혈압 예방을 위한 영양관리지침에 대해 요약해 놓았다.

4) 부정맥

심장을 규칙적으로 수축하게 하는 전기자극의 발생이나 전기의 전도에 이상이 생기면 규칙적인 수축이 계속되지 않고 이상하게 빨라지거나(빈맥) 늦어지고(서맥), 불규칙하게(부정맥) 된다. 부정맥(arrhythmia)은 맥이 고르지 않은 것 외에도 규칙적으로 뛰더라도 박동에 이상이 있는 것까지 포함한다.

- **원인** : 정신적인 충격, 과로, 독성 물질의 섭취, 심장수술, 갑상선기능항진증, 술·담배·커피 등의 과용, 고혈압, 심장질환 등이 원인이다.
- **증상** : 발작성·상실성 빈맥증은 갑자기 가슴이 몹시 뛰기 때문에 불안감에 빠지고, 침이 많이 나오며 속이 메스꺼워져 구토증세를 보이기도 한다. 발작 도중이나 직후에 소변을 많이 보기도 한다. 심박출량이 적어지기 때문에 혈압이 떨어져 힘이

없고 얼굴이 창백해지며 식은땀을 많이 흘리고 심하면 쇼크상태에 빠질 수도 있다. 또한 뇌에 혈액순환이 잘 안 되어 어지러운 경우도 있고, 심부전증이 생기면 숨이 차고 기침을 하며, 혈담이 나올 수도 있다. 심실성 빈맥증은 발작성 상실성 빈맥증과 비슷하여 갑자기 가슴이 몹시 뛰고 맥박은 분당 150~250 정도에 이르며 숨이 차고 현기증, 실신, 경련 등의 증상을 보인다.

예방 : 예방적 치료방법으로는 정신적인 안정을 취하고 과로, 과음, 과식, 커피, 흡연 또는 갑작스러운 운동을 피한다.

4. 여성과 심혈관계 질환

1) 여성의 심혈관계 질환 발병율

2007년 사망원인통계에 의하면 심혈관질환은 우리나라 여성 사망원인 1위이다. 심근경색과 같은 심혈관질환은 '남성의 병'이라는 인식이 아직까지 높으나 실제로 이 병으로 인한 사망률은 여성이 남성보다 높다. 세계적으로 여성의 사망원인 1위도 역시 심혈관계 질환이다.

대한순환기학회가 주요 심혈관계 질환인 심근경색과 협심증 등으로 치료받은 환자 10만 2,000명을 분석한 결과 1995~2004년 사이에 남성 환자는 매년 14.7%씩 증가한 반면 여성 환자는 17%씩 증가했고, 사망률도 남성(2.81%)보다 여성(3.92%)이 더 높아 여성들의 심혈관질환 발병률은 지속적으로 증가하고 있으며 남성을 앞서고 있는 것으로 나타났다.

2) 여성이 심혈관계 질환 위험이 높은 이유

여성의 심혈관계 질환은 주로 폐경기에 발생한다. 실제로 심근경색과 협심증 등 심혈관계 질환으로 입원한 여성 93.2%가 폐경기 상태로 나타났다. 즉, 여성은 남성에 비해 심혈관계 질환 발병 시기가 10년 정도 늦다. 여성이 폐경을 하는 50대 이전에는 남성 환자가 훨씬 많지만 그 후부터는 여성 환자가 급증해 70대가 되면 남녀의 발병률이 비슷해진다. 과거에 비해 식습관이 서구화되면서 비만인구가 증가하고 혈중 콜레스테롤 수치가 높아지는 것 등이 남녀노소 모두 심장질환자 수가 증가한 주요 요인이다. 또한 여성의 경우 폐경 후 발병률이 급속도로 증가하는데, 전체적으로 평균 수명이 늘어나면서 폐경 후 여성 인구가 많아진 것도 심혈관계 질환자가 증가한 또 다른 이유일 수 있다.

이와 같이 여성 환자는 폐경을 맞이하면서 혈압이 상승하고 복부비만과 고지혈증, 급기야는 당뇨병까지 발생할 확률이 높아진다. 여성은 남성에 비해 약물 치료에도 부작용을 더 많이 겪게 되고 예민한 경향을 보이므로 치료에 어려움이 따르는 경우도 많다.

폐경 후 여성에서 심혈관계 질환이 특히 위험한 이유는 다음과 같다.

- 여성 호르몬인 에스트로겐이 감소함에 따라 심장질환에 대한 보호효과가 없어지기 때문이다.
- 여성에서 나타나는 심혈관계 질환의 증상으로 흉통 이외에도 답답함 · 불안함 · 숨참 · 소화불량 등 비전형적 증상을 호소하는 경우가 많아 갱년기 증상이나 불안증, 공황장애 또는 위장병 등으로 오인되어 조기 발견과 치료가 어렵기 때문이다.
- 여성들은 자신의 건강검진이나 치료에 대한 우선순위를 낮게 두기 때문에 심장병이 많이 진행된 이후에야 병원을 찾고 따라서 치유경과도 좋지 않은 점 때문이다.

3) 여성의 심혈관계 질환 예방을 위한 생활지침

여성의 심혈관질환에 대한 잘못된 인식을 바로 잡고, 보다 많은 관심과 노력을 기울여 심혈관질환이 생기지 않도록 예방에 힘써야 한다. 심혈관계 질환을 예방하기 위해 가장 중요한 것은 생활습관을 개선하는 것이다. 좋은 영양상태를 유지하고 정상체중을 유지하며 스트레스를 줄여야 한다. 또한 규칙적으로 운동하고 정기적인 건강검진을 받는 것 등은 심혈관계 질환 예방을 위한 필수적인 사항들이다. 정기적으로는 혈압, 혈당, 콜레스테롤 수치를 측정하며 고혈압, 당뇨, 고지혈증을 꾸준히 치료한다. 여성 흡연자는 반드시 담배를 끊고, 간접흡연을 피한다.

표 10-7에는 여성의 심혈관계 질환 예방을 위한 생활지침을 요약해 놓았다.

표 10-7 여성의 심혈관계 질환 예방을 위한 실천 권장사항

변 수	권장 사항
체 중	• 정상체중을 유지한다. • 허리둘레는 80cm, 허리둘레/엉덩이둘레 비는 0.8이 넘지 않도록 한다.
식생활	• 규칙적으로 식사한다. • 다양한 영양소를 골고루 섭취한다. 특히 채소와 과일을 충분히 섭취한다. • 동물성 지방은 되도록 적게 섭취한다. • 음식은 되도록 싱겁게 먹는다. • 과음하지 않으며 되도록 알코올섭취를 줄인다.
운 동	• 하루 30분 이상 운동한다.
검 진	• 폐경 후에는 매년 심장 검진을 받는다. • 흉통, 호흡곤란 등이 있을 땐 즉시 병원을 찾는다. • 혈압, 혈당, 혈중 콜레스테롤 농도 등이 정상인지 항상 주의한다.
약물 복용	• 필요할 경우 의사의 처방하에 심혈관계질환 예방을 위해 아스피린을 복용한다.
흡 연	• 반드시 금연한다.

알아보기

4년 전에 폐경을 경험한 50대 여성의 사례

김 모 여성은 4년 전 폐경을 전후하여 얼굴이 화끈 달아오르고 가슴이 자주 두근거리며 답답하고 숨도 몰아쉬는 등의 증상으로 병원을 찾게 되었다. 평소 건강에는 자신이 있었으나, 최근 아이들의 수험 준비와 남편의 실직으로 심한 스트레스를 받아 왔고, 폐경 후 체중이 4~5kg 증가하여 평소 입던 옷이 잘 맞지 않는 등 고민이 있던 터였다. 심혈관질환에 대해서는 전혀 생각을 못하던 중, 병원에서 심장동맥이 좁아지는 협심증 의심 소견이 나와 심장정밀검사를 받은 결과, 심장에 혈액을 공급하는 관상동맥이 동맥경화로 심하게 좁아져 있어 더 심해지면 심근경색으로 발전할 수도 있는 상태로 나타났다. 풍선확장술과 스텐트삽입술을 시술하여 좁아진 혈관을 치료한 후에 가슴 답답증과 호흡곤란 증세는 없어졌다. 가족의 건강과 행복을 위해서만 애써 오느라 막상 자신의 건강은 챙기지 못했던 김 모 여성은 규칙적인 운동과 체중 조절, 정기적인 건강 체크를 하며 현재는 건강하게 생활하고 있다.

5. 치매 예방을 위한 영양관리

1) 치매의 정의

치매란 후천적으로 기억력을 포함한 여러 지적 능력이 사회생활은 물론 일상생활에 지장을 초래할 정도로 지속적인 손상을 보이는 상태를 말한다. 다양한 원인에 의해 뇌신경이 파괴됨으로써 기억력 장애, 언어능력 장애, 변요실금, 편집증적 사고, 실어증과 같은 정신기능의 전반적인 장애가 나타나며, 진행되는 과정에서 우울증이나 인격장애, 공격성 등의 정신의학적 증세가 동반되기도 한다.

2) 치매의 종류

치매는 하나의 질병을 의미하는 것이 아니라 인지능력의 감소와 관련된 여러 증상이 함께 나타나는 증후군으로 볼 수 있다. 치매를 일으키는 원인 질환은 퇴행성 장애(알츠하이머 · 파킨슨병 · 헌팅톤병), 뇌혈관장애(혈관성 치매), 대사장애(윌슨병 · 저혈당), 감염(크로이츠펠트-야콥병 · 후천성 면역결핍증 · 뇌염), 결핍성 장애(비타민 결핍), 중독성 장애(알코올 중독 · 중금속 중독 · 일산화탄소 중독), 외상(뇌손상) 등으로 분류할 수 있는데, 일반적으로 알츠하이머병과 혈관성 치매가 전체 치매의 각각 50~60%와 20~30%로 대부분을 차지한다.

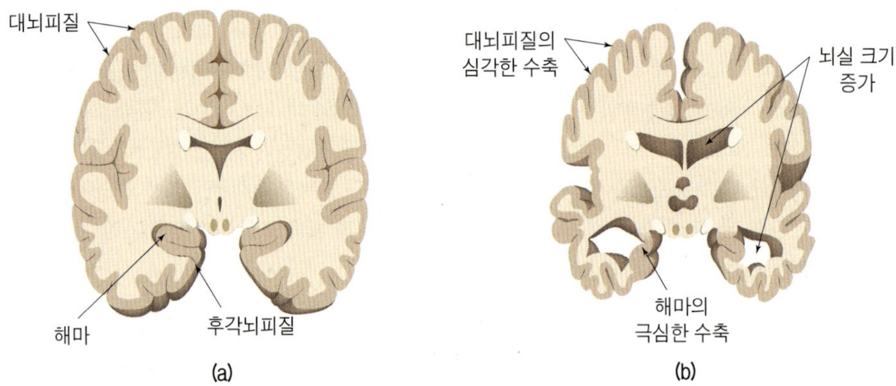

그림 10-3 정상인의 뇌(a)와 알츠하이머병에 걸린 사람의 뇌(b)

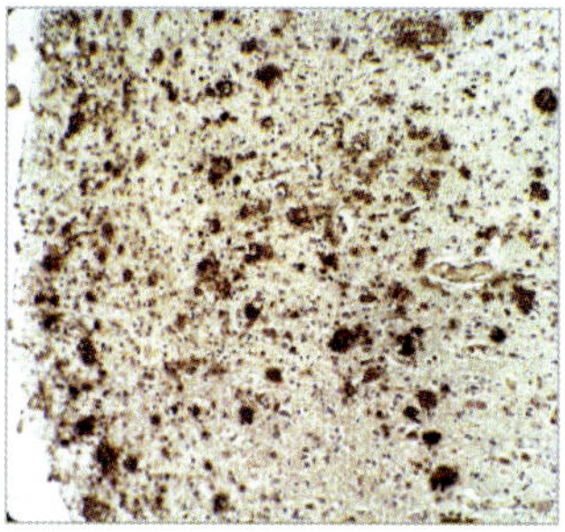

(a)

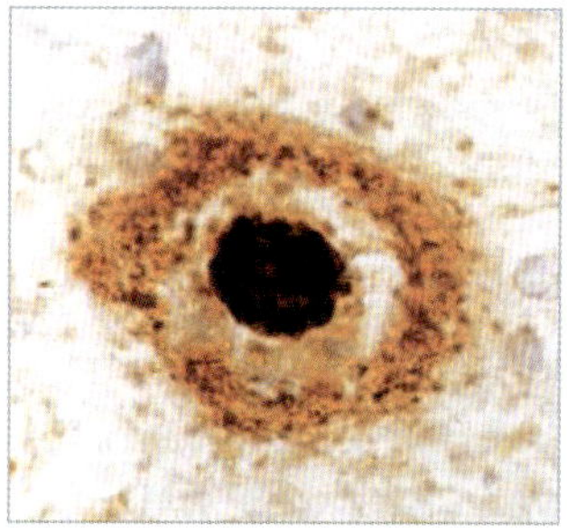

(b)

그림 10-4 β-아밀로이드 축적 모습(a)과 아밀로이드 플라그(b)

① 알츠하이머병

보통 65세 이상 노인의 약 5~10%, 70세 이상 노인의 약 15%, 85세 이상 노인의 약 40% 정도가 치매이며 이 중 절 반 이상이 알츠하이머병 환자이다(그림 10-3). 알츠하이머병은 β-아밀로이드라는 비정상적인 단백질이 만들어져서 이 단백질이 뇌세포를 파괴하여 생기는 것으로 알려져 있다. 알츠하이머병 환자의 뇌 속에는 β-아밀로이드가 응결되어 있는 것을 볼 수 있는데, 이것을 노인반(senile plaque)이라고 한다(그림 10-4). 이것은 주로 뇌의 측두엽과 두정엽에 쌓이는데, 이 부위는 주로 기억과 학습에 관여함으로써 기억, 언어 등의 인지 능력에 손상이 일어나 치매증상을 보이게 된다.

② 혈관성 치매

혈관성 치매란 뇌혈관질환에 의해 발생하는 치매를 말한다. 즉, 뇌출혈이나 뇌경색 등에 의한 뇌조직 손상으로 뇌기능 저하가 동반된다.

3) 치매의 위험요인

치매는 노화, 유전, 기타 여러 환경적 요인이 원인이 될 수 있으며, 아직 정확한 발병원인과 치료법은 규명되지 않았다. 표 10-8에는 치매의 위험요인을 요약해 놓았다. 치매의 원인은 다양하지만 가장 큰 원인은 노화에 의한 뇌세포의 소실이며, 그 외 고혈압, 당뇨, 고지혈증, 흡연 등의 혈관에 문제를 일으키는 질병들, 뇌세포가 살기 힘든 환경(폭음 · 비타민 부족 · 갑상선기능 저하 · 뇌손상 · 뇌염)이 원인이다.

표 10-8 치매 위험요인

주요 위험요인	기타 위험요인
나이 유전/가족병력 흡연 및 음주 동맥경화 고콜레스테롤혈증 고호모시스테인혈증 당뇨병 다운증후군	약물 남용 대사적 문제 및 내분비계 비정상 저혈당, 악성 빈혈 영양결핍 비타민 결핍 만성 알코올중독 탈 수 감 염 경막하출혈 공 해 뇌종양 천식, 심근경색 간부전, 신부전, 갑상선질환 산소 부족 고칼슘혈증 경 련

- **노화** : 나이 증가 자체가 치매의 위험요인이다.
- **유전** : 치매 가족력이 있는 경우 발병 위험이 현저히 증가한다. 따라서 가족력이 있는 사람은 조기 발견을 위한 예방 차원의 검진이 적극 권장된다.
- **뇌혈관질환** : 뇌혈관질환은 치매의 직접적인 원인이 될 수 있다. 뇌혈관질환이 있는 사람은 일반인보다 이른 나이에 더 심한 치매증상을 나타낼 수 있고, 치매증상이 있는 사람이 뇌혈관질환을 앓게 되는 경우 치매증상이 더 악화될 수 있다.
- **고혈압** : 고혈압은 혈관질환의 주요 원인이므로 치매 발생과도 밀접한 관계가 있다. 특히 혈관성 치매는 뇌혈관에 원활한 혈액공급이 되지 않아 뇌신경 조직이 손상되고 이것이 인지기능 장애를 초래한 결과로 생기며, 알츠하이머병도 고혈압환자에게서 더 발생빈도가 높다.
- **우울증** : 우울증은 치매 발생의 위험요인이다.
- **영양불량** : 저혈당, 악성 빈혈, 비타민 결핍, 만성 알코올중독, 탈수 등도 치매의 원

인이 될 수 있다. 영양결핍이나 대사성 장애 등으로 인한 치매는 완치가 가능하다.

- **성별** : 여성이 남성에 비해 알츠하이머병 환자가 더 많다고 알려져 있다.
- **기타** : 두뇌활동을 많이 하지 않는 생활습관, 연탄가스중독 등 과거의 뇌손상 경험 등이 원인이 된다.

4) 치매의 증상

- **기억력 감퇴** : 정상노인의 기억력 감퇴는 뇌의 자연적인 노화현상으로서 경험한 것의 일부를 잊어버리고 일상생활에 지장이 없지만, 치매노인의 기억장애는 뇌의 질병이나 손상이 원인으로서 경험한 것의 전부를 잊어버리고 점점 판단력도 저하되며, 자신이 기억을 잊어버린 사실도 모르게 되면서 일상생활에 지장을 초래한다.
- **시간, 장소, 방향 감각 상실** : 날짜, 계절, 시간 등을 혼동하거나 잘 알지 못하고 공간 지각력과 방향감각의 둔화로 집안에서도 화장실과 자기 방을 구분하지 못하며, 외출 시 길을 잃는 일이 생기게 된다.
- **실행증** : 과거에 잘하던 운동이나 몸짓을 잘 못하게 되고 머리 빗기, 양말신기, 손 흔들기, 연필잡기 등의 사소한 동작을 하지 못하게 된다.
- **실어증** : 사물의 이름을 단어로 표현하지 못하게 되고, 심해지면 간단한 의사표현도 불가능해지며 실어증처럼 되거나 알 수 없는 소리만 내기도 한다.
- **인지능력의 저하** : 사물의 용도를 알지 못하게 되고 가족들도 알아보지 못하며 나중에는 자기 자신의 모습도 인지하지 못하게 된다.
- **일상적인 활동장애** : 장보기, 음식 만들기, 가전제품 조작 등을 제대로 못하고 집 밖에서는 물론 집 안에서도 혼자 할 수 있는 일이 거의 없게 되며, 나중에는 식사, 세면, 대소변 가리기 등도 불가능해진다. 또한 밤새 서성거리기, 쓰레기 모아 감춰두기, 흙이나 비누 먹기 등 비정상적인 행동을 하기도 한다.
- **성격 변화** : 치매환자는 갑자기 화를 내고 난폭해지기도 하고 의심과 환각 증상을 보이기도 한다. 또한 치매환자의 절 반 정도가 우울증이나 불안증을 나타낸다.

5) 치매를 예방하는 방법

치매 예방을 위해서는 규칙적이고 건강한 생활을 하는 것이 좋다. 치매의 원인이 되는 질병을 잘 관리하고, 영양상태를 좋게 유지하며, 과음과 흡연을 피하고, 규칙적으로 운동하는 것만으로도 상당부분의 치매를 예방할 수 있다. 치매 예방을 위한 실천사항은 다음과 같다.

- 정상 체중 유지하기
- 정상 혈압 유지하기(고혈압 치료하기)
- 정상 혈당 유지하기
- 혈중 호모시스테인 농도 낮추기
- 혈중 콜레스테롤 농도 낮추기
- 규칙적으로 운동하기
- 교육 등 두뇌활동 계속하기(즐겁게 할 수 있는 취미활동 권장)
- 과음하지 않기
- 금연하기

6) 영양과 치매

(1) 오메가-3 지방산과 치매

뇌의 약 20%가 오메가-3와 오메가-6 지방산으로 구성되어 있고, PUFA는 신경세포막 인지질의 주요 구성성분이다. 오메가-3와 오메가-6 지방산은 세포막 조성을 변화시켜 세포막의 기능과 이동성에 영향 미칠 수 있다. 치매환자들은 혈중 오메가-3 지방산 농도가 낮으며, 고농도의 오메가-3 PUFA를 섭취하면 치매 발생 위험이 감소한다. 오메가-3 지방산 보충 시 레시틴 수준이 증가한다. 즉, 오메가-3 지방산이 신경세포막의 인지질합성과 생성에 있어 중요한 역할을 한다.

오메가-3계 지방산인 DHA는 신경세포막 안에 콜레스테롤이 과다하게 유입되는 것을 방지하여 아밀로이드 전구체 단백질(APP)이 아밀로이드로 되는 과정을 예방함으로써 인지기능을 향상시킬 수 있다.

(2) 인지질과 치매

인지질은 신경세포막의 뼈대 역할을 한다. 세포막에는 여러 종류의 인지질이 존재하는데, 지방산의 조성과 분자의 수용성(극성) 부위에 따라 달라지며, 레시틴이 가장 많다. DHA는 인지질의 주요 구성성분으로서 신경 전달, 시냅스에 가장 중요한 요인이다. 인지질의 합성은 콜린, 시티딘삼인산(CTP : Cytidine Triphosphate), 디아실글리세롤(diacylglycerol)에 의해 조절된다.

치매환자의 뇌에서는 인지질의 지방산 조성이 변화하고, DHA와 아라키돈산 수준이 감소하며, 인산과 시냅스 단백질 수준 및 콜린 수준이 감소한다.

(3) 콜레스테롤과 치매

뇌는 신체기관 중 콜레스테롤 함량이 가장 많은 조직으로, 체내 콜레스테롤의 25%가 뇌에 존재한다. 콜레스테롤은 신경세포막의 지방 사이에 농축되어 있으면서 신경전달에 관여한다. 뇌의 콜레스테롤 함량은 항상성이 잘 유지되는 편이나 혈중 콜레스테롤 농도에 완전히 독립적인 것은 아니다. 콜레스테롤과 PUFA를 과다섭취하면 신경세포막의 콜레스테롤 함량이 증가하게 되고 이것은 신경세포막의 이동성에 영향을 미치게 된다.

(4) 유리딘과 치매

유리딘(uridine) 보충 시 혈액과 뇌의 유리딘 농도가 증가한다. 유리딘은 콜린, 오메가-3 지방산(DHA) 등과 함께 새로운 신경세포막의 인지질 합성과 생성에 있어서 속도제한단계(rate-limiting step)에 관여한다.

(5) 콜린과 치매

치매환자는 뇌의 콜린 수준이 감소한다. 콜린섭취량은 아세틸콜린(일종의 신경전달물질) 합성에 관여한다. 중추신경계의 신경전달은 신경조성물질들 사이의 적절한 접속(connection)뿐만 아니라 신경전달물질의 적절한 공급과 분비에 의해 결정된다. 치매환자의 인지기능 손상에 앞서 전뇌의 콜린작동성 뉴런(cholinergic neuron)의 손실이 일어나는 것을 볼 수 있고, 콜린과 유리딘을 함께 보충해 주면 인지능력이 향상되는 것을 볼 수 있다.

(6) 비타민과 치매

고호모시스테인혈증을 방지하기 위해서는 비타민 보충이 필요하다. 또한 뇌혈관의 산화적 스트레스 방지를 위해 비타민 E 등의 항산화비타민 보충이 필요하다.

(7) 영양과잉과 치매

고열량 및 고포화지방산섭취와 비만은 치매 발생 위험을 증가시킨다. 고지방식이(오메가-6 계열 포화지방산)는 일반적으로 인지능력을 감소시키고 치매위험을 증가시킨다. 오메가-6/오메가-3 비율의 증가는 인슐린 민감성을 감소시키고, 제2형 당뇨 발생 및 치매 발생을 증가시킨다. 또한 고콜레스테롤섭취 시 아밀로이드 생성이 촉진되고, 콜레스테롤의 부족 시에도 아밀로이드 생성이 촉진된다.

(8) 알코올과 치매

알코올섭취도 치매의 위험요인이다. 쥐를 통한 실험결과에 따르면 알코올섭취 시 뇌의 산화적 손상이 유도된다. 알코올섭취가 심혈관과 인지기능 모두에 좋은 영향을 미친다는 보고도 있다(Goldberg 등, 2001). 그러나 알코올섭취와 치매와의 관계는 부정확하다. 적포도주 안의 플라보노이드 등의 항산화제는 치매에 긍정적 영향을 미칠 수 있을 것이나 알코올의 과잉섭취 시 비타민 B군의 결핍 등이 뇌에 악영향 미칠 가능성이 크므로 술을 먹지 않는 것이 바람직하다.

(9) 식이제한과 치매

열량제한 시 APP가 아밀로이드로 전환되는 과정이 저해되어 아밀로이드 축적이 감소하여 치매를 예방할 수 있다.

(10) 식이패턴과 치매

북미스타일 식사는 지방은 많고 채소, 과일, 전곡류 및 생선섭취는 적은 식사로서 치매 위험을 높이는 반면, 지중해식 식사는 채소, 과일, 곡류 및 불포화지방산섭취가 많아 취매 위험을 낮춘다. 한국인 식사도 지중해식 식사에 비해 올리브유섭취가 적을 뿐 칼로리가 적고 불포화지방산섭취는 충분하며 채소 및 과일섭취가 많은 건강식이라고 할 수 있다.

알아보기

치매 예방을 위한 영양관리

- 오메가-3 지방산이 풍부한 식품을 섭취한다(생선, 견과류, 호박씨 등).
- 인지질을 충분히 섭취한다(달걀, 정제된 레시틴).
- 혈당지수가 낮은 탄수화물 식품을 섭취한다.
- 비타민, 무기질, 항산화 영양소를 충분히 섭취한다(채소, 과일).
- 트랜스지방산, 단순당, 과도한 카페인과 알코올섭취를 피한다.

7) 치매환자의 영양관리

(1) 치매환자의 식습관의 특징

- **초기 치매환자** : 식품을 다양하게 섭취하지 않고, 먹는 것을 잊어버리거나 이미 먹었는데도 또 먹으려 하며, 마시는 것을 잊어버리거나 일부러 물을 마시지 않는다. 또한 과도하게 카페인음료나 술을 섭취하며, 상한 음식과 더러운 그릇을 인지하지 못하고, 불에 올려 놓은 음식을 잊거나 충분히 가열하지 않은 채 먹는 일도 흔하다.
- **중기 치매환자** : 왜 먹어야 하는지 전혀 인지하지 못하며 한 접시에 여러 가지 음식이 있으면 혼란스러워한다. 또한 배고픔을 잘 표현하지 못하고, 음식을 감추거나 오래 보관했다가 상한 것을 먹기도 한다.
- **말기 치매환자** : 음식을 인지하지 못하고, 그것을 가지고 놀기도 한다. 또한 어떻게 씹거나 삼키는지 조차 잊어버려 삼키는 기능이 잘 안 된다.

(2) 치매환자의 영양관리

① 치매환자의 영양관리 목표

- **초기 치매환자** : 식품구입 및 보관, 조리와 식사까지 가능하면 혼자 해결할 수 있는 시간을 연장시킬 수 있도록 도와주어야 한다. 오래 보관할 수 있고 쉽게 먹을 수 있는 양질의 영양가 있는 식품을 고를 수 있도록 도와주고, 잘 상하지 않는 간식, 주스, 물 등을 눈에 잘 띄는 곳에 두어 수시로 먹을 수 있게 해 주며, 복합 비타민영양제를 비롯하여 영양제 복용을 권장한다. 또 냉장고와 식품창고를 체크하여 상한 음

알아보기

치매환자의 음식섭취에 도움이 되는 방법

- 손가락으로 집어 먹을 수 있는 음식을 제공한다.
- 주기적으로 다양한 음료를 제공한다.
- 영양가도 있으면서 단 음식 또는 대체 감미료를 사용한 음식을 제공한다.
- 식욕을 돋울 향신료 및 색깔의 음식을 사용한다.
- 한 번에 한 가지씩 음식을 준다.
- 먹는 장소, 식탁, 테이블보, 식기류를 단순화한다.
- TV를 시청하면서 먹는 것을 피한다.
- 평소 좋아하는 음식을 준다.

식과 유효기간이 지난 음식은 버려준다. 집에 음식을 배달해 주거나 식사준비 도우미를 활용하고, 체중과 입고 있는 옷의 크기 변화 등을 모니터링하여 환자의 상태를 수시로 살펴야 한다.

중기 치매환자 : 필요한 식사량과 보충제의 양을 판정하고 구강위생과 치아 건강을 좋게 유지하며, 음식섭취를 도와줄 여러 방안들을 시도한다. 정기적으로 음식창고와 냉장고를 살펴 오래된 음식은 버려 주고 음식처럼 보일 비식품을 치운다. 또 체중 등으로 식품과 수분섭취를 모니터링한다.

말기 치매환자 : 전문적인 영양상태 판정이 필요하다. 구강청결과 치아 상태 유지로 박테리아 번식을 방지하고, 경관급식을 해야 할지 영양 지원을 끊어야 할지를 가족 및 의료진과 함께 결정한다. 또한 매 끼니 식사를 도와줄 자원봉사자, 가족 및 의료관계자에게 먹이는 방법을 교육한다.

② 치매환자의 식사가 어려운 이유

치매환자는 입안의 염증, 잘 안 맞는 의치, 잇몸질환, 구강건조증 등의 신체적인 문제와 식욕을 감소시키는 여러 질병들, 즉 소화기계 질환, 심장질환, 당뇨병, 변비, 우울증 때문에 제대로 식사를 하기 어렵다. 또한 극도로 흥분하거나 산만하여 조용하고 쾌적한 식사가 어렵다.

③ 치매환자의 식사 도와주기

쾌적한 식사를 위한 환경 제공하기

- 우선 조용한 환경에서 식사를 제공하는 것이 필요하다.
- 텔레비전이나 다른 산만한 요소들을 제거한다.
- 식탁 위는 가능한 단순하게 세팅한다.
- 대조색의 식탁보와 그릇 등을 이용해 식탁이 눈에 잘 띄도록 한다.

혼자서 먹을 수 있도록 격려하기

- 치매환자가 혼자서 먹을 수 있도록 손으로 집어 먹을 수 있는 음식(finger food)을 제공한다.
- 납작한 접시보다는 커다란 대접에 음식을 담아준다.
- 젓가락보다 숟가락으로 먹을 수 있는 음식을 제공한다.
- 식탁보 또는 매트를 사용하여 미끄럽지 않게 그릇을 놓아준다.
- 깨지지 않는 그릇을 사용한다.
- 컵이나 그릇에는 음식을 반 정도만 담아 주고, 빨대를 사용하도록 해준다.
- 한 번에 한 가지 음식을 제공한다.
- 식사시간을 충분히 준다.
- 환자가 가능한 오래 다른 사람들 또는 가족들과 함께 식사할 수 있는 기회를 주도록 한다.

식사 시 사고를 최소화하기 위한 방법

- 기도로 넘어가기 쉬운 식품은 피하고, 항상 질식 사고에 대비한다. 또한 질식사고 시 응급처리 요령을 숙지한다.
- 식품을 갈거나 한 입 크기로 썰어서 조리한다.
- 죽, 스크램블 에그 등 연식을 제공한다.
- 음식 온도를 체크하여 데지 않도록 주의한다.
- 머리가 앞쪽으로 쏠리도록 가능한 똑바로 앉도록 해준다. 환자의 고개가 뒤로 젖혀지면 다시 앞으로 향하도록 바로 잡아 준다.
- 비타민 등의 영양제 보충은 의사의 처방을 따르고, 보충제 사용 시 모니터링은 필수이다.
- 환자가 식욕이 없는 경우, 식욕을 돋우기 위해 환자가 좋아하는 음식을 준비해 주거

나 신체활동량을 늘리고, 식사 제공횟수를 증가시킨다.

- 식사 후에는 환자의 입안에 음식물이 남아 있지 않은 지 확인한다. 환자의 구강위생 상태가 좋게 유지해 준다. 칫솔 사용이 어렵다면 면봉으로 닦아내 주고, 주기적으로 치과 검진을 받도록 한다.
- 식사를 하고도 그걸 잊고 계속 밥을 달라고 하는 치매환자에게는 한 끼를 여러 번에 나누어 제공하는 것도 한 방법이다. 예를 들어 아침 식사에 줄 여러 종류의 음식을 환자가 식사를 달라고 보챌 때마다 한 가지씩 제공한다.

④ 치매환자를 위한 음식 준비

연하곤란이 있는 치매환자에게는 사래 들리지 않도록 음식의 점도를 조절하여 식사를 제공해야 한다. 밥은 식사 적응도에 따라 곱게, 살짝 또는 갈지 않은 죽 상태로 제공한다. 반찬은 갈아서 걸쭉하고 부드러운 상태로 제공한다. 국물음식은 기도로 넘어가기 쉬우므로 제한하며 묽은 액체 대신 걸쭉한 액체를 제공한다. 표 10-9에는 말기 치매환자를 위한 식단의 예를 제시하였다.

표 10-9 말기 치매환자를 위한 식단의 예

끼 니	식 단
아 침	흰 죽 1공기(갈아서) 두부조림 1/2모(갈아서) 호박나물(갈아서) 사과 1/2개(갈아서) 참기름, 간장
점 심	흰 죽 1공기(갈아서) 계란찜 1개(갈아서) 가지나물(갈아서) 복숭아 1/2개(갈아서) 플레인 요구르트 1개 참기름, 간장
저 녁	흰 죽 1공기(갈아서) 불고기 8쪽(갈아서) 무나물(갈아서) 바나나 1/2개(갈아서) 플레인 요구르트 1개

Reference

참고문헌

김선효 외(2007). 체중관리를 위한 영양과 운동. 파워북.

김화영 외(2006). 영양 그리고 건강. 교문사.

김화영 외(2005). 임상영양학. 신광출판사.

Calder PC, Yaqoob P(2009). Understanding omega-3 polyunsaturated fatty acids. Postgrad Med. 121(6), 148–157.

Dauchet L, Amouyel P, Dallongeville J, Medscape(2009). Fruits, vegetables and coronary heart disease. Nat Rev Cardiol. 6(9), 599–608.

Getz GS, Reardon CA(2007). Nutrition and cardiovascular disease. Arterioscler Thromb Vasc Biol. 27(12), 2499–2506.

Goldberg IJ, Mosca L, Piano MR, Fisher EA(2001). Nutrition Committee, Council on Epidemiology and Prevention, and Council on Cardiovascular Nursing of the American Heart Association. AHA Science Advisory: Wine and your heart: a science advisory for healthcare professionals from the Nutrition Committee, Council on Epidemiology and Prevention, and Council on Cardiovascular Nursing of the American Heart Association. Circulation. 23;103(3), 472–475.

Hu FB(2009). Diet and lifestyle influences on risk of coronary heart disease. Curr Atheroscler Rep. 11(4), 257–263.

Kris-Etherton PM, Grieger JA, Hilpert KF, West SG(2009). Milk products, dietary patterns and blood pressure management. J Am Coll Nutr. 28 Suppl 1, 103S–119S.

Mobbs et al(eds): Mechanisms of dietary restriction in aging & disease. Interdiscipl Top Gerontol. Basel, Karger, vol 35, 159–175.

Payne-Emerson H, Lennie TA(2008). Nutritional considerations in heart failure. Nurs Clin North Am. 43(1), 117–132.

Qiu C, De Ronchi D, Fratiglioni L(2007). The epidemiology of the dementias: an update. Curr Opin Psychiatry. 20(4), 380–385.

Retelny VS, Neuendorf A, Roth JL(2008). Nutrition protocols for the prevention of cardiovascular disease. Nutr Clin Pract. 23(5), 468–476.

Symonds ME, Sebert SP, Hyatt MA, Budge H(2009). Nutritional programming of the metabolic syndrome. Nat Rev Endocrinol. 11, 604–610.

부록

다량영양소

성별	연령	에너지 (kcal/일)				탄수화물 (g/일)				지질 (g/일)				n-6 불포화지방산 (g/일)			
		필요추정량	권장섭취량	충분섭취량	상한섭취량	평균필요량	권장섭취량	충분섭취량	상한섭취량	평균필요량	권장섭취량	충분섭취량	상한섭취량	평균필요량	권장섭취량	충분섭취량	상한섭취량
영아	0~5(개월)	550						55				25				2.0	
	6~11	700						90				25				4.5	
유아	1~2(세)	1,000															
	3~5	1,400															
남자	6~8(세)	1,600															
	9~11	1,900															
	12~14	2,400															
	15~18	2,700															
	19~29	2,600															
	30~49	2,400															
	50~64	2,200															
	65~74	2,000															
	75 이상	2,000															
여자	6~8(세)	1,500															
	9~11	1,700															
	12~14	2,000															
	15~18	2,000															
	19~29	2,100															
	30~49	1,900															
	50~64	1,800															
	65~74	1,600															
	75 이상	1,600															
임신부	초 기	+0															
	중 기	+340														9	
	말 기	+450[1)]															
수유부		+320														10	

주 : 1) 임신 3분기별 영양섭취기준

(계속)

성별	연령	n-3 불포화지방산 (g/일)				단백질 (g/일)				식이섬유 (g/일)				수 분 (mL/일)			
		평균 필요량	권장 섭취량	충분 섭취량	상한 섭취량	평균 필요량	권장 섭취량	충분 섭취량	상한 섭취량	평균 필요량	권장 섭취량	충분 섭취량	상한 섭취량	평균 필요량	권장 섭취량	충분 섭취량	상한 섭취량
영아	0~5(개월)			0.3				9.5								700	
	6~11			0.8		9.8	13.5									800	
유아	1~2(세)					12	15					10				1,100	
	3~5					15	20					15				1,400	
남자	6~8(세)					20	25					20				1,800	
	9~11					30	35					20				2,000	
	12~14					40	50					25				2,300	
	15~18					45	60					25				2,600	
	19~29					45	55					25				2,600	
	30~49					45	55					25				2,500	
	50~64					40	50					25				2,200	
	65~74					40	50					25				2,100	
	75 이상					40	50					25				2,100	
여자	6~8(세)					20	25					15				1,700	
	9~11					30	35					15				1,800	
	12~14					40	45					20				2,000	
	15~18					40	45					20				2,100	
	19~29					40	50					20				2,100	
	30~49					35	50					20				2,000	
	50~64					35	45					20				1,900	
	65~74					35	40					20				1,800	
	75 이상					35	40					20				1,800	
임신부	초 기					+0	+0										
	중 기			2.1		+12	+15					+5				+200	
	말 기					+25	+30										
수유부				+2.4		+20	+25					+5				+700	

지용성 비타민

성별	연령	비타민 A (㎍RE/일)				비타민 D (㎍/일)				비타민 E (mgα-TE/일)				비타민 K (㎍/일)			
		평균필요량	권장섭취량	충분섭취량	상한섭취량	필요추정량	권장섭취량	충분섭취량	상한섭취량	필요추정량	권장섭취량	충분섭취량	상한섭취량[1]	필요추정량	권장섭취량	충분섭취량	상한섭취량
영아	0~5(개월)			300	600			5	25			3				4	
	6~11			400	600			5	25			4				7	
유아	1~2(세)	200	300		600			5	60			5	100			25	
	3~5	230	300		700			5	60			6	140			30	
남자	6~8(세)	300	400		1,000			5	60			8	200			45	
	9~11	390	550		1,500			5	60			9	280			55	
	12~14	510	700		2,100			5	60			10	380			70	
	15~18	590	850		2,400			5	60			12	430			80	
	19~29	540	750		3,000			5	60			12	540			75	
	30~49	520	750		3,000			5	60			12	540			75	
	50~64	500	700		3,000			10	60			12	540			75	
	65~74	490	700		3,000			10	60			12	540			75	
	75 이상	490	700		3,000			10	60			12	540			75	
여자	6~8(세)	280	400		1,100			5	60			7	200			45	
	9~11	370	500		1,500			5	60			8	280			55	
	12~14	470	650		2,100			5	60			9	380			65	
	15~18	440	600		2,400			5	60			10	430			65	
	19~29	460	650		3,000			5	60			10	540			65	
	30~49	450	650		3,000			5	60			10	540			65	
	50~64	430	600		3,000			10	60			10	540			65	
	65~74	410	600		3,000			10	60			10	540			65	
	75 이상	410	600		3,000			10	60			10	540			65	
임신부	초기																
	중기	+50	+70		3,000			+5	60			+0	540			+0	
	말기																
수유부		+350	+490		3,000			+5	60			+3	540			+0	

주 : 1) RRR-α-tocopherol

수용성 비타민

성별	연령	비타민 C (mg/일)				티아민 (mg/일)				리보플라빈 (mg/일)				니아신 (mg NE/일)				
		평균 필요량	권장 섭취량	충분 섭취량	상한 섭취량	평균 필요량	권장 섭취량	충분 섭취량	상한 섭취량	평균 필요량	권장 섭취량	충분 섭취량	상한 섭취량	평균 필요량	권장 섭취량	충분 섭취량	상한 섭취량[1]	상한 섭취량[2]
영아	0~5(개월)			35				0.2				0.3				2		
	6~11			45				0.3				0.4				3		
유아	1~2(세)	30	40		350	0.4	0.5			0.5	0.6			5	6		10	180
	3~5	30	40		500	0.4	0.5			0.6	0.7			5	7		10	250
남자	6~8(세)	40	60		700	0.6	0.7			0.7	0.9			7	9		15	350
	9~11	55	70		1,000	0.7	0.9			0.9	1.1			9	11		20	500
	12~14	75	100		1,400	0.9	1.1			1.2	1.5			11	15		25	700
	15~18	85	110		1,600	1.1	1.3			1.4	1.7			13	17		30	800
	19~29	75	100		2,000	1.0	1.2			1.3	1.5			12	16		35	1,000
	30~49	75	100		2,000	1.0	1.2			1.3	1.5			12	16		35	1,000
	50~64	75	100		2,000	1.0	1.2			1.3	1.5			12	16		35	1,000
	65~74	75	100		2,000	1.0	1.2			1.3	1.5			12	16		35	1,000
	75 이상	75	100		2,000	1.0	1.2			1.3	1.5			12	16		35	1,000
여자	6~8(세)	50	60		700	0.6	0.7			0.6	0.7			7	9		15	350
	9~11	60	80		1,000	0.7	0.9			0.8	0.9			9	11		20	500
	12~14	75	100		1,400	0.9	1.1			1.0	1.2			11	14		25	700
	15~18	75	100		1,600	0.9	1.0			1.0	1.2			11	14		30	800
	19~29	75	100		2,000	0.9	1.1			1.0	1.2			11	14		35	1,000
	30~49	75	100		2,000	0.9	1.1			1.0	1.2			11	14		35	1,000
	50~64	75	100		2,000	0.9	1.1			1.0	1.2			11	14		35	1,000
	65~74	75	100		2,000	0.9	1.1			1.0	1.2			11	14		35	1,000
	75 이상	75	100		2,000	0.9	1.1			1.0	1.2			11	14		35	1,000
임신부	초 기 중 기 말 기	+10	+10		2,000	+0.4	+0.4			+0.3	+0.4			+3	+4			1,000
수유부		+35	+35		2,000	+0.3	+0.4			+0.4	+0.4			+3	+5			1,000

주 : 1) 니코틴산(mg/일)
2) 니코틴아미드(mg/일)

(계속)

성별	연령	비타민 B_6 (mg/일)				엽산 (μg DFE/일)				비타민 B_{12} (μg/일)				판토텐산 (mg/일)				비오틴 (μg/일)			
		평균 필요량	권장 섭취량	충분 섭취량	상한 섭취량	평균 필요량	권장 섭취량	충분 섭취량	상한 섭취량	평균 필요량	권장 섭취량	충분 섭취량	상한 섭취량	평균 필요량	권장 섭취량	충분 섭취량	상한 섭취량	평균 필요량	권장 섭취량	충분 섭취량	상한 섭취량
영아	0~5(개월)			0.1				65				0.3				1.7				5	
	6~11			0.3				80				0.5				1.8				7	
유아	1~2(세)	0.5	0.6		25	120	150		300	0.8	0.9					2				9	
	3~5	0.6	0.7		35	150	180		400	0.9	1.1					3				11	
남자	6~8(세)	0.7	0.9		45	180	220		500	1.1	1.3					3				15	
	9~11	0.9	1.1		60	250	300		600	1.5	1.7					4				20	
	12~14	1.3	1.5		80	320	400		800	1.9	2.3					5				25	
	15~18	1.3	1.5		90	320	400		900	2.2	2.7					6				30	
	19~29	1.3	1.5		100	320	400		1,000	2.0	2.4					5				30	
	30~49	1.3	1.5		100	320	400		1,000	2.0	2.4					5				30	
	50~64	1.3	1.5		100	320	400		1,000	2.0	2.4					5				30	
	65~74	1.3	1.5		100	320	400		1,000	2.0	2.4					5				30	
	75 이상	1.3	1.5		100	320	400		1,000	2.0	2.4					5				30	
여자	6~8(세)	0.7	0.9		45	180	220		500	1.2	1.5					3				15	
	9~11	0.9	1.1		60	250	300		600	1.6	1.9					4				20	
	12~14	1.2	1.4		80	320	400		800	2.0	2.4					5				25	
	15~18	1.2	1.4		90	320	400		900	2.0	2.4					6				30	
	19~29	1.2	1.4		100	320	400		1,000	2.0	2.4					5				30	
	30~49	1.2	1.4		100	320	400		1,000	2.0	2.4					5				30	
	50~64	1.2	1.4		100	320	400		1,000	2.0	2.4					5				30	
	65~74	1.2	1.4		100	320	400		1,000	2.0	2.4					5				30	
	75 이상	1.2	1.4		100	320	400		1,000	2.0	2.4					5				30	
임신부	초기 중기 말기	+0.6	+0.8		100	+200	+200		1,000	+0.2	+0.2					+1				+0	
수유부[1]		+0.6	+0.7		100	+130	+150		1,000	+0.3	+0.4					+2				+5	

주 : 1) 가임기 여성의 경우 400μg DFE를 엽산보충제로 섭취 권장(엽산의 상한섭취량은 보충제 또는 강화식품 형태로 섭취한 μg/일에 해당).

다량무기질

성별	연령	칼슘 (mg/일)				인 (mg/일)				나트륨 (g/일)				
		평균 필요량	권장 섭취량	충분 섭취량	상한 섭취량	평균 필요량	권장 섭취량	충분 섭취량	상한 섭취량	평균 필요량	권장 섭취량	충분 섭취량	상한 섭취량	목표량
영아	0~5(개월)			200				100				0.12		
	6~11			300				300				0.37		
유아	1~2(세)	390	500		2,500	350	500		3,000			0.7		
	3~5	470	600		2,500	390	500		3,000			0.9		
남자	6~8(세)	580	700		2,500	550	700		3,000			1.2		
	9~11	670	800		2,500	810	1,000		3,500			1.3		2.0
	12~14	800	1,000		2,500	860	1,000		3,500			1.5		2.0
	15~18	750	900		2,500	790	1,000		3,500			1.5		2.0
	19~29	620	750		2,500	580	700		3,500			1.5		2.0
	30~49	600	750		2,500	580	700		3,500			1.5		2.0
	50~64	570	700		2,500	580	700		3,500			1.4		2.0
	65~74	560	700		2,500	580	700		3,500			1.2		2.0
	75 이상	560	700		2,500	580	700		3,000			1.1		2.0
여자	6~8(세)	580	700		2,500	450	600		3,000			1.2		2.0
	9~11	670	800		2,500	700	900		3,500			1.3		2.0
	12~14	740	900		2,500	680	900		3,500			1.5		2.0
	15~18	660	800		2,500	580	800		3,500			1.5		2.0
	19~29	530	650		2,500	580	700		3,500			1.5		2.0
	30~49	510	650		2,500	580	700		3,500			1.5		2.0
	50~64	590	700		2,500	580	700		3,500			1.4		2.0
	65~74	570	700		2,500	580	700		3,500			1.2		2.0
	75 이상	570	700		2,500	580	700		3,000			1.1		2.0
임신부	초 기 중 기 말 기	+230	+280		2,500	+0	+0		3,000			+0		2.0
수유부		+310	+370		2,500	+0	+0		3,500			+0		2.0

(계속)

성별	연령	염소 (g/일)				칼륨 (g/일)				마그네슘 (mg/일)			
		평균 필요량	권장 섭취량	충분 섭취량	상한 섭취량	평균 필요량	권장 섭취량	충분 섭취량	상한 섭취량	평균 필요량	권장 섭취량	충분 섭취량	상한[1] 섭취량
영아	0~5(개월)			0.18				0.4				30	
	6~11			0.56				0.7				55	
유아	1~2(세)			1.1				1.7		60	75		65
	3~5			1.4				2.3		80	100		90
남자	6~8(세)			1.8				2.8		125	150		130
	9~11			2.0				3.2		175	215		180
	12~14			2.3				3.5		250	300		250
	15~18			2.3				3.5		335	400		350
	19~29			2.3				3.5		285	340		350
	30~49			2.3				3.5		295	350		350
	50~64			2.1				3.5		295	350		350
	65~74			1.9				3.5		295	350		350
	75 이상			1.6				3.5		295	350		350
여자	6~8(세)			1.8				2.8		125	150		130
	9~11			2.0				3.2		175	210		180
	12~14			2.3				3.5		240	290		250
	15~18			2.3				3.5		285	340		350
	19~29			2.3				3.5		235	280		350
	30~49			2.3				3.5		235	280		350
	50~64			2.1				3.5		235	280		350
	65~74			1.9				3.5		235	280		350
	75 이상			1.6				3.5		235	280		350
임신부	초 기 중 기 말 기			+0				+0		+33	+40		350
수유부				+0				+0.4		+0	+0		350

주 : 1) 식품 외 급원의 마그네슘에만 해당

미량무기질

성별	연령	철 (mg/일)				아연 (mg/일)				구리 (μg/일)				불소 (mg/일)			
		필요 추정량	권장 섭취량	충분 섭취량	상한 섭취량	평균 필요량	권장 섭취량	충분 섭취량	상한 섭취량	평균 필요량	권장 섭취량	충분 섭취량	상한 섭취량	평균 필요량	권장 섭취량	충분 섭취량	상한 섭취량
영아	0~5(개월)			0.3	40			1.7				230				0.01	0.6
	6~11	5.4	7		40	2.3	2.8					290				0.5	0.9
유아	1~2(세)	4.8	6		40	2.4	3		6	220	290		1,500			0.6	1.2
	3~5	5.4	7		40	3.2	4		9	250	330		2,000			0.8	1.7
남자	6~8(세)	6.3	8		40	4.5	5		13	330	430		3,000			1.0	2.5
	9~11	8.5	11		40	6.4	8		18	440	570		5,000			2.0	10
	12~14	11.0	14		40	6.6	8		25	570	740		7,000			2.5	10
	15~18	11.8	15		45	8.2	10		30	660	870		8,000			3.0	10
	19~29	7.7	10		45	8.1	10		35	600	800		10,000			3.5	10
	30~49	7.4	10		45	7.9	9		35	600	800		10,000			3.0	10
	50~64	7.1	9		45	7.5	9		35	600	800		10,000			3.0	10
	65~74	6.9	9		45	7.2	9		35	600	800		10,000			3.0	10
	75 이상	6.9	9		45	7.1	9		35	600	800		10,000			3.0	10
여자	6~8(세)	6.3	8		40	4.4	5		13	330	430		3,000			1.0	2.5
	9~11	8.0	10		40	6.2	7		18	440	570		5,000			2.0	10
	12~14	10.0	13		40	6.2	7		25	570	740		7,000			2.5	10
	15~18	12.9	17		45	7.2	9		30	670	870		8,000			2.5	10
	19~29	10.8	14		45	7.0	8		35	600	800		10,000			3.0	10
	30~49	10.5	14		45	6.8	8		35	600	800		10,000			2.5	10
	50~64	6.1	8		45	6.3	8		35	600	800		10,000			2.5	10
	65~74	5.8	8		45	6.0	7		35	600	800		10,000			2.5	10
	75 이상	5.8	8		45	6.0	7		35	600	800		10,000			2.5	10
임신부	초기 중기 말기	+7.8	+10		45	+0.2	+2.5		35	+100	+130		10,000			+0	10
수유부		+0	+0		45	+4.1	+5.0		35	+350	+450		10,000			+0	10

(계속)

성별	연령	망간 (mg/일)				요오드 (μg/일)				셀레늄 (μg/일)				몰리브덴 (μg/일)			
		평균 필요량	권장 섭취량	충분 섭취량	상한 섭취량	평균 필요량	권장 섭취량	충분 섭취량	상한 섭취량	평균 필요량	권장 섭취량	충분 섭취량	상한 섭취량	평균 필요량	권장 섭취량	충분 섭취량	상한 섭취량
영아	0~5(개월)			0.01				130	250			8.5	45				
	6~11			0.8				170	250			11	60				
유아	1~2(세)			1.2	2	55	80		300	17	20		85				100
	3~5			2.0	3	65	90		300	19	25		120				150
남자	6~8(세)			2.5	4	75	100		500	25	30		150				200
	9~11			3.0	5	85	110		500	33	40		200				300
	12~14			4.0	7	90	130		1,700	43	50		300				400
	15~18			4.0	9	95	130		1,900	50	60		300				500
	19~29			4.0	11	95	150		2,400	45	55		400				600
	30~49			4.0	11	95	150		2,400	45	55		400				600
	50~64			4.0	11	95	150		2,400	45	55		400				600
	65~74			4.0	11	95	150		2,400	45	55		400				600
	75 이상			4.0	11	95	150		2,400	45	55		400				600
여자	6~8(세)			2.5	4	75	100		500	25	30		150				200
	9~11			3.0	5	85	110		500	33	40		200				300
	12~14			3.5	7	90	130		1,700	43	50		300				400
	15~18			3.5	9	95	130		1,900	50	60		300				500
	19~29			3.5	11	95	150		2,400	45	55		400				600
	30~49			3.5	11	95	150		2,400	45	55		400				600
	50~64			3.5	11	95	150		2,400	45	55		400				600
	65~74			3.5	11	95	150		2,400	45	55		400				600
	75 이상			3.5	11	95	150		2,400	45	55		400				600
임신부	초 기																
	중 기			+0	11	+65	+90			+3	+4		400				600
	말 기																
수유부				+0	11	+130	+180			+8	+10		400				600

자료 : 한국영양학회(2010), 한국인 영양섭취기준.

우리나라 남아(2~18세)의 체질량지수 성장도표

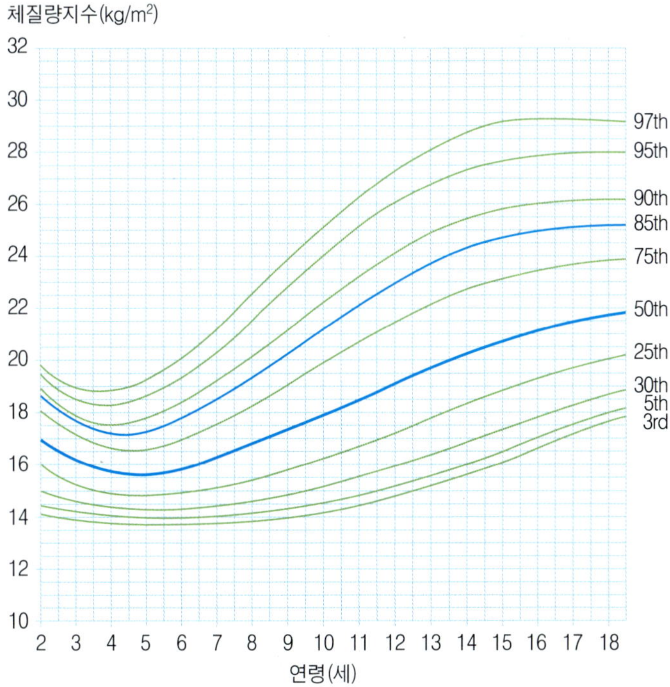

우리나라 여아(2~18세)의 체질량지수 성장도표

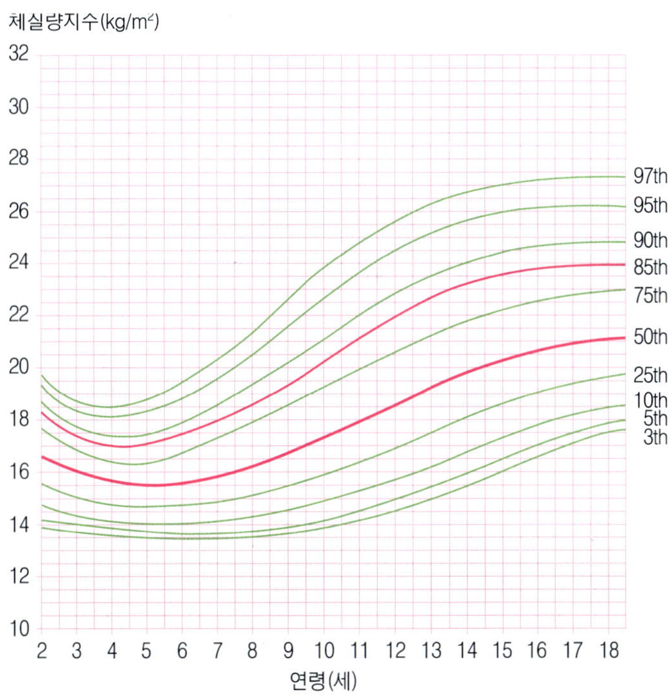

자료 : 질병관리본부. 2007 소아 및 청소년 표준 성장도표.

찾아보기

ㅇ

ㅈ

A~Z

저자소개

장남수
이화여자대학교 식품영양학과 교수

권오란
이화여자대학교 식품영양학과 교수

김우경
단국대학교 식품영양학과 교수

김선효
공주대학교 외식상품학과 교수

김혜영(A)
용인대학교 식품영양학과 교수

신동순
경남대학교 식품영양학과 교수

이현숙
국민대학교 식품영양학과 초빙교수

장문정
국민대학교 식품영양학과 교수

정혜경
호서대학교 식품영양학과 교수

여성과 맞춤영양

2011년 1월 7일 초판 인쇄
2011년 1월 14일 초판 발행

지은이 장남수 외
펴낸이 류제동
펴낸곳 ㈜교문사

책임편집 성혜진
본문디자인 이연순
표지디자인 반미현
제작 김선형
영업 정용섭 · 이진석 · 송기윤

출력 교보 P&B
인쇄 삼신인쇄
제본 과성제책사

우편번호 413-756
주소 경기도 파주시 교하읍 문발리 출판문화정보산업단지 536-2
전화 031-955-6111(代)
FAX 031-955-0955
등록 1960. 10. 28. 제406-2006-000035호

홈페이지 www.kyomunsa.co.kr
E-mail webmaster@kyomunsa.co.kr
ISBN 978-89-363-1064-6 (93590)

값 20,000원
*잘못된 책은 바꿔 드립니다.